三江源科学研究丛书

王光谦 总主编

黄河上中游灌区生态节水理念、模式与潜力评估

张金良 王煜 景来红 尚毅梓 杨立彬——著

总　序

三江源被誉为“中华水塔”，它地处世界屋脊——青藏高原的腹地，是世界高海拔地区生物多样性最集中的地区，湿地湖泊星罗云布，长江、黄河、澜沧江等大江大河在这里发源，孕育和滋养着中华大地的山林万物，哺育出灿烂的中华民族文明历史。

近几十年来，由于自然环境和人类活动的影响，三江源区雪山冰川退缩，湖泊和湿地发生显著变化，生物种类和数量锐减，沙化和水土流失面积扩大，水源涵养能力急剧减退，水量变化威胁到长江、黄河流域的水安全。正确认识和保护好三江源区的生态环境，对中国的可持续发展和生态安全具有十分重要的战略作用。

《三江源科学研究丛书》是由长江出版社组织三江源研究领域的专家和学者，基于他们的长期研究，对三江源区涉及的生态、环境、水资源等问题的一个全面总结。其中，针对日益严重的生态环境问题，《青藏高原陆地生态系统遥感监测与评估》《三江源区优势种植物矮嵩草繁殖策略与环境适应》《三江源区水资源与生态环境协同调控技术》《空中水资源的输移与转化》探讨了水资源以及生态环境保护和治理对策，为水资源与生态环境协同发展提供了科学支撑；《南水北调西线工程调水方案研究》《黄河上游梯级水库调度若干关键问题研究》《南水北调西线工程生态环境影响研究》《黄河上中游灌区生态节水理念、模式与潜力评估》等专著针对我国水资源南北分布不均衡的问题，详细探讨了南水北调的方案、运行调度、生态与环境影响、水资源高效利用等问题，是西线南水北调方面较为全面和权威的研究成果。这些专著基本上覆盖了三江源研究中水科学领域的方方面面，具有系统性、全面性的特点，同时反映了最新的研究成果。

我们相信，《三江源科学研究丛书》的出版，将有助于三江源相关研究的进一步发展。同时，丛书在重视学术性的同时，力求把专业知识用通俗的语言介绍给更为广大的读者群体，使得保护三江源成为每一个读者的自觉，保护好中华民族的生命之源。

中国工程院院士　青海大学校长

王光谦

SANJIANGYUAN
三江源科学研究丛书
KEXUE YANJIU CONGSHU

高原雪山

三江源风光

藏羚羊

牦牛

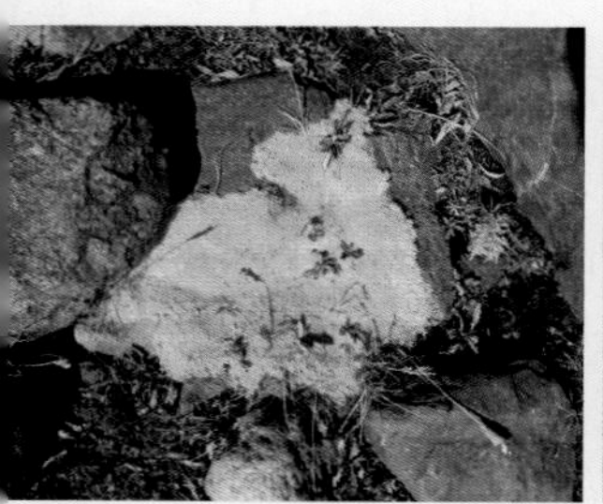
高原苔藓

高原地质

冻土

草甸

前言

2012 年，党的十八大明确提出了 2020 年实现全面建成小康社会的宏伟目标，并要求把生态文明建设放在突出地位，融入经济建设、政治建设、文化建设、社会建设各方面和全过程；2017 年，党的十九大又明确提到“加大生态系统保护力度，牢固树立社会主义生态文明观，推动形成人与自然和谐发展现代化建设新格局”；2018 年习近平同志在全国生态环境保护大会上强调“生态文明建设是关系中华民族永续发展的根本大计”。同时，以习近平同志为核心的党中央高度重视水利工作及水资源问题，在深刻把握我国基本国情水情和经济发展新常态的基础上，明确提出“节水优先、空间均衡、系统治理、两手发力”的新时期水利工作方针，对水资源利用保护提出了新要求。严格落实“节水优先”要结合新的形势和要求，更加注重受水区水资源合理高效利用，进一步分析各行业用水水平和用水效率，深化节水潜力的研究论证，为科学预测黄河流域缺水形势提供支撑。

黄河是我国的第二大河，发源于青海高原巴颜喀拉山北麓约古宗列盆地，穿越黄土高原及黄淮海大平原，注入渤海。干流全长 5464km，水面落差 4480m，流域总面积 79.5 万 km^2（含内流区面积 4.2 万 km^2）。黄河流域年降水时空分布不均，时间尺度上，每年 60%～80%的降水集中在 7—10 月，且多以暴雨出现，造成 60%的径流量集中在 7—10 月的汛期，每年 3—6 月的径流量只占全年的 10%～20%；空间尺度上，大部分地区年降水量在 200～650mm，中上游南部和下游地区多于 650mm，而西北宁夏、内蒙古部分地区降水量不足 150mm。但是，黄河流域蒸发能力却很强，年蒸发量达 1100mm，特别是上中游流域的甘肃、宁夏和内蒙古中西部地区属于国内年蒸发量最大的地区，最大年蒸发量可超过 2500mm。这些气候条件造成黄河流域天然水资源的贫乏，面对水资源严重短缺的困扰，加之最严格的水资源管理制度约束，近年来黄河流域各省（区）通过工程、技术、经济、管理等多种措施与手段，节水水平大大提高，特别是以农业灌溉为主的黄河上中游地区，更加需要开展农业节水。黄河上中游地区主要涉及青、川、甘、宁、内蒙古、陕、晋等 7 省区，7 省区在流域内面积为 74.5 万 km^2，占黄河流域总面积的93.7%。黄河上中游地区分布着众多的引黄灌区，其中上游地区10万亩（1亩≈0.067hm^2）以上的灌区23处，中游汾渭盆地及黄河两岸地区有39处，有效灌溉面积分别为1964万亩和1653万亩，上中游地区有效灌溉面积约占流域全部有效灌溉面积的86%。受到自然环境影响和农业发展需要，黄河上中游地区总用水量为341.0亿m^3，其中农业用水占比为70.9%，尤其是宁夏、内蒙古自治区，农业用水占总用水量比例分别达86.6%和79.6%，且农业用水主要为黄河水。但是，目前黄河上中游灌区渠系老化、工程配套较差、节水技术推广缓慢等问题，导致灌溉用水效率偏低，现状农田实际灌溉定额为424m^3/亩，高于全国平均水平的404m^3/亩。从现状用水地区分布、用水户以及用水效率分析，黄河上中游地区尤其是农业用水仍是近期黄河流域节水重点区域与领域。黄河上中游地区农业灌溉用水不仅为区域粮食安全、农民脱贫增收、全面建成小康社会创造了条件，也为生态环境维持提供了水源保障，农业灌溉一方面保障了粮食的稳产增产，更是为区域生态环境提供了重要水源保障。这就要求在进行农业节水的同时，也要考虑灌区周边生态环境的健康发展。对此，开展黄河上中游灌区生态节水理念、模式与潜力评估意义重大，且具有显著的经济、社会和生态效益。

针对黄河上中游灌区节水及灌区周边生态问题，黄河勘测规划设计研究院有限公司联合中国水利水电科学研究院、清华大学、中国科学院植物研究所等多家科研单位，自2010年以来开展了一系列研究工作，并取得了丰硕的成果。本书是对这些成果的系统总结与归纳，主要包括以下七章内容。

第一章总结了灌区生态节水研究背景与意义。分别介绍了国内外农业节水实践与启示、我国农业节水发展方向与思路等内容。本章内容是在参考或引用大量文献及前期成果的基础上，阐述了目前国内外开展的农业节水研究成果，提出黄河上中游等干旱、半干旱地区在开展农业节水时需考虑生态环境的约束。

第二章分析了黄河流域概况与流域上中游农业节水现状。分别介绍了黄河流域概况、供用水现状与用水效率评估分析、黄河上中游农业节水与生态问题调查。基于黄河流域地理位置、自然条件和经济社会发展现状情况的总结与分析，对黄河流域供用水历程与用水水平及用水变化情况进行了分析，探讨了拟建重大供水工程对黄河流域未来供水结构调整的影响；结合黄河上中游地区农业节水现状，分析了灌区及其周边存在的生态问题。

第三章提出了灌区生态节水理念、内涵与模式。初步探讨了生态节水的理念、内涵和模式，梳理了黄河上中游地区节水措施实践。并以青甘地区、宁蒙地区和晋陕地区为例，分析了黄河上中游大型灌区的节水特征，探究了典型灌区节水历程及节水发展的方向，明晰了不同高效节水措施的适宜条件，提出了各省区高效节水措施的方向及布局，为农业节水潜力分析奠定了基础。

第四章开展了黄河河套灌区周边植被调查与地下水位的关系。分别介绍了灌区周边植被生态调查方法与内容、灌区生态标的物种识别与选取、灌区生态节水调控目标制定。基于前期研究成果及国内外文献资料，梳理河套灌区周边植被生态调查内容，结合生态调查及评价分析结果，对灌区周边植被的多样性情况进行分析，并遴选出灌区优势物种，提出对灌区及其周边植被具有较强指示作用的生态标的物种，并从理论方法和现场调查两个方面对植被生态地下水位的适宜性进行调查和分析，提出灌区生态节水的调控目标。

第五章重点阐述了黄河河套灌区生态节水调控机理。以河套灌区为典型代表，通过对 AquaCrop 模型参数的率定，分析河套灌区典型灌域灌溉制度优化的途径，分析了各种因素对灌溉制度的影响，确定了节水调控目标下的灌溉制度优化。进而在灌溉制度优化的基础上，进一步考虑地下水位的影响、秋浇制度优化等措施，拟定 5 个节水情景，分析评估了渠系节水、田间节水、种植结构调整、灌溉制度优化等不同节水情景下河对套灌区及其周边生态环境的影响，为科学确定上中游地区节水措施，评估节水潜力奠定了基础。

第六章阐述了黄河上中游灌区节水潜力及效益分析。结合上中游地区不同灌区作物种植特点、供用水特性及可能采取的节水措施，在分区分作物分析作物用水需求分析的基础上，提出了不同类型灌区综合净灌溉定额，进而考虑可行的节水措施方案，分析提出了2030年水平上中游灌区的节水潜力，为黄河上中游地区乃至全流域的水资源配置和管理提供了依据。并从提高水资源利用效率、增加径流配置能力、缓解水资源紧缺状况、改善生态环境条件等多个方面对节水带来的效益进行了分析，为生态节水措施的顺利实施提供支撑。

第七章结论与展望。

本书第一章撰写者为张金良、尚毅梓；第二章撰写者为张金良、王煜、尚毅梓、张玫、蒋桂芹；第三章撰写者为王煜、景来红、尚毅梓、武见、蒋桂芹、张永永；第四章撰写者为何维明、武见、尚毅梓；第五章撰写者为瞿家齐、丛振涛、尚毅梓；第六章撰写者为景来红、杨立彬、武见、张玫、肖素君、李福生；第七章撰写者为景来红、尚毅梓。全书由张金良进行统稿。

本书在编制和研究过程中，得到了多篇“南水北调西线第一期工程若干重要专题补充研究——黄河上中游地区节水潜力研究”“河套灌区分布式水循环模型开发及节水潜力评估”“宁蒙灌区及周边湿地生态稳定合理地下水位研究”“宁蒙灌区典型灌域灌溉制度研究”等专题研究的同志们的大力帮助，对参加研究的所有成员表示感谢。

本书出版得到国家重点研发计划课题(2017YFC0404404)“黄河流域水资源均衡调控与动态配置”、国家自然科学基金资助项目(51569025)“能源战略视角下区域广义水资源承载力研究”的资助，在此诚表谢意。由于上中游灌区节水潜力影响因素繁多，很多机理研究十分困难，加之作者经验不足，水平有限，虽几易其稿，但书中仍难免出现疏漏，敬请读者批评指正。

作　者

2019年6月

CONTENTS

目录

CONTENTS

第1章 生态节水的发展历程与发展方向

水是生命之源，不仅工业农业的发展要靠水，水更是城市发展、人民生活的生命线。节约用水可以减少水资源的浪费，维持水资源的可持续利用，也可以节约供水系统的运行和维护费用，减少水厂的建设数量，降低水厂建设的投资。生态节水可以达到节水减排的目的，减轻相关污水处理负担，减少污水处理厂的建设数量或延缓污水处理构筑物的扩建，使现有系统可以接纳更多用户的污水，减少受纳水体的污染，节约建设资金和运行费用。生态节水还可以增强对干旱的预防能力，短期节水措施可以带来立竿见影的效果，长期节水则大大降低了水资源的消耗量，进而提高正常时期的干旱防备能力，带来明显的经济和环境效益，除了提高水资源承载能力、水环境承载能力等方面的效益外，还对美化我们的生态环境、维护河流生态平衡等方面有重大意义。

1.1 生态节水的研究背景与意义

2012年11月，党的十八大从新的历史起点出发，做出“大力推进生态文明建设”的战略决策，指出“建设生态文明，是关系人民福祉、关乎民族未来的长远大计”，强调要“坚持节约资源和保护环境的基本国策，坚持节约优先、保护优先、自然恢复为主的方针，着力推进绿色发展、循环发展、低碳发展，形成节约资源和保护环境的空间格局、产业结构、生产方式及生活方式，从源头上扭转生态环境恶化趋势，为人民创造良好生产生活环境，为全球生态安全做出贡献”。2017年10月，习近平在党的十九大报告中指出“我们要建设的现代化是人与自然和谐共生的现代化，必须坚持节约优先、保护优先、自然恢复为主的方针，形成节约资源和保护环境的空间格局、产业结构、生产方式、生活方式，还自然以宁静、和谐、美丽”。2018年5月，在北京召开第八次全国生态环境保护大会。会议提出，加大力度推进生态文明建设、解决生态环境问题，坚决打好污染防治攻坚战，推动中国生态文明建设迈上新台阶；同时，习近平在讲话中强调“生态文明建设是关系中华民族永续发展的根本大计”。为了建设资源节约型、环境友好型社会，我国政府采取了很多政策和措施，如实行水资源使用阶段性收费等政策。自政府宏观调控以来，我国水资源节约水平有了明显的提高，各行业节约用水有了很大改善，向生态文明建设迈出了重要一步。

我国是世界上人口最多、粮食消耗量最大的国家，又是世界上人均水资源量最贫乏的国家之一，人均占有水资源量仅为世界平均水平的1/4。随着人口的增长、城镇化和经济社会的快速发展，我国用水矛盾日益尖锐，缺水问题更加突出。而农业作为我国的用水大户，其用水量约占全国用水总量的70%，在西北地区则占90%，其中90%水量用于种植业灌溉。据中国工程院预测，在不增加灌溉用水的条件下，2030年全国缺水将高达1300亿～2600亿 m^3，其中农业缺水500亿～700亿 m^3。2014年7月15日，李克强总理指出，必须坚持在区间调控的基础上，注重实施定向调控，不搞"大水漫灌"，而是有针对性地实施"喷灌""滴灌"。如果我们把农业灌溉水的利用率由目前的0.45提高到发达国家的0.7，则仅节水灌溉一项即可节水900亿～950亿 m^3。因此，为了应对日趋严重的缺水形势，建立节水型社会，特别是发展节水农业是一种必然选择。

中华人民共和国成立以来，我国水利基础设施状况有了很大的改善，但总体上看，洪涝灾害、水资源紧缺、水环境恶化、水生态破坏等问题尚未得到完全解决，而我国大型灌区生态环境中最为突出的问题有：盲目大面积开荒、河川径流过量引用、河流几近断流，致使草场退化及区域生态环境恶化；过量开采地下水导致区域地下水位下降，地面沉降等；同时，还有涝渍、盐碱、水土流失等其他生态环境问题。特别是近年来，全球气候变化多端，突发性暴雨、洪涝、干旱、高温、低温、寒潮等自然灾害增多，农业受其影响明显。农业水资源供给与需求之间的矛盾，随着人口、经济的迅速增长和频发的自然灾害而变得日益尖锐和突出。水资源是人类社会不可或缺的基础物质资源，解决水资源危机逐渐成为全球性的迫切问题。中国的农业用水常常使用大水漫灌的方式，比较粗放，会出现水资源大量浪费和利用效率较低的现象。我国农田灌溉水利用有效系数仅为0.53，远远低于0.7～0.8的世界先进水平。这就需要改变现有的灌溉方式，推行节水灌溉技术和灌溉方式，实现习近平提出的"节水优先、空间均衡、系统治理、两手发力"的治水思想。

在我国农业发展中，对西北旱区实行农业节水对经济发展和生态文明建设有着举足轻重的意义。西北旱区包括陕西、甘肃、青海、宁夏、新疆、山西等6个省区以及内蒙古中西部地区，土地资源丰富，光热充足，是我国粮食生产的战略后备区和农畜产品的重要产区。西北旱区是我国大江大河的主要发源地，是我国重要的生态安全屏障之一，资源储备开发空间广，农业发展潜力大。推进西北旱区农牧业的可持续发展，协调好水资源合理利用问题，对保证我国农产品有效供给，促进生态文明建设具有重大意义。

1.2 国内外农业节水模式发展、应用与实践

灌溉科学发展历史悠久，人类早在6000多年前就有意识地利用河流或洪水的圩、堤、渠等工程，人们开始有效地对水加以利用，灌溉农田，并以灌溉农业为基础，形成了四大古代文明发源地（尼罗河流域、印度河流域、黄河流域和美索不达米亚平原）。从引水方法而言，在

尼罗河流域，人们以低的围堤引水；在美索不达米亚平原建有发达的渠网；在印度河流域以引洪渠道工程为主；黄河流域引水方式则较为综合，就灌溉方式而言，都是采用漫灌的方式，并持续了几千年。但是，长期的大水漫灌会导致土壤盐碱化，水资源的利用效率很低，浪费严重，并加速土壤结板，降低粮食产量与质量。经过数千年的发展，现在已经形成了针对不同地区和环境的一系列灌溉模式，如喷灌、微灌、滴灌、膜下灌以及痕量灌等先进技术，并采用低压管道输水和渠道防渗工程，使水资源利用率大大提升。在政府的政策宏观调控下，全社会对节约用水有了更深层次的理解，对建设资源节约型、环境友好型社会有巨大的促进作用，也对生态文明建设，实现可持续发展有着重要意义。

随着历史的发展，世界各国对水资源节约的重要性有更加深入的认识，开始研究了一系列的节水技术与措施，很大程度上地节约了水资源的使用，提高了水的利用率，促进了生态文明和美好生活环境的建设，农业灌溉节水技术的发展历程如图1-1、图1-2所示：

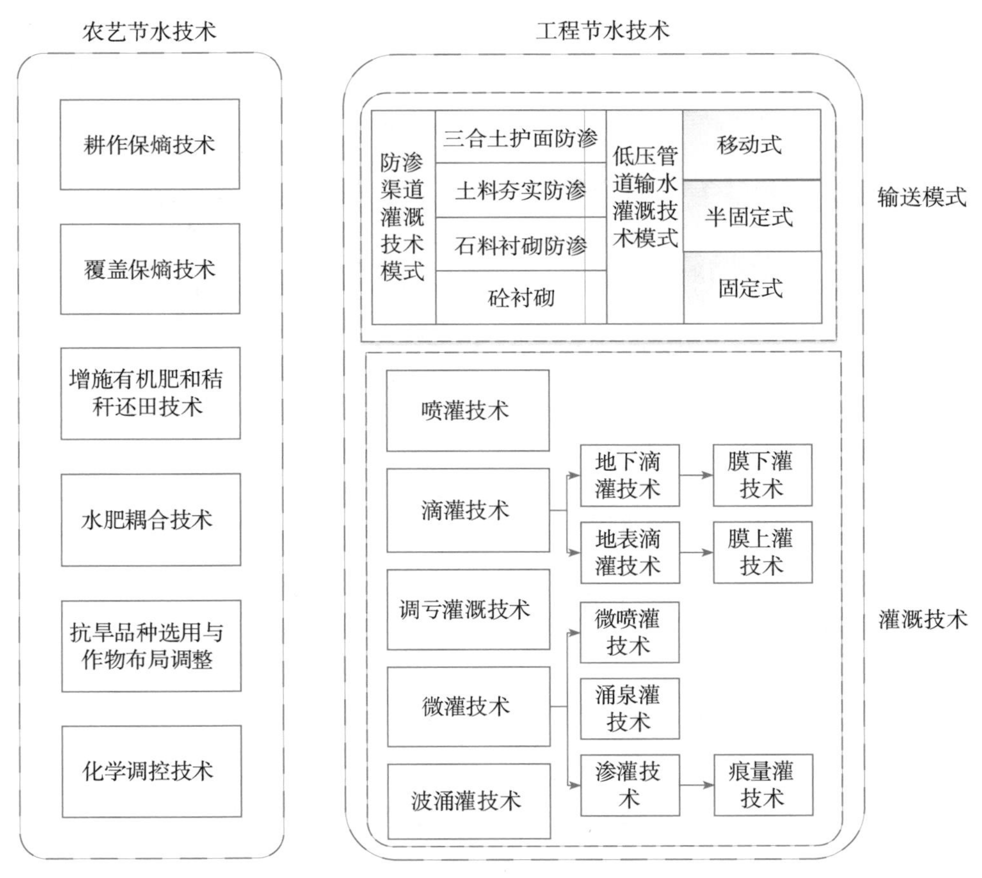

图1-1 农业灌溉节水技术的发展

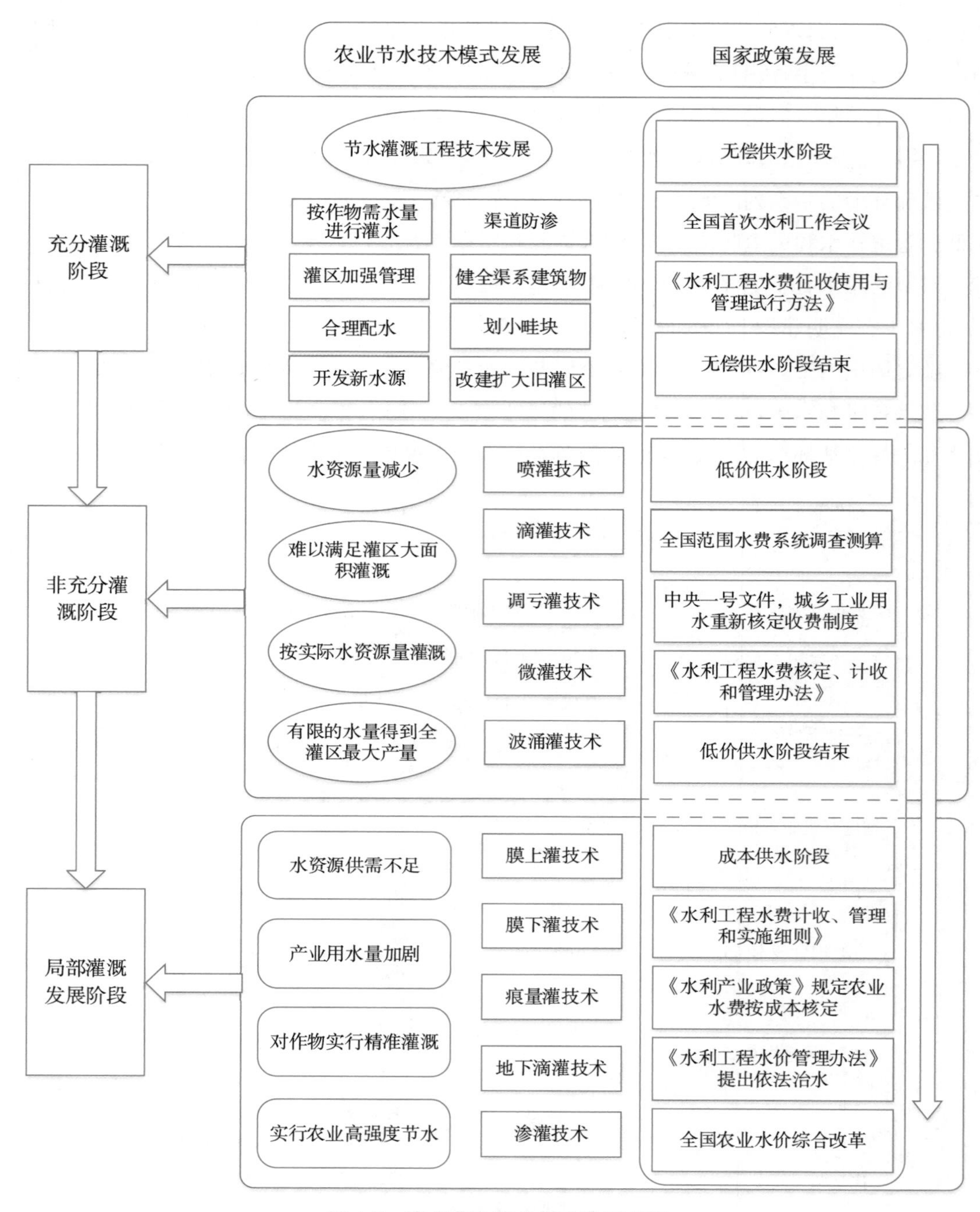

图 1-2　农业节水技术模式发展历程

随着社会的不断发展，人类对水资源的重视程度越来越高，我国的水资源节约理念有着显著地变化，在政府宏观调控下，全社会对节约用水有了更深层次的理解，开展水利工程建设到全民参与节水，促进生态文明建设，把社会发展同生态环境联系到一起，推进共同发展。

对建设资源节约型、环境友好型社会有巨大的促进作用，也对生态文明建设，实现可持续发展有着重要意义。我国水资源利用理念的变化如图 1-3 所示：

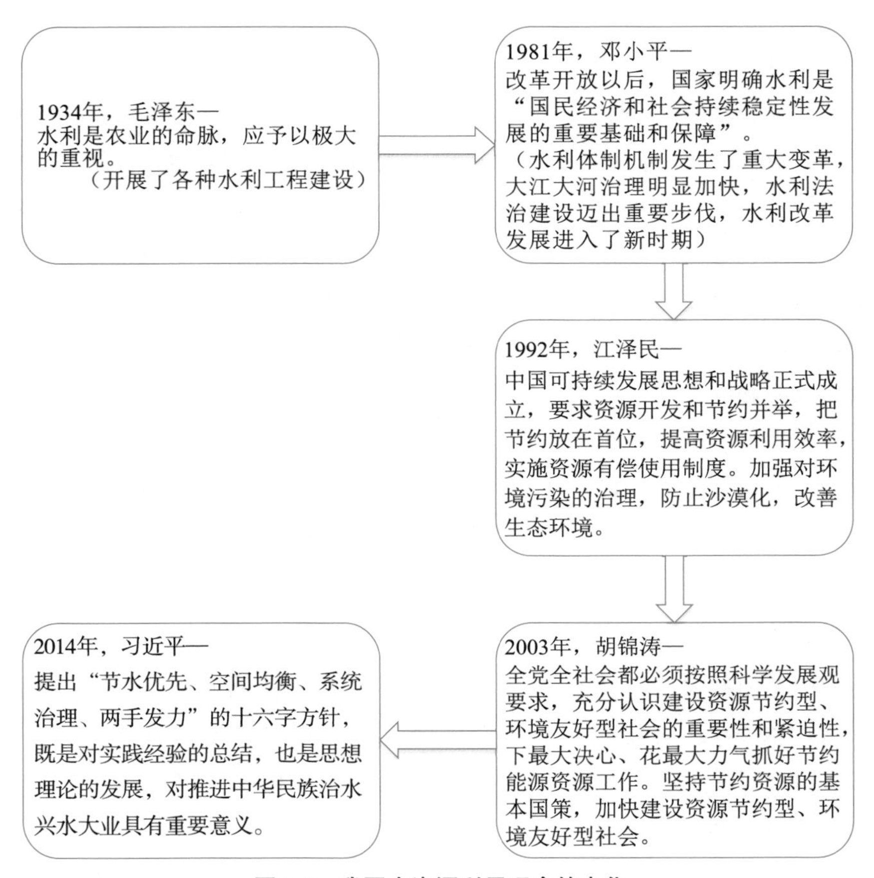

图 1-3 我国水资源利用理念的变化

1.2.1 国外节水灌溉模式研发与应用

由于不同国家的经济发展水平和缺水程度存在差异，各国农业节水发展模式也不同。埃及、印度等经济不发达国家，农业节水主要采用以渠道防渗技术和地面灌水技术为主，配合相应的农业措施及天然降水资源利用技术的模式；美国、以色列等经济发达国家，农业节水主要采用以高标准固化渠道和管道输水技术、现代喷、微灌技术与改进后的地面灌水技术为主，并与天然降水资源利用技术、生物节水技术、农业节水技术与用水系统的现代化管理技术相结合的模式。但是，随着全球水危机的日益凸显，农业节水已经成为必然趋势。特别是，联合国 1972 年召开的“人类环境”会议和 1979 年召开的“水”的大会就曾警告全世界“水不久将成为一项严重的社会危机”。采用节水和节能的灌水方法是当今世界灌溉技术发展的总趋势，但是目前全世界的灌溉面积大部分仍是地面灌溉，为了使传统的地面灌溉同样提高灌溉水的利用效率，节约灌溉用水，美国早在 20 世纪 20 年代就已应用管道输水技术，低压管道灌溉面积已占总灌溉面积的50%;日本已有30%的农田实现了地下管道灌溉,并且管网的自动化、半自动化供水控制设备也较完善;以色列、英国、瑞典等国有90%的土地实现了灌溉管道化。

在田间节水灌溉技术方面,美国、以色列、澳大利亚等农业节水技术发达的国家已大面积采用水平畦田灌、波涌灌等先进的精细地面灌溉方法,结合了激光控制平地技术与大流量供水技术,使得传统的地面畦(沟)灌性能得到较大改进,农田灌溉水利用率可达到90%左右,具有技术适用范围广、节水增产效益显著的特点。农田土地平整是地面灌溉系统的重要组成部分之一。激光平整土地技术可以使整个地块的高差控制在2.3cm之内,是一种国外先进的节水技术。20世纪80年代,美国开始大范围推广使用该技术,通过土地的平整改造有利于进地水量和灌水深度分布的比较均匀,使根区内水分渗入保持很好的均一性,起到了改善田间灌溉效率和灌水均匀度的作用,能够很大程度地提高农田灌溉水的均匀度,减少田间渗漏损失。土地平整改造还有利于田间农机耕作和栽培措施的实施,增加作物的种植密度,提高出苗率等,达到节水和增产的目的。国外实践结果表明,激光控制平地改造技术能够使农田灌溉均匀度达到80%以上,田间灌水效率达到70%~80%,是改进地面灌溉的有效技术措施之一。

1.2.1.1 喷灌技术

喷灌是利用专门的仪器和设备(动力设备、水泵、管道等)将水加压(或利用水的自然落差加压)后送到喷灌地段,通过喷洒器(喷头)将水喷射到空中,并使水量散成细小水滴后,均匀地散落在农田进行灌溉的一种灌溉方法。喷灌与地面灌相比,具有节水、省力、节约耕地,对地形和土质的适应能力强,具有能保持水土等优点,其灌溉水利用系数可达到0.85。喷灌可以依据作物的需水状况,适时适量地进行灌水,一般不会造成深层渗漏或地面径流,喷灌后地面的湿润均匀度可达到0.9。喷灌技术采用管道输水,输水损失小,管道水的利用系数可达0.9以上,比明渠水进行地面灌溉节水30%~50%。全国多年大范围喷灌实践证明,喷灌与传统的地表漫灌相比,粮食作物可增产10%~20%,经济作物可增产20%~30%,果树可增产15%~20%,蔬菜可增产1~2倍。同时喷灌适应性强,适于不同的土壤、地形,因此被广泛应用于灌溉大田作物、经济作物、蔬菜和园林草地等。

世界上一些科技和经济发达的国家,早在在20世纪30年代就开始研究实施喷灌节水灌溉技术。一些西方国家使用喷灌设备灌溉农作物,最早开始用于庭园花卉和草坪的灌溉。20世纪30—40年代,欧洲一些发达国家由于金属冶炼、轧制技术和机械工业的快速发展,逐渐使用薄壁金属用作地面移动的输水管,用来替代投资大的地埋固定管,用缝隙或折射喷头浇灌农作物;美国出现了利用帆布管渗透出水的灌水方式,为灌溉模式提供了一种新的技术。现代意义的喷灌,是在第二次世界大战之后才得到了利用和大范围推广,西方各国为了恢复和发展经济,喷灌技术和器具设备的研制再一次得到快速发展,尤其是大型自走式喷灌机和摇臂式喷头等技术的发展，使得喷灌技术向前迈出很大一步。这类设备可以节省大量劳动力，而且灌溉水量均匀，增产显著，所以在美国干旱的西部17个州得到广泛使用。1996年美国喷灌总面积约为1082.2万hm^2，占全美国灌溉总面积的43.88%，其中圆形和平移式大型自走喷灌机的喷灌面积达到了全美国喷灌面积的64.3%。与此同时，在欧洲，薄壁金属移动管道喷灌系统和卷管式喷灌机因其简便耐用，投资少、效益高，也在不断地快速发展。薄壁金属管的制造技术和金属材料的改进得到提高，管壁厚度也由原来的1.5mm缩减到现在的1.0mm，薄壁金属管道喷灌系统在法国、意大利、罗马尼亚等欧洲国家得到大范围的使用，在罗马尼亚，喷灌占到了全国耕地面积80%以上的灌溉面积，且大部分是移动管道式喷灌。卷管式喷灌机是伴随着化学工业的发展，于20世纪70年代初期“特质PE输水管”和“塑胶软管”问世后快速发展起来。目前上述软管的重量、强度、耐磨、抗老化等技术指标都有很大提高，进机工作压力也由70年代末的0.8～1.2MPa，减至现在的0.6～1.0MPa。此外，恒速控制是当前卷管式喷灌机的显著优点之一。喷灌机上设置的电脑可以根据速度因子的变化，及时控制驱动装置进水管道上的电磁阀来改变进入水力驱动装置的流量，以达到恒速的目的，使其与PE管相连的喷头车的行走速度保持不变，保证和改善了喷洒质量。在德国有5000台以上的卷管式喷灌机在使用，占喷灌面积的50%左右。在喷、微灌技术研究方面，国外一直非常重视喷灌水肥的需求规律及水肥耦合高效利用方面的研究，施肥灌溉等应用非常普遍。在微灌水肥高效利用方面，以色列、美国、荷兰等国家对不同作物的施肥灌溉制度和微灌施肥灌溉专用液体肥料进行了20～30年的研究，取得了丰富的成果，目前已经研制出了针对多种经济作物水肥高效利用的专家管理系统。

为了进一步加强节水灌溉，我国于20世纪50年代末开始从国外引进先进的农业节水灌溉技术和设备，比如苏联的蜗轮蜗杆喷头、法国的薄壁铝合金移动管道成套系统，并且在重庆、武汉、上海、南京四个城市的郊区各建设了一个喷灌试点。当时的指导思想是“洋为中用、自力更生、土法上马”，这段时期广泛使用的喷灌设备主要为柴油机或者电机带动的单机单喷头的手抬式或小推车式的轻小型喷灌机，喷头为缝隙式喷头，只有少数院校在进行仿制蜗轮蜗杆式和离心式、折射式喷头的研究。小喷灌机的使用范围主要为两湖、两广、江浙地区。直到1970年，大寨村在虎头山的坡上修建了半固定式喷灌工程，在墨西哥原总统埃切维尼亚于1974年赠送给大寨村一套美国滴灌设备以后，全国各地在“农业学大寨”的影响下，才逐渐开展了喷、滴灌的技术研究和设备研制工作。1975年，原一机部农业机械局在山西祁县举行了全国第一次喷灌机具技术经验交流会，参会单位带来的灌溉设备仍然以手抬式和手推车式轻小型喷灌机和仿制的摇臂式喷头为主。这次大会对全国农业灌溉模式产生了两大影响：一是国产农业喷灌设备与国外差距较大，使我们认识到必须采取措施努力缩小差距，来满足我国农业节水灌溉的发展需要；另一个是人们只看到喷灌省水、省工和增产等优点的一面，却没看到发展农业喷灌技术还必须依据优质可靠的设备，大量的资金和专业工程技术人员，农业喷灌工程才能发挥其全部优势。因此，全国各地掀起的大搞喷灌运动修建的农业喷灌工程，很快就暴露出许多缺点，如喷头的运转不够牢靠，出现停转现象；设备工作压力不足，喷洒不够均匀；设计不合理，容易产生漏喷；输水管达不到工作压力要求，容易发生爆管；以及设计未考虑到水锤的破坏作用，频频爆管等。为此，水利部针对性地采取了以下措施：一是水利部与原一机部联合组织有关人员，对喷灌用泵、地埋管及管件、薄壁金属移动管道系统、喷头等设备采取联合攻关的办法，使我国喷灌用机泵管头四大设备的研制水平和质量得到很大提升。与此同时，1977 年原一机部还把大型喷灌机列为新产品课题进行研制，到 1983 年部级鉴定通过的我国自行研制的大型喷灌机的桁架、减速器、同步自控系统等部件的技术指标已接近美国同类产品水平。二是大量引进国外先进的喷灌设备和生产线，进一步改进提高我国的产品质量。自 1979—1986 年，我国先后从美国、德国、澳大利亚、南斯拉夫等国引进了大型圆形喷灌机 34 台，平移式喷灌机 3 台，卷管式喷灌机 25 台，滚移式喷灌机 55 台，双悬臂式喷灌机 1 台。1984 年由水利部组织南京、郑州、太原从奥地利鲍尔公司引进了薄壁镀锌钢管、薄壁铝管和喷头三条生产线。三是组织高校教授、专家和厂家，以及各省多年从事节水灌溉工作的管理人员编写《喷灌工程设计手册》、国家标准、行业标准。同时举办大量培训班，提高各级技术人员的设计、施工、管理水平。四是建立示范区。但 20 世纪 80 年代初建的示范区，因农村体制的转变而未能保持下去。五是派团出国学习考察，我国从 1975 年开始先后曾派团到美国、墨西哥、澳大利亚、日本、法国、奥地利、西德、罗马尼亚、南斯拉夫、英国、以色列等多国考察喷、微灌工程和生产厂家，对加快我国喷、微灌发展起到很大作用。六是政策性倾斜，国家为了发展节水灌溉，从 1985 年至 1997 年共发放节水灌溉专项贴息贷款 48.9 亿元，大大推动了全国节水灌溉的发展。截至 1997 年底全国节水灌溉工程面积已达到 2.37 亿亩。

1.2.1.2 微灌技术

微灌是一种新型的、高效的用水灌溉技术，一般用于局部灌溉。微灌是利用微灌系统，将有压力的水输送到田间，通过灌水器以较小的流量来湿润作物根部附近土壤的一种局部灌水技术。微灌可以分为滴灌、微喷灌、小管灌和渗灌，按照形式主要分为地表滴灌、地下滴灌、微喷灌和涌泉灌等形式。微灌技术可以根据作物的需水要求，通过输水管道系统和安装在末级管道上的灌水器，把农作物生长所需要的水分和养分以较小的流量均匀、准确地直接输送到农作物根部附近的土壤表面或者土层中。其优点是：整个系统由管道输水，基本没有沿途渗漏和蒸发损失，灌水时一般进行局部灌溉，不会产生地表径流或深层渗漏，相较于地面灌可省水 50%～70%，比喷灌省水 15%～20%；还能有效控制压力，使每个灌水器的出水量大致相等，其均匀度可达到 80%～90%；能为农作物生长提供良好的条件，较地面灌一般可增产 15%～30%，并且可提高产品的品质；管理简便、节约劳动力、节能，能够控制用水和用肥；控制杂草和病虫害，能利用盐碱水、适应不同的复杂地形，而且易于机械化埋设；微灌渠道的水利用率可达到0.95,灌溉水利用系数可达到0.9。微灌兼具有省水、省工、节能、灌水均匀、增产及对土壤和地形适应性强的优点,但是,微灌系统也存在投资一般远高于地面灌、灌水器出口易堵塞等问题。目前,我国的微灌技术主要是应用于灌溉经济作物和温室大棚蔬菜,随着设备价格的进一步降低和农村的经济实力增强,适用于农田作物的微灌设备研制和开发将会逐步向粮食作物扩展,在干旱缺水的粮食产区将会成为主流的灌溉模式。由于世界上的水资源越来越紧张,若干年后,在干旱地区主要依赖于微灌,而在非干旱地区,水的利用率必须得到提高。

目前,世界上微灌技术的发展最具代表性的国家首推以色列,其温室种植已经全部采用微灌,并以滴灌为主,其滴灌面积已占灌溉面积总量的60%。自1951年以来,以色列的灌溉面积增加了5倍,农业生产增加了12倍,而用水量只增加了3.3倍。除去大田作物很少应用微灌技术外,他们几乎将微灌技术应用到所有有作物的地方,其中包括林园、阳台、花园,甚至于室内的装饰植物。同时,微灌的技术设备也有很大突破,20世纪80年代仅灌水器(滴头、微喷头等)有100余种,现在逐步淘汰,形式变少,品种系列化。滴灌多采用滴灌带;微喷头多采用旋转与折射相结合的形式,使出水孔口相对变大不易堵塞;其射程相对增加使得喷灌强度变小,均匀度提高;水滴直径绝大多数为细小水滴而不是雾状,能耗大大减少。

我国从20世纪70年代起,就针对微灌进行了研究和试验示范工作,开展了微灌条件下的土壤水分与溶质运移规律、日光温室和大田经济作物的灌溉制度、水肥耦合模式、滴灌施肥技术等研究工作。在喷微灌技术设备方面,对注肥设备的研制取得了较大的进步,但是对滴灌施肥灌溉条件下养分的运移和施肥灌溉系统的运行参数都没有涉及。施肥灌溉的自动控制环节较为薄弱,施肥灌溉软件方面的研究严重滞后是导致这一局面的最主要原因。国外现有的滴灌施肥灌溉自动控制软件也只可以在给定了施肥量的情况下控制肥液浓度与施肥时间,不能将农作物的施肥灌溉制度、土壤特性和氮素运移模式相结合,形成决策、管理一体化的软件。国外由于长期的技术积累,一些大的技术公司不断推出新产品。在节水灌溉产品快速开发平台技术中,提出的高精度快速成型专用设备是快速成型领域研究的热点,但是目前没有见到开发成功的报道。特别是微涂层的实现是技术难点,由于受到材料性能的限制,依靠自然流无法达到很小的层厚,并且受到表面浸润性能的影响,必须采取相应措施才能实现,目前正从材料、涂层方法方面力争有所突破。

1.2.1.3 渗灌节水技术

在微灌技术中,渗灌结束技术出现的最早,是继喷灌、滴灌之后又出现的一种高效节水灌溉技术,已经在农业灌溉中尤其是在干旱、半干旱地区树木的灌溉中获得大量的应用。与传统渠道灌溉技术相比,渗灌技术可节水48%~55%,累计节水达65%以上,同时可增产30%以上。但是渗灌技术也存在很多不足之处,如投资高、施工复杂、管理维修困难等,而且容易造成深层渗漏,尤其是对透水性较强的轻质土壤,更容易造成渗漏损失。19世纪50年代以来，国外学者已经开始利用有孔管道进行在地下灌溉试验研究，德国在1860年第一次利用排水瓦管进行地下渗灌试验，使得种植在贫瘠土壤上的农作物产量成倍增加；1923年法国和苏联也开始了类似试验，研究穿孔管系统灌溉方法，他们主要是利用地下水位的变化来进行灌溉；1934年美国开始研究用多孔帆布管进行渗灌。到20世纪80年代初期，美国首次开发了渗灌管，专门用来实践地下渗灌。此后，意大利等发达国家也先后研制了专用的渗灌管，其材料主要是使用聚乙烯或者废橡胶轮胎来制作成的渗漏管。以意大利为代表，渗灌管是内径为10～20mm的塑料管，在管壁纵向开有5～10mm的缝，水分通过缝隙进入土壤，将渗灌管埋于40cm深的土壤中进行灌溉，在有一定压力的水流过缝隙时，缝隙就打开向土壤中渗水，当停止灌溉时，缝隙会自动闭合；法国普遍使用由塑料加泡剂和成型剂制作的渗灌管，这种塑料渗灌管上存在有很多的泡状微孔，水分可以通过这种泡状微孔进入土壤，在灌溉过程中通过控制泡状微孔的孔径大小就能控制渗水量的大小，因而渗灌管材的均匀性会对供水的均匀性造成影响。

1987年，我国已经有很多的科研工作者开始对渗灌技术进行了大量的研究和试验。北京塑料研究所和北京市水科所合作研制了聚乙烯渗灌系统，但是由于技术和安装方面以及灌水均匀性差等缺点，这种系统没有得到推广和应用。在1994年，灌溉排水发展中心开始引进国外的橡胶微孔渗水管，在日光温室内试用，开始了对引进该项技术的可行性研究，并且针对渗灌技术在中国大范围推广的前景做了初步预测，山东和河南等省研制的渗水管的运行成本比美国要低，但是技术上并没有突破。2001年，长春应用化学研究所成功建成了1条渗灌微管生产线，每天的产量高达4km，这为我国农业高效节水灌溉的实现做出了巨大的贡献。

1.2.1.4 微喷灌和滴灌节水技术

20世纪50年代以后，塑料工业快速发展，塑料制品也开始大范围的取代金属制品。为了满足水资源极度短缺地区的农业灌溉需要，以塑料为原材料的微喷灌和滴灌系统开始逐步发展起来。

微喷灌节水技术是通过低压管道将有压水流输送到农田灌溉区，然后由直接安装在毛管上或与毛管连接的微喷头或者微喷带把灌溉水喷洒在土壤表面的一种高效的灌溉方式。灌水时水流以较大的流速从微喷头喷出，然后通过空气阻力的作用，将水流粉碎成微小的水滴散落在地面或农作物叶面上，微喷灌的雾化程度比喷灌要大，水流量比喷灌小，比滴灌大，介于喷灌和微灌之间。微喷灌技术出现的比较早，早在滴灌出现之前以色列就开始了微喷灌技术的研究。1969年首先在南非研制使用，美国于1976年将此技术列为专利，20世纪70年代，微喷灌技术在世界上得到很快的发展，80年代以后得到了进一步完善和大范围的推广使用。

澳大利亚、以色列、墨西哥、新西兰、南非和美国等6个国家于20世纪70年代就开始推广滴灌技术，当时全世界的滴灌总面积总计约为5.66万hm^2，直到1991年，全世界的滴灌和微喷灌总面积已增加至160万hm^2。近一二十年来，以色列生产的微喷灌和滴灌系统，因其质量优良、技术先进，越来越受世人瞩目。尤其在使用电脑实现自动控制方面简便易行，农户很容易掌握和使用此项技术。以色列开创了农业用水的新概念，即土地局部灌溉，将灌溉水减到了最低水量，以色列也因此在半沙漠地区实现了现代农场，这些农场具有高度自动化控制灌溉技术，以保证给作物提供适当的水和肥料。在以色列南部的内格夫沙漠地区，年降水量严重不足，但其气温适宜，光热比较充足，当地农户在沙漠中建立了温室大棚，利用滴灌技术种植瓜果蔬菜花卉。滴灌是目前针对干旱缺水地区最为高效的一种节水灌溉方式，水的利用率可达到95%。滴灌与喷灌相比具有更高的节水增产效果，同时可以与施肥相结合，提高肥效1倍以上。既适用于蔬菜、果树、经济作物以及温室大棚的灌溉，在比较干旱缺水的地方还可用于大田作物灌溉。但是也存在其不足之处，滴头易结垢和堵塞，因此需要对水源进行严格的过滤处理。

膜下滴灌技术是滴灌工程节水技术和覆膜栽培农艺节水技术相结合的一项新的农业节水技术，即根据种植需要把滴灌带铺于地膜之下，同时嫁接管道输水形成农田膜下滴灌工程系统。水、肥和农药等随水滴可以直接作用于农作物的根部，可以有效防止水、肥的流失，同地膜覆盖结合，在农作物的整个生长过程中为农作物提供了充足的水、肥、热等生长环境。既可以提高地温减少棵间蒸发，又利用滴灌控制灌溉特性减少土地深层渗漏，达到了综合节水和增产效果，是先进的栽培技术与灌水技术的集成。美国曾于20世纪80年代初在温室内开展了膜下滴灌技术的试验，其膜下滴灌大范围用于蔬菜、水果和花卉等经济价值高的作物，与此同时，研究人员在此方面进行了大量的试验观测工作。

我国于1975年后开始进行滴灌技术的研究和设备的制造。但是滴头堵塞的问题长时期没有彻底解决，阻碍了滴灌技术在我国的发展。1990年以后，绿源公司通过引进以色列技术，自主研发了补偿式滴灌带和过滤装置以后，我国微灌技术设备的水平前进了很大一步，对我国生产微灌设备的厂家也是一次促进，促使很多生产厂家改进设备，并引进国外先进生产线，全国微灌技术发展速度明显加快。自20世纪90年代以来，生产微灌设备的国外公司大量来到我国设立了分公司或办事处，采用各种办法夺取我国的微灌市场，而同时这种竞争也大大加快了我国微灌技术的发展。此外，关于微灌工程手册和行业标准的编制，对微灌技术的发展也起到了一定的促进作用。1989—1991年，水利部牧区水科所的赵淑银等针对控制黄瓜地的病虫害第一次进行膜下滴灌试验，并将保水温的地膜和长时间小流量对根系直接供应水肥的滴灌相结合，有效地调节了保护地的小气候和黄瓜获得营养的方式，起到增产和抑制病害的良好效果，但是当时并未得到足够重视。直到"九五"后期，滴灌技术才得到了快速的发展，1996—1998年，新疆兵团农八师首次将覆盖植棉技术同滴灌技术相结合，进行试验、示范、推广，并获得成功，为解决新疆水资源不足的问题探索出一条节水、高产、高效的道路,对新疆的农业灌溉技术起到重要的推动作用。但是,膜下滴灌技术投资比较高,除需要首部枢纽及骨干管网投入基本不变,大量的毛管滴灌带的投入更显突出。程冬玲和蔡焕杰等对棉花膜下滴灌带控制四行棉花(简称“一管四行”)来代替两根毛管滴灌带控制四行棉花(简称“二管四行”),试验结果表明,从株高、叶面积、根长和干物重等参数综合考虑,“一管四行”的外行水分条件和通气等状况都较为适宜,这一技术大大降低了膜下滴灌系统的投资。新疆天业集团在棉花和番茄上运用膜下滴灌技术,实验结果显示,膜下滴灌技术下棉花的灌水量仅为200～300m^3,比常规灌溉降低一半,并且棉花的产量可提高30%～50%,番茄可增加收入2倍左右。经过不断的研究和实践,该项技术逐渐走向成熟和完善,成为我国微灌技术在大田应用中的成功典范。

1.2.1.5 涌泉灌节水技术

涌泉灌节水技术是把管道中的收到压力水,通过灌水器(即涌水器)以小股水流或者小涌泉的形式将水输送到土地表面的一种灌水形式。此项灌溉技术的灌水流量较大,远远超过了土壤的渗吸速度,因此需要在地表形成小水洼用来控制水量的分布。同时,为了提升灌水的均匀度,在灌水器与毛管的连接处需要添加涌流器用来调节因输水距离的长短和灌溉土地的不平整造成的水量不均匀。该技术比其他微灌灌水技术的抗堵塞能力强,且水质净化处理简单,使用操作简便,同时还兼具有省水、节能、准确的局部灌溉等特点。涌泉灌溉尤其适用于对果园和植树造林等林木的灌溉。

近年来,针对涌泉灌灌水技术在实际情况的应用方面,许多国内外学者做了大量的研究。马爱冬在山西运城闻喜县发展果园涌泉灌并取得良好效果,涌泉灌技术与传统地面灌相比,节水可超70%,灌溉均匀度达到了90%;周耀武等应用涌泉灌栽培技术在新疆地区养殖黑叶杏林,此技术可以提高亩产产量300kg,每亩可以增加经济效益600元;张寄阳等在垄膜沟种农田进行了涌泉灌灌水试验,通过研究垄膜沟种的涌泉灌溉技术因素发现,涌泉灌技术的田面水流的推进曲线可用幂函数表示。赵新宇等为了研究红壤涌泉灌的水分入渗规律,进行了使用不同流量下涌泉灌的水分入渗试验,并根据非饱和土壤水分的运动理论建立了土壤入渗数学模型,采用软件HYDRUS-3D对此模型进行了求解,在验证模型后,采用了数值模拟的方法研究土壤水分入渗运动。谭明等依据涌泉灌设备中补偿式流量调节器的主要特点,并结合了工程设计及实际经验,分析了涌泉灌技术在干旱地区砂质土地上应用灌溉果树的优缺点。

1.2.1.6 地下滴灌节水技术

地下滴灌是滴灌的一种重要形式。美国ASAE标准S526.1(1996)“土壤与水基本概念”中,把地下滴灌定义为:“地下滴灌是指通过地表下灌水器(滴头)施水,而灌水器流量范围与地表滴灌大致相同”。地下滴灌是将毛管铺设在耕作层内,把农作物生长所需要的水、肥、药直接灌到作物根系区,此方法有利于作物生长,减少土壤水分蒸发,延长滴灌管的使用寿命，同时可以减少农田作物耕种时滴灌毛管的铺设和回收工作，有效降低劳动和运行管理成本。2000年10月，在南非召开的第6次国际滴灌大会上，地下滴灌技术被列为今后滴灌发展的重点技术之一。

早在1913年，美国学者House就开始了地下滴灌技术的研究，因为受到当时技术水平的限制，试验中，地下滴灌技术并没有使根区土壤含水量增加，同时因为应用成本较高，所以最后迫使放弃了此项研究。美国加利福尼亚州的Charle Lee在1920年申请了一个多孔灌溉瓦罐的技术专利，被认为是地下滴灌的雏形。二次世界大战后，塑料工业得到了快速发展，因此也加快了滴灌技术在美国、以色列、英国等发达国家的发展。德国于20世纪40年代用塑料管进行了地下滴灌试验研究。到1959年，地下滴灌已在美国成为滴灌的重要组成部分。20世纪60年代，使用PE和PVC制造的多孔管、缝隙管以及管上滴头等已经用于地下滴灌。Whitney等针对不同类型滴头的堵塞和运行情况作了评价。到1970年，世界各地都相继开展了较大规模的农田试验。进行地下滴灌试验的主要灌溉作物包括甘蔗、菠萝、柑橘、鳄梨等果树，玉米、大豆、棉花、蔬菜等大田作物以及草地等。通过试验，发现地下滴灌也同样存在诸多问题，如灌水均匀性差，滴头容易堵塞，作物根部有可能会穿破毛管，系统维护比较困难等。1979年在美国亚利桑那州Coolidge附近安装了首个棉花地下滴灌系统，面积为0.2万hm^2，至1985年已有约0.8万hm^2棉田都安装了地上与地下管道，当地称为“亚利桑那系统”，自此开始了真正意义上的地下滴灌系统应用和研究。

20世纪80年代早期，国内外学者主要研究了系统毛管适宜的埋深和毛管间距、肥料和化学药品注入设备与技术、地下滴灌与农作物产量、水分入渗等方面。到20世纪80年代中期，部分地区已经成功应用了地下滴灌系统近10年，而且性能良好。Mitchell等于1982年提出了地下滴灌系统设计、安装和运行管理指南，预示着地下滴灌技术进入了成熟阶段。20世纪90年代后，人们对地下滴灌技术产生了更广泛的研究兴趣，研究方向集中于地下滴灌对农作物产量的影响、地下滴灌的毛管深度与间距等方面。产量方面，Rubeiz在1989—1991年的研究结果表明，采用了地下滴灌下的卷心菜的产量比沟灌技术下的高30%，胡瓜的产量比沟灌和地表滴灌下的高35%。1992年，Bosch等在美国夏威夷进行的试验结果表明，地下滴灌苜蓿产量与喷灌的产量相似，但是节省了很多的喷灌田间工作费用；地下滴灌技术下甘蔗产量远远高于沟灌下的产量；在沙土中地下滴灌技术下甘蔗的产量大于沟灌技术下的产量，而在沙壤土中，2种灌溉方式下的产量相似。1995年Henggeler在美国的得克萨斯州西部几个县的试验结果表明，使用了地下滴灌技术的棉花产量比沟灌技术下棉花的产量增加20%左右。以色列和美国加利福尼亚州的研究结果表明，使用了地下滴灌技术下的甜玉米产量增加；美国新墨西哥州的试验结果表明，在一个试验地，地下滴灌技术下土豆产量增加，而在其他试验地，产量则没有增加。美国加利福尼亚州同时对西红柿、芦笋、土豆等进行试验，研究结果表明，应用地下滴灌技术下的产量均有不同程度的增加，其灌溉用水与普通地表滴灌用水相比可节约30%～50%。深度与间距方面，1990年Schwanke等在美国加利福尼亚州进行的西红柿地下滴灌试验，试验结果表明，毛管埋深为0.15m或0.23m，种子的播种深度为12mm或38mm，日灌水量大于等于0.5ETc(腾发量)，是最佳的组合，但是在种子萌芽阶段需要使用地面灌溉技术使土壤表面保持湿润。美国堪萨斯州立大学从1989年开始，持续开展了10年的农田作物地下滴灌技术的研究，对地下滴灌的设计、维护和经济性及长期效应做了广泛的研究，编写了正确使用地下滴灌的多种技术指导材料。

我国地下滴灌最初为地下水的浸润灌溉。早在一千多年前，山西省临汾龙子祠修建的泉水灌溉工程就是典型的地下水浸润灌溉工程，在土壤耕层下面铺设厚0.4～0.6m卵石，用来作为灌溉水的蓄、输通道。此后经过漫长的生产实践，找到了另一种比铺设卵石更加简单的方法，即在土壤内埋设“透水管道”进行灌溉。如几百年前的河南省济源的合瓦地，是迄今所知的我国最早的地下滴灌，其地下滴灌管道系统由透水瓦片扣合而成，具有灌溉和排涝两种功能。

我国于1974年从墨西哥引入了现代滴灌技术，由于地下滴灌不但具有普通滴灌节水的优点，而且便于耕作，且设备不易丢失，所以国内学者也曾多次尝试。1978年，山西晋东南地区的水科所与阳城县水利局、长治农校展开合作，在阳城上李村实行了4年农田作物的地下滴灌试验。地下滴灌技术最初应用在20世纪80年代初期，山西省水科所在1983年在祁县进行了12hm^{2}的果树(梨和苹果)地下滴灌；原水电部水利水电科学研究院于1983年在河北省迁安市建成了上百公顷的板栗地下滴灌等；山西省万荣县南景村农民王高升于1990年自发地安装了0.67hm^{2}的果园地下滴灌，节水增产效果比较好，因此掀起了运城地区地下滴灌建设的高潮。但由于对地下滴灌技术本身了解不够，造成塑料管打孔成孔的工艺存在很大的缺陷，加上运行管理措施不力，造成灌水不均、堵塞等问题日益严重，导致大部分工程的失败。“九五”期间，中国水利水电科学院在北京市昌平区建成13.3hm^{2}试验示范区，开始了地下滴灌农田试验研究，考核了自主研制开发的地下滴灌专用灌水器。2001年，在新疆的棉花地安装了333.3hm^{2}的地下滴灌，在使用的2年内取得了良好的经济效益。目前，除了小面积试验外，国内的大田地下滴灌主要应用在新疆建设兵团棉花生产上。根据新疆建设兵团节水建设办公室统计，从2002年开始，新疆建设兵团农二师30团等先后开始进行地下四关试验，推广总面积近400hm^2；2003年地下滴灌总面积达4667hm^2；2004年地下滴灌总面积超过6667hm^2。

1.2.1.7 其他节水技术

(1)调亏灌溉技术

20世纪70年代，国际上产生了新兴的灌溉方式——调亏灌溉(regulated deficit irrigation，RDI)，和非充分灌溉或限额灌溉不同，RDI主要是依据灌溉作物的生理特性，使其生长期的某个阶段水分亏缺，并通过其他措施来调节光合产物在群体和个体间的分配，抑制其营养生长，增加根冠比。适当的水分亏缺能明显抑制蒸腾速率，而且复水后光合速率具有超补偿效应，光合产物具有超补偿积累，有利于其向果实的运转和分配。对蔬菜作物苗期进行调亏灌溉可培育壮苗，减少后期叶面蒸腾，调节光合产物的积累和分配，从而提高水分利用效率。RDI可促进成花，特别是促进雌花的分化，减缓蔬菜作物的长势，降低果实的含水量，可溶性固形物含量升高，但是对果实的形状和大小没有明显影响。经过调亏处理后，气孔行为的变化与蒸腾耗水对气孔的反映是RDI节水增产的内在原因，形态特征的变化只是一种表现形式。

(2)波涌灌节水技术

美国于20世纪70年代推出了一种新兴地面灌溉技术——波涌灌技术，它采用间歇供水、大流量的方式向沟(畦)输水，整个灌水过程需依据田块长度被划分为几个周期，入地水流不是一次性地连续推进到沟(畦)末端，而是分阶段地由首端推进至末端。其最大的特点是在长沟中分次进行灌水，即第一次的灌水在沟中经一段距离后即停止灌水，停灌一段时间后开始下一次的脉冲灌水。其优点是加速水在灌水沟中的流速，减少水流在灌水沟中的渗漏损失。一般相同灌水量，流程可扩大1倍，比连续灌省水10%～23%，沟的长度可达100m以上。波涌灌技术比较适用于壤质土地区。这种交替发生的间歇灌水方式能够形成表土致密层，降低土壤的入渗率，同时先期灌溉湿润的沟(畦)段上田面糙率的减少有利于加快后期灌溉水流的推进速度，进而提高田间灌溉效率和灌水均匀度。

为提高传统地面灌溉的水分利用效率，国际上把"连续灌溉"改为"波涌灌"，以减少水在灌水沟中的损失，同时，使用激光平整土地，以提高灌溉均匀度。我国从20世纪80年代开始研究波涌灌，但是研究进展比较缓慢。波涌灌溉技术在灌溉自动化程度较高的国家已得到大范围的应用，我国也已经完成了机理研究、波涌灌设备国产化开发及初步的田间试验示范。新疆棉花波涌沟灌结果显示，采用波涌沟灌方法下的田间水流推进速度明显高于连续沟灌，且在棉花浇第1水时的效果最为明显，高达2倍左右。虽然随着浇水次数的增多，波涌灌水的效果有所减弱，但总体仍达到1.5倍。在同样的入地流量条件下，由于波涌沟灌的水流推进速度快，既可以减少地块首端与末端受水时间的差异，又减少了灌水时间，起到节水和灌水均匀的双重效果。波涌灌与连续灌相比较，可节水10%～23%，增产10%左右，节水增产效果显著。

目前，国外正在进行节能型的低压重力式滴灌技术和防堵塞的脉冲灌等技术的研究工作。地下灌溉由于能显著减少作物无效蒸发(土壤表面蒸发)而特别省水的优点，因而发展也十分迅速。目前国外利用废旧添加橡胶、塑料发泡剂等研制成功了新型发汗渗灌，并在果树、花卉等作物中开始应用，现正在开展其合理管道间距、埋深及其优化灌水模式、防生物堵塞技术等方面的研究。

1.2.2 国内农业节水灌溉模式发展、应用与实践

我国早在5000年前就出现了灌溉农业，有着悠久的发展历史，但是，直到解放时期很多农田还沿用着旱田大水漫灌、水田串畦淹灌的灌溉方法，这不仅造成水资源的严重浪费，同时还会对农作物的产量造成很大影响。我国的水资源面临着日益短缺的问题，因此早在20世纪中期，水利部门就进行了农田灌水和渠道防渗等节水灌溉技术的研究与推广。20世纪50年代末期，我国从国外引进先进的节水灌溉技术和设备，由于技术的限制，推广使用的灌溉设施主要是电动机或者柴油机带动的单机单喷头的小推车式或手抬式的轻小型喷灌机。20世纪70年代，我国北方部分地区水资源出现明显减少，满足不了灌区大工程面积灌溉的需要，因此进入了非充分灌溉阶段。这时期低压管道和渠道防渗输水发展迅速，喷灌、微灌也有很快的发展。20世纪70年代初，为了减少输水渗漏损失，自流灌区开始大规模推广衬砌渠道工程，开展平整土地、划小畦块，实行短沟或细流沟灌，建立健全用水组织，实施计划用水；20世纪70年代中期，开展了机电泵站和机井灌区节水节能技术的改造；20世纪70年代中期至80年代初，在土壤透水性强、水源缺乏的丘陵地区以及北方抗旱灌溉地区和南方经济作物区，开始大范围推广喷灌、微灌等先进技术；20世纪80年代初至90年代初，低压管道输水灌溉技术开始在全国范围内推广；从20世纪90年代开始，进一步将农业节水增产技术、节水灌溉工程技术和管理节水技术有机结合，形成成套技术，同时大面积推广农田灌溉科学用水技术，如水稻浅湿灌溉、小麦优化灌溉、膜上灌、坐水点种等，我国的节水灌溉技术达到了新水平。同时，因农田节水灌溉发展的需要，节水灌溉专用材料、设备的研制和生产也迅速地发展起来。在我国农业灌溉技术的发展过程中，不仅研究了符合我国农业灌溉实际情况的节水方法和措施，同时也学习了和拓展了西方发达国家的农业灌溉技术和思路。以下是我国农业灌溉技术发展过程中借鉴的比较成功的几种节水灌溉方法，并在原来的基础上做了改进。

1.2.2.1 渠道节水技术

我国农田灌溉的主要输水方式为渠道输水，但传统的土渠输水渗漏损失大，达到输水量的50%～60%，一些土质较差的渠道渗漏损失高达70%以上。我国早期渠道防渗是从应用当地材料开始，如压实土、三合土、浆砌块石等。20世纪70年代以后，开始使用水泥土和混凝土材料，并研究使用沥青混凝土，玻璃纤维混凝土和膨胀混凝土等。为了解决接缝渗漏水的问题，研发了聚氯乙烯胶泥等有效的填缝止水材料，20世纪80年代以来，开始研制成本低、且防渗性能较好的塑料薄膜、沥青玻璃布油毡和不同的聚氯乙烯土工膜，并开始推广应用。20世纪90年代后，开始了膨胀珍珠岩板、矿渣棉板等防冻保温材料的研发，并取得良好效果。

渠道防渗技术是一种减少输送水由渠道渗入渠床的工程节水技术和方法，同时也是我国农业灌溉的主要输水手段。渠道防渗层一般采用混凝土、土料、水泥土、浆砌石、沥青混凝

土等刚性材料及PE、PVC及其改性薄膜材料，防渗渠道断面一般用U形断面。其优点为：使粗糙度下降，流速提高，便于引高含沙水灌溉；同时可以提高渠系水的利用系数，采取渠道防渗措施后，水流量减少渗漏损失70%～90%，渠系水利用系数可提高20%～30%；节约投资和运行费用；可有效防止杂草丛生、渠道冲刷、淤积及坍塌，调控地下水位，防止次生盐碱化。渠系衬砌的方法能够减少输水过程中的蒸发损失量，提高渠道的输配水速度，缩短轮灌周期，有利于节约水量和渠道维修费用。根据黑河干流灌区对渠道防渗效果检验，渠道衬砌后干渠的水利用系数平均为0.92，支渠为0.85。

水平畦田灌溉技术是在激光控制土地精细平整技术应用基础上发展起来的一种地面灌溉技术，自20世纪80年代起，该技术在许多国家已得到推广和应用。水平畦田灌溉系统中的农田表面通需要为水平状态，灌水时的水流量较大，水可以在较短的时间内充满田块，从而均匀地分布在整个土壤表面。畦田可以是任意形状，周边由田埂封闭。畦块规格的设计由供水流量、土壤入渗特性等因素决定，通常在4hm^2左右，较大的可达到16hm^2。根据畦田的规格形式和灌水方式来讲，国外目前采用的水平畦田灌溉技术，和我国的格田灌溉技术有相似之处。但也存在许多不同之处，国外一般利用激光控制平地技术完成土地的无坡度平整，我国采用农业机械设备进行土地粗平，田面平整精度差异比较大；水平畦田灌溉方式已在国外的农田作物中得到广泛应用，而格田灌溉方式主要适用于我国南方的水稻作物，农田作物中几乎没有采用；最后水平畦田灌溉技术中对入地流量有很高的要求，只有供水流量足够大才能满足入渗水分在田块内均匀分布的要求，而我国农田灌溉工程系统的末级进地流量受井灌区农用机井出水量和渠灌区田间输配水设施容量的制约普遍较小，难以达到实施这项技术所需达到的流量标准。采用水平畦田灌溉技术，灌溉水利用率可由平均50%提高到80%，灌溉均匀度由70%左右提高到85%左右；与其他农业综合技术措施配合后，采用常规机械进行粗平后可增产20%，采用激光控制进行精平后可增产30%；作物的水分生产率由1.13kg/m^3的提高到1.7kg/m^3。因此，水平畦田灌溉技术的节水增产效益显著。

小畦灌溉技术在我国北方地区广泛使用，其优点是灌水流程短，有效减少沿畦长造成的深层渗漏量，提高灌水均匀度和灌水效率。甘肃省小麦灌溉定额试验成果表明，0.033hm^2的田块比0.066hm^2田块节水10%以上，面积为0.02hm^2左右的小畦灌水定额为600～750m^3/hm^2。

1.2.2.2 膜上灌节水技术

膜上灌是由我国首创的新兴灌溉技术，它是在地膜覆盖的基础上将膜侧水流改为膜上水流，利用地膜运输水，通过放苗孔或膜侧缝给作物供水的一种可控制的局部灌溉技术。灌水时水流由膜上流向膜侧，加快水流运动速度，减少水渗漏，同时提高灌水均匀度。水体分布在农作物根部和耕层，提高了水分利用率，具有节水增温、保墒抑盐的特点，与喷、滴灌相比成本较低等优点，膜上灌水还提高了土壤的热容量、地温和通透气性，为作物生长发育创造了良好的生长环境。因此在许多地区尤其是干旱、半干旱地区备受青睐，于小麦、玉米、水稻、花生等作物和西红柿、草莓等蔬菜水果上得到广泛应用。在膜上灌水情况下，薄膜会在土壤耕层产生提水上升的保墒效应，使深层土壤水分较不覆膜有所降低，使土壤深层水得到有效利用，提高了作物水分利用率和产量。地膜覆盖可促进干物质积累，改善小麦生育前期的土壤水温条件。膜上灌具有使地面糙率明显下降、水流前锋流速加快、膜孔入渗、水流的流程时间缩短、减少深层渗漏、灌水均匀度高等特点，其节水效率达到20%以上，提高了灌溉效率，同时，也带来了很大的经济效益和生态效益。

目前，国内学者针对膜上灌溉技术展开了大量的研究工作。徐首先最早于1987年介绍了膜上灌水技术及其试验；樊晏清于1992年分析了膜上灌技术节水、增产的原因和效益；1995年，夏爱林进行了新疆绿洲膜上灌试验；1998年，米孟恩发现膜上灌放苗孔的施水面积不超过3%，97%以上的面积都是依靠水孔的旁渗浸润来实现的，可以有效防止深层渗漏，减少棵间蒸发，实现节约灌溉用水。有学者认为膜上灌水流推进距离和时间呈幂函数规律，膜上灌还具有明显的增温保墒效应，在苗期尤为显著，同时，膜上灌有利于保证玉米对土壤水热的需求，促进玉米生长和增产。

总之，膜上灌技术是一项投资少、见效快、简便易行的节水灌溉技术，具有增温保温、保肥、抑制杂草生长、节水、增产等效果。经过长期的发展，膜上灌在机械铺膜、节水机理、灌水技术、灌水形式、灌溉效益评价等方面越来越完善；膜上灌技术也发展为使用于棉花、玉米、瓜类、甜菜、啤酒花等多种作物；研究区域上也逐渐扩展到甘肃、宁夏、陕西、山东等省区。同时，也开展了膜上灌与其他节水灌溉技术相结合的研究工作，如膜上灌与管灌、输水沟地膜防渗相结合、膜上灌与低压管道输水技术相结合、涌泉灌与膜上灌技术相结合等。

1.2.2.3 管灌节水

我国于20世纪80年代初开始在全国范围内推广低压管道输水灌溉技术，该技术可使灌溉水的有效利用率又得到提高。低压管道输水灌溉简称"管灌"，它利用低压输水管道代替普通渠道将水送到田间浇灌作物，可以有效减少水在输送过程中的渗漏和蒸发损失。低压管道输水灌溉系统有移动式、固定式和半固定式三种，常用材料有PVC管、水泥沙管、现浇混凝土管等。这项灌溉技术在我国北方平原井灌区快速发展。低压管道输水灌溉技术具有许多优点：一是省水，用管道代替渠道可以有效减少输水过程中的渗漏和蒸发损失，水利用系数可达到0.95以上，毛灌水定额减少30%左右；二是节能，与普通渠道输水相比，提高了渠系水的利用系数，大量减少井内抽水量，因此可减少能耗25%以上；三是节省土地，提高土地利用率，一般在井灌区可减少占地2%左右，在扬水灌区可减少占地3%左右；四是管理方便，由于低压输水管道埋于地下、方便养护和机耕，减少耕作破坏和人为破坏，另外管道输水流速比普通渠道大，灌溉速度大大提高，灌水效率显著提升。低压管道输水灌溉技术适应当前农村生产责任制，从而发展较快，但由于大多仍然为地面灌，田间水利用率仍较低，随着我国水资源紧缺情况加剧，农民投入能力增强，农业规模经营的发展，低压管道输水灌溉有可能逐步被喷灌、微灌取代的趋势。

1.2.2.4 痕量灌节水技术

经过长期的发展，我国的节水灌溉技术有多种多样的形式，如微灌、滴灌、渗灌等，但是这些灌溉方式存在问题，常常需要人们依据作物当前的生长状况和土壤的含水量来确定是否灌溉，而且管道容易堵塞，对作物的生长造成影响，是一种传统的、间断式的灌水方式。为了解决上述问题，华中科技大学诸钧于 2013 年提出痕量灌溉技术，该技术以毛细力为基础力，根据植物的需求，以微小的速率(1～500mL/h)输水到作物根系附近，该技术可以均匀、适量、不间断地湿润植物根层土壤，能够有效防止蒸发和渗漏损失，比滴灌节水 40%～60%。该技术将植物—土壤—毛细管—灌水系统组合成一个水势平衡系统，然后通过膜过滤技术、特殊的控水头和输送管道，将水和营养液等缓慢、适量、持续地输送到作物根系周围的，以满足植物对养分需求，实现植物主动吸水。该技术与渗灌相比有很强的抗堵塞能力，对农业生产产生积极影响，可以长期稳定的实现地下水肥一体化；避免蒸发损失；且使用寿命长，有效避免反复回收；不需要覆盖地膜，避免白色污染；也没有深层渗漏，不会造成肥料农药的深层渗漏，减少生态环境污染；提高作物品质和安全性；比较符合高标准农田的建设。该技术为城市行道树和草坪等特殊场所提供了灌溉解决方案；为矿山修复、沙漠化治理等提供适用的灌溉技术。痕量灌溉技术在多种作物种植方面都得到了广泛应用。王志平等(2011 年)以温室大桃为试验对象，与滴灌和常规畦灌做对比，探究痕量灌溉技术对大桃产量和水分利用的影响，实践结果表明：痕量灌溉可比畦灌节水 80.1m^3、比滴灌节水 40.0m^3，而且水利用率与对照组相比增长 10%以上；杨明宇等(2013 年)以京茄 1 号为实验对象，研究不同深度的痕量灌溉对日光温室栽培条件下茄子产量、耗水量和灌水量的影响，试验结果表明：不同的埋设深度可以有效促进茄子的生长、提高产量，且埋深 10cm 产量最高，与对照处理相比增产 14.7%，水分生产效率最高，达到 23.5%。诸均等(2014 年)将痕量灌溉用在种植茴香上，并以滴灌作为对照，探讨不同方式的灌溉对茴香产量、干物质积累量和水利用率的影响，结果表明：采用痕灌技术的茴香球茎部分比滴灌重 21.6%，地上部分(茎和叶)比滴灌重 18%；痕灌的总耗水量显著低于滴灌，痕灌耗水量为滴灌的 53%；痕量灌溉的水利用率是滴灌的 2.3 倍。

1.2.2.5 微润灌节水技术

微润灌溉技术又叫作半透膜灌溉技术，它是利用功能性半透膜作输水管，依靠膜内外水势差和土壤吸力作为水分扩散和渗出的动力，并依据作物需水量，以缓慢出流的方式为作物根区输送水分的地下微灌技术，它通过地埋的方式为作物供水，与滴灌相比，微润灌溉技术具有节水效果明显、有效减少地面蒸发、改善作物根区土壤环境、运行成本低、抗堵塞性能强等优点，适宜旱区作物的用水需要。深圳市微润灌溉技术有限公司于 2007 年研制出微润管，它是一种新型节水灌溉产品。微润管的第一代产品是薄纳米孔膜，外层有无纺布套层保护，该产品在园林绿化，农业灌溉等领域有着良好的节水效果；第二代微润管为厚度约为1mm的单层薄膜纳米管，其优势为出水量稳定、抗高温高寒、机械强度高、便于安装和维护等，主要适用于西部地区严峻的沙漠环境以及山丘地区；第三代微润管是在第二代的基础上进行了改造，它的出水稳定性、抗堵性得到加强。我国的湖北、新疆、贵州、云南、内蒙古等地区已广泛采用了微润灌溉技术，在促进蔬菜、果树和玉米等作物增产方面表现出显著的作用。魏镇华等开展了交替灌溉与微润灌溉对番茄耗水和产量的调控效应的研究，以探明微润灌溉技术在西北干旱区的适用程度；巴音克西克对微润灌溉技术在我国新疆地区的应用前景做了分析，发现微润灌溉技术可为葡萄、红枣提供连续的、充分的水分，微润灌溉系统生产成本和运行费用较低，在新疆地区具有广阔的应用前景。

综上所述，我国节水灌溉工作大体可分为三个阶段。即1950—1970年，大体上为充分灌溉的节水灌溉发展阶段，这一阶段主要采取渠道防渗，健全渠系建筑物，划小畦块，平整农田，开发新水源，建设新灌区和改建扩大旧灌区，按作物需水量进行灌水，以及灌区加强管理，合理配水等节水措施。

第二阶段大致从20世纪60年代末至70年代初，我国北方的部分地区水资源量明显减少，满足不了灌区工程大面积按作物需水进行灌溉以后开始的。比如山西晋祠泉水灌区，解放初期灌溉了1万多亩稻田和数千亩山丘旱作，到20世纪70年代中期，泉水水量从解放初的$1.4m^3/s$缩减为$0.6m^3/s$，因灌溉水量的严重不足，稻田的面积急剧缩小，许多灌区不得不将原来的灌溉制度，改为按实际水资源量如何能获得灌区内最大总产量的灌溉制度。如山西汾河灌区，其水资源量按全灌区面积计算，平均只能灌1.4次水。如何将有限的水量得到全灌区最大产量的灌溉制度，成为上述灌区新的研究方向。从20世纪70年代起，这类灌区在北方越来越多。从此，我国(北方)进入非充分灌溉阶段。

第三个阶段为局部灌溉发展阶段，这个节水灌溉阶段是从1974年大寨安装了滴灌设备之后开始的，可以说是和非充分灌溉同时发展。伴随着水资源量的不断减少，各个地区结合当地的实际情况，创造和推广了很多行之有效的局部灌溉措施，如东北的坐水种、西北的膜上灌等都对农业发展起到很大作用。随着人口的增长、城市的扩大和工农业用水量的增加，局部灌溉的节水灌溉技术一定会快速发展起来。

1.2.3 节水灌溉发展对生态环境的影响

国内外学者针对喷、微灌对农田生态环境的影响开展了许多的研究，并取得了大量的成果。针对喷灌对环境的影响，探究了喷灌条件下土壤水分运移规律，田间小气候的变化规律。针对微灌对环境的影响，研究了微灌条件下土壤水分运动规律。研究成果主要有：滴灌技术下的土壤水分运动数学模型、喷灌技术下温度及水汽压变化的计算公式、滴灌技术下的土壤水分运动规律研究。研究了喷灌条件下气相和液相之间的质量、动量和热能三者间的结合问题，提出了喷头射流蒸发量及其对顺风范围内小气候影响的计算机模拟方程，同时对喷灌条件下均质土壤的入渗规律做了研究，建立了数学模型。喷灌技术下的农作物冠层温度变化规律及对滴灌技术下的土壤水分的分布规律、喷灌条件下冬小麦田间水分运移数学模型、喷灌技术下的田间小气候变化规律的研究，喷灌条件下土壤水分空间分布特性及数学模型等。

尽管国内外学者对喷、微灌条件下田间小气候变化规律、土壤水分运动规律开展了大量研究，但长期的喷、微灌条件下，土壤水盐环境早已产生了变化，而关于土壤溶质运移规律的研究还受到降水、蒸发和排水条件的影响，虽然对喷灌条件下田间小气候的变化进行了研究，但没有涉及土壤水盐环境效应的研究。且对滴灌条件下的土壤水分运动规律中水盐的动态规律探究比较少。此外，土壤长期的定点滴灌，容易造成土壤湿润区与干燥区的交界处盐分聚集，因此产生土壤次生盐碱化，为了解决这些问题，需要对滴灌条件下土壤水盐的动态变化规律开展更深入的研究。

对于节水农业技术以及水资源开发利用对农田生态环境影响方面，近年来在国内也做了大量研究工作。包括农业节水对水文规律变化产生的影响，农业生产条件下水文水资源评价方法等；不同覆盖条件下土壤水热影响规律及计算模型；对水资源开发和生态环境问题的探究。这种影响也包括大规模使用地表水对水文循环过程以及河流生态功能造成的影响；引蓄地表径流产生的泥沙淤积，越来越大面积的引水灌溉对土壤盐分的累积和土壤自然生态环境的影响；污水、废水灌溉对水环境污染的不利影响，以及地下水超采产生的水环境生态问题等。对农田覆膜保墒技术措施的研究，阐述了地面覆盖对土壤表面水、汽、热状况的影响，以及应用不同的覆盖材料、不同覆盖方式对土壤水热运移产生的影响。对不饱和土壤水运动的数值模拟；对夏玉米麦秸全覆盖下的土壤水热动态的田间试验和计算模拟；还对水资源的持续利用框架开展了研究，着重探讨了水资源可持续的存在依据、可持续利用的支持条件、发展模式、演变控制等，设计出了一个包括水资源的承载能力、水资源管理的调控能力等的水资源持续利用理论和实践框架，扩大了节水灌溉以及环境效应影响的研究领域。彭致功等在北京市大兴区开展研究，利用校验后的水平衡模型，通过设置灌溉满足率和灌溉水利用系数，研究了不同的农业节水措施对减少地下水开采量以及增加地下水补给量的作用及其敏感性。实验结果表明，不同水文年型下，降低灌溉满足率和提高灌溉水利用系数都可以有效减少地下水开采量，并且降低灌溉满足率对减少地下净开采量有更加显著的作用，有利于区域地下水涵养。在参数合理取值范围内，地下水的净开采量对灌溉满足率有着较大的敏感性，而地下水补给量对灌溉水利用系数的敏感性较高。和提高灌溉水利用系数比较，对于缺乏水资源区域，应采用先进节水技术，以适度减小区域灌溉满足率，既可以促进水资源的持续有效利用，也可以显著加大地下水涵养。王贵玲等在研究了地下水赋存和运移规律的基础上，使用有限差分方法和 FELLOW 软件针对农业节水措施的实施对地下水影响的模型展开研究。在模型中设计了两个水资源开发利用方案:方案Ⅰ,维持原来的地下水的开发利用模式;方案Ⅱ,使不同的节水技术配套组装后的地下水开发利用模式。对这两个水资源开发利用方案的模型研究结果表明:在采用了综合农业节水措施后,有效减缓了地下水位下降速率,10年后,水位减缓下降达到10.18m,农业节水对缓解地下水位下降速率效果明显。康绍忠等深入探讨了现代农业与生态节水理论研究的发展态势和热点问题,以及我国农业与生态节水理论创新滞后对农业与生态节水工作正常开展造成严重制约等状况。指出了我国农业与生态节水理论创新的发展目标,探讨了创新的技术难点,提出了重大研究课题。

总之,节水灌溉对环境的影响包括有利影响和不利影响两个方面。20世纪70年代以来,全国迅速发展各种节水灌溉的工程措施和非工程措施。各类农业节水灌溉措施(包括喷灌、滴灌、污水灌等)一方面对缓解农业水资源供需矛盾、提高农业产量、改善农田生态环境、扩大灌溉面积以及促进国民经济发展起到了至关重要作用。另一方面,节水灌溉对农田的生态环境造成影响,农田生态环境产生的变化,使原来的生态平衡受到破坏,从而会对环境造成直接和间接的多种影响,有可能导致环境恶化。如80年代后期以来,在旱作农业地区,大面积使用覆膜造成的白色污染日益严重,山西省的旱作农业区小麦覆膜面积有23.3万hm^2,陕西达到1.73万hm^2,甘肃为5.3万hm^2。覆膜的大量使用造成的白色污染对农业生态环境问题已造成了不容忽视的影响。另外,节水灌溉措施对原来的农田土壤物理特性造成了影响。如土体与近地面范围大气的水、热状况变异,这种变异长期存在而引发土壤物理、化学、生物学性质的变化,近地面大气水、热状况变异导致农田腾发变化,喷灌、滴灌对农田周围生物学环境变异、生物学多样性、微生物学变化及由此引起的农作物病虫害等。同时,节水灌溉措施对农田水文循环变化规律也产生影响。水文循环是农田生物圈内生物、地质、化学总循环中的重要一环,水资源的更新再生以及可持续性存在的能力,就是依靠水文循环过程来维持实现的。水文循环过程可以供应源源不断的新鲜水,而且还具有美化自然、净化环境的用处。然而,不同的节水措施对水文循环的过程产生不同程度的影响。例如渠道衬砌阻碍了地表水对地下水的补给量;土壤水的充分利用对降雨产流的条件造成影响,也影响了降雨入渗和地下水补给条件;地膜覆盖技术在抑制土壤水分蒸发的同时也对降雨入渗产生了影响等等。这些影响不但表现在空间上,同时也在时间上体现,它改变了原来水资源的循环过程与降雨产流条件,形成新的水资源循环系统,这一新的水循环系统对灌溉区域内的农业生产条件、生态环境造成了一定影响。尤其在我国西北的干旱半干旱地区,那里降雨稀少,蒸发强烈,地表水资源比较匮乏,生态环境极其脆弱,因此地下水深度的变化与该地区的生态环境息息相关。若该地区地下水位过高,就会由于浅水的蒸发而造成土地盐碱化,若地下水位过低,毛管上升水流不能达到植物根系层,植物生长缺乏水分而生长不良,易发生荒漠化。根据土壤—植物—大气系统(SPAC)理论的研究,植物可以通过压力流和渗透流的方式从土壤水中吸收水分。但植物的吸水作用与土壤水的状况有很大关系，而土壤水分的多少和矿化度的高低除了和土壤质地、灌溉条件、地形条件等因素有关外，主要是由地下水的深度决定的。可见，水分作为干旱区极为重要的生态环境因子，不仅是干旱区绿洲生态系统构成、发展和稳定的基础，而且对于干旱区绿洲化与荒漠化两类极具对立与冲突性的生态环境演化有决定性作用。

干旱地区植物的分布、长势及演替规律，明显受到地下水埋深的控制。郑丹，李卫红等把维持非地带性自然植被生长所需水分的浅层地下水埋深定义为生态地下水埋深，如何确定不会造成土壤盐渍化又不产生荒漠化的生态地下水埋深对干旱地区的生态环境密切相关。国内外一些学者通过数值模拟、统计分析和试验等方法，广泛开展了地下水和天然植被关系的探究，制定了针对不同地区的地下水埋深控制标准。阮本清等选择宁夏青铜峡引黄灌区为研究对象，依据既不发生盐渍化也不造成荒漠化控制地下水埋深的原则，采用MODFLOW软件，设计了该地区的地下水数值模拟模型。采用情景分析方法，通过模拟了9种节水灌溉方案地下水埋深的生态适宜性，给出了该地区适宜节水强度的推荐方案。推荐方案中的节水规模为全年引黄水量44.71亿 m^3，与2000年的60.29亿 m^3 引水量相比，节水25.8%，此为该灌区的比较适宜的节水强度。河套地区处于我国的西北部，属于干旱半干旱地区，年降水量仅200～240mm，因此产生没有灌溉就没有农业的现状。因为以前大面积采用黄河水漫灌，因此造成了地下水位上升和土壤次生盐碱化，严重制约当地农业的发展生产。所以节水灌溉中，如何确定最佳节水强度，控制合理的地下水位，对当地的农业发展和生产，有着非常重要的意义，更重要的是可以通过消耗地下水来降低地下水位，以减少和最终消除土壤的次生盐碱化。

综合以往的研究，杜丽娟等认为灌区节水改造环境同时具有正效应和负效应。其中，正效应主要包括水资源的利用效率的提高、灌溉面积的增加以及改善河道断流和减轻土壤次生盐碱化等；而负效应是更为值得引起重视的问题，也是较为敏感的话题，主要包括减少地表水入渗导致地下水量的减少、区域水文循环系统的改变、区域小气候的变化、区域生物多样性的变化等。

1.3 我国农业节水发展方向与思路

近几年以来，习近平在党的十九大报告中指出“我们要建设的现代化是人与自然和谐共生的现代化，必须坚持节约优先、保护优先、自然恢复为主的方针，形成节约资源和保护环境的空间格局、产业结构、生产方式、生活方式，还自然以宁静、和谐、美丽”。2018年在北京召开第八次全国生态环境保护大会。会议提出，加大力度推进生态文明建设、解决生态环境问题，坚决打好污染防治攻坚战，推动中国生态文明建设迈上新台阶；同时，习近平在讲话中强调“生态文明建设是关系中华民族永续发展的根本大计”。

依据我国节水灌溉技术的发展历程来看，现在节水农业技术是在传统农业灌溉技术的基础上的一种新型发展形势，在结合了计算机技术、生物工程技术和电子信息技术的基础上，能够有效提升现代种植的节水效率。但是，在技术应用的实践过程中，依然有很多的不足之处，与发达国家的农业节水技术相比还存在差距。伴随着节水灌溉技术的不断发展与更新，节水灌溉技术实现了现代化、综合化、技术化、科学化的阶段。为了适应不同灌区的节水要求，国外的很多新的节水灌溉技术得到大范围推广，例如应用遥感(RS)、地理信息系统(GIS)和地球定位系统(GPS)等技术的应用已达到了实用化的阶段，但在我国还处于起步阶段。我国灌区节水灌溉技术未来的方向必定朝着现代数字化技术发展。我国幅员辽阔，不同灌区有着不同的地理特点，因此，在探究和开发信息化节水灌溉技术的同时，需要因地制宜地对节水灌溉技术加以创新，例如，利用深松免耕技术，可以增加自然水的利用率，减少灌溉用水，利用已有节水灌溉技术进行多种技术的综合应用，既可以实现节约灌溉用水的目的，达到节能的目的，还可以促进成本节约，有效促进农作物产量增加，提高综合经济效益。

总体来看，我国节水灌溉技术的发展主要呈现以下趋势：一是大田农作物机械化节水灌溉主要利用喷灌技术，其研究方向是更加节能及综合利用。不同的喷灌机型有各自的优缺点，因此要因地制宜综合考虑。人工移动式喷灌机以及软管卷盘式喷灌机比较符合我国国情。二是地下灌溉已被普遍公认是一种具有广阔发展前景的高效节水灌溉技术。虽然目前还存在一些问题，推广应用速度较慢，但随着关键技术的研究，今后会有一定程度的发展。三是地面灌溉仍然是占据主导地位的灌水技术。随着高效灌水技术的成熟，输配水朝着低压管道化方向发展。四是农业高效节水灌溉技术的管理水平越来越高。

1.3.1 全国农业节水发展趋势分析

2011 年的中央一号文件提出了由地方政府出让土地收益的 10%用于农田水利建设，完善水利建设基金政策，拓宽来源渠道，延长征收年限，增加收入规模。2010 年，我国土地出让总收入近 3 万亿元，这就表示每年至少有 3000 亿元的地方投资用来加强农田水利建设。在如此大规模的投资下，农田水利建设必然是未来水利建设的重中之重。加强农业节水对提高用水利用效率和效益、控制用水量的增长、稳定增加粮食产量、促进农业与水资源可持续发展等方面有着重要意义，是我国农业水利建设的主要内容，是我国未来水利投资的重点和热点。但采取节水措施时，也要注意节水强度对灌区周边生态环境造成的影响；深入加强大中型灌区的渠系节水的改造。我国现有万亩以上大中型灌区 5600 处，灌溉面积 3.3 亿亩，其中超过 30 万亩的大型灌区 220 处，灌溉面积 1.7 亿亩。大中型灌区是我国的主要粮食生产基地，用水量非常大，达到全国农业用水总量的 50%以上。因此，大中型灌区是当前我国节水的主战场，也是农业节水的潜力所在。自 1998 年以来，实行了大中型灌区节水改造的实践证明，对大、中型灌区实行以节水为中心的续建配套与节水改造，投资省、见效快，是农业节水的最主要内容。大中型灌区的渠系改造和配套体系的建设依然是我国未来农业节水发展的重点。渠道防渗及管道输水仍是输配水过程中主要的节水措施,需加强维护和更新现有建筑物,根据当地的实际情况选择恰当的输配水节水措施,并与高效的田间节水工程措施相结合,改变落后的灌溉方式,提高农业灌溉的配套程度,要充分发挥已建骨干工程的效益,提高用水效率,提高水分生产率,实现降低水耗、用好水、浇好地的目的,更好的发展农业节水。我国水利建设也越来越发展成熟,有着一系列的节水灌溉措施与模式:因地制宜,普及推广先进的节水技术。在节水灌溉模式中,越来越多的应用喷、微灌技术,目前国内外的喷、微灌技术正朝着节能、低压、标准化、系列化、多目标利用及运行管理自动化的方向发展。但是,每种节水灌溉技术都会受到自然条件、经济条件的影响,必须坚持因地制宜的普及推广喷、微灌技术。例如,在有条件的地区,可以广泛应用地下滴灌技术,如在我国的西北地区(干旱、高温和风大)的自然条件下推广应用。我国喷、微灌技术的应用推广还非常缓慢,着力发展以喷、微灌为主的农业节水灌溉技术,具有很大的节水空间和潜力。"十二五"规划中全国范围内新增高效节水灌溉面积1亿亩,其中发展喷灌、微灌等高效节水灌溉面积达到5000万亩,每亩高效节水灌溉按照投资750元计算,"十二五"期间新增喷、灌市场容量高达375亿元,行业年均增长速率接近30%;发展精细现代地面灌溉技术。土地平整技术是改进地面灌溉的关键和基础,由于我国地面灌溉量大、面积广,可以推广使用水平畦田灌溉技术、田间闸管灌溉系统、激光控制平地技术以及土壤墒情自动监控技术等先进的地面灌溉技术和措施,实现田间灌溉水的适时适量的精细灌溉和控制;探索使用再生水、微咸水等水源进行农业灌溉,置换干净水源提供给其他行业使用,实现水资源置换目标,发挥更大的社会、经济、和生态环境效益。以再生水为例,我国每年的再生水量达到250多亿 m^3,而再生水利用率不足10%,潜力十分巨大。北京、天津等地在再生水和微咸水灌溉利用方面取得了成功的应用,北京市再生水利用量达到6.2亿 m^3,近一半的再生水用来灌溉,浇灌农田面积达到60万亩,保证了农作物产量,还可以节约数亿立方米的干净水源,非常值得在北方城市周边实现推广;对农业灌溉管理体制进行改革,建立以定额管理为中心的节水灌溉制度。在大型灌区,构建自主经营、自负盈亏、独立核算,管理与服务相结合的、民众参与的经济实体,采用"供水公司+用水者协会+农户"形式的模式,实现灌区的自主供水、自主发展、自我管理、自发交费的管理机制,充分加强农户参与管理的积极性,有效地解决在水费计收、工程管理等方面的问题。对于小型水利工程,依据"谁建设,谁受益"的原则,调动农民积极参与水利工程的建设与管理,对现有工程要采用承包、租赁、转让等多种形式,确定使用主体和产权主体。对井灌区使用单井挂表收费。好的灌溉制度对发挥灌溉节水技术的节水效果具有决定性作用。通过对主要种植作物的用水实行定额管理,并对灌溉用水总量加以控制,利用经济约束作用,本着高水高用的原则,制定合理的水价,实行分质供水、优质优价,拉开地下水、地表水、再生水的差价,解决好水价与水费征收问题。

1.3.2 西北旱区灌区农业节水发展趋势分析

我国的水资源极度贫乏，节水是我国农业用水的关键环节，常用的节水灌溉方式为喷灌、微喷灌、渗灌和滴灌等技术。中共中央、国务院关于加快改革开放的决定指出，要大力发展农业节水灌溉，大力推广渠道防渗技术、管道输水技术和喷灌滴灌等技术，加大节水、抗旱设备补贴。积极发展旱作农业，采取地膜覆盖、深松深耕、保护性耕作等有效技术。为了实现农业节水理念，我国先后开展东北节水增粮、南方节水减排、华北节水压采、西北节水增效等区域规模化的高效节水灌溉工程建设。因地制宜地采用不同发展模式，通过项目带动、政策扶持以及开展国家高效节水灌溉示范县创建活动，一些重点地区按照当地实际情况探索出不同的可复制可推广的技术模式。

2014—2018年期间，在西北地区（内蒙古中西部、陕西、甘肃、青海、宁夏和新疆（含兵团）开展“节水增效行动”，按照地块集中连片、规模化推进的原则，构建了高效节水灌溉面积2850万亩，至2018年，该区域的高效节水灌溉面积占灌溉总体面积的比例由26%提高到50%；项目建成以后，年节水能力达到34.2亿m^3，灌溉用水效率得到大幅提升，项目区水利用系数可达到0.8以上；用水效益明显提高，区域人均年收入增加900元，经济作物年增产效益达到60.0亿元；生态效益明显，退还了河道生态用水达5.0亿m^3，缩减地下水的开采9.0亿m^3。地区项目实施后，与传统地面灌溉相比，可新增年节水能力达到34.2亿m^3。部分节水量用来解决城乡生活用水、支撑地区工业的发展，绝大部分用来回补地下水、退减河道的生态用水，这对改善地域气候，构建西部生态屏障有着十分重要的意义。

节水包括管理、工程、水源、农业措施等方面，广义上来说，水资源有效合理的利用也属于节水范畴，而且是一种比较重要的节水措施。节水不能忽略任何一个环节，即使在资金不足的前提下，节水也应抓主要环节，因地制宜。干旱地区需要充分认识到节水对农业及整个经济可持续发展有着特殊的重要意义，要走现代节水技术的灌溉农业之路。除了部分具有引水潜力的河流外，其他地区不应当扩大灌溉面积，农业生产需要节水前提下，本着“增产少增地、增地少增水”的原则来发展，应当在有大量的经济投入和有力的科技支撑下，努力朝着现代化方向发展，大量采取管道输水，实行激光平地技术，发展微灌和喷灌等局部灌水技术，利用自控技术实现精准灌溉，调整农业结构，扩大经营规模，建立完善的节水管理、调度和检测体系。同时，科学地界定生态用水和社会经济用水比例，总用水量的50%以上应该分配给生态用水。半干旱地区需要加强水土保持工作，大力挖掘降水生产潜力，重视旱作技术的发展和改进，农田生产应在搞好基本农田水利建设的同时，应重视旱作技术的改进和大力发展小型灌溉，当前应加强研究并进行推广覆盖技术和雨水集流补灌两项实用技术。半湿润地区要着重强调“水旱并重”，落实加强旱作高产田的建设。今后应本着“水旱并重，以丰补歉”的原则推动西北旱区灌区节水农业快速发展。“水旱并重”主要强调了水地、旱地都要以充分利用降水为基础，着重加强建设旱作高产农田，并做好部分水地改为旱地的技术储备；“以丰补歉”是指依据年际间气候的变化，采用以丰收年补歉收年和进行区域调节的应对策略，适量加长粮食生产的计划周期，充分挖掘半湿润地区的农业生产潜力。协调好节水减排技术推广与用水计量的工作。大范围推广喷灌、微灌、水肥一体化等具有高效节水的灌溉措施及增施有机肥、合理使用生物抗旱剂和土壤保水剂等技术，达到农田“少灌水、低排放、高利用”的目标。结合当地实际情况，构建完善农业的用水计量设施，采取输配水自动量测和监控技术，使用高标准的量测设备，准确及时的掌握灌区水情，如水库、渠道、河流的水位、流量及水泵运行情况等重要技术参数，根据采集到的数据，传输和计算机处理，从而实现科学配水，减少弃水产生和排放。利用土壤墒情自动监测技术，使用各种先进的土壤墒情监测仪器来监测土壤墒情，科学的制定灌溉计划、实施符合实情的精细灌溉。加快实现灌溉用水的自动化、数字化管理。加强宣传，提高民众节水减排意识。农业是用水最多的方面，随着经济社会的快速发展，水的供需矛盾和农业面源等污染问题也越来越突出，要加强农业节水减排的宣传力度，提高全民的节水意识和水资源保护意识，营造全社会共同关心、共同参与的良好社会氛围。

总之，农业灌溉节水是水资源的可持续利用领域的发展方向，需要和农业结构战略性调整结合起来，以保障国家食物安全和生态环境安全为前提，以提高农业用水的效率为中心，以西北旱区等缺水地区和农业节水为重点，发展的高效农业节水科学技术，从而大幅度提高农业方面用水的产出（产量、产品、效益），建立符合地方特色和具有中国特色的高效农业节水技术体系和发展模式。其发展的战略思路归纳起来是：突出加强农业用水（包括灌溉水和降水）效率和效益（包括经济、生态和社会效益）这个中心；抓住农业节水与水资源可持续利用技术的区域布局和节水环节的选择这两个关键。未来20年我国农业节水的重点仍然是在北方区域，特别是我国西北和黄淮海平原地区；农田灌溉节水是我国农业节水的关键环节。实现由单纯追求单位面积丰水高产和按水量平衡方程计算灌溉定额的“充分灌溉”向区域节水优产和按作物水分产量关系优选灌溉方案的“非充分灌溉”以及充分发掘作物本身的节水潜力和创造农田高效用水环境的“时空亏缺控制灌溉”转变；灌溉的目的需要从单纯追求作物高产向追求区域高产、生态、优质、高效、安全转变；由灌区、渠系、田间、区城等不同尺度单纯的水量管理，向区域水量与水质联合调控的方向转变。

农业节水技术包含的范畴和内容非常广，根据该领域的发展趋势和农业节水建设中的需求，未来20年该领域的技术升级将围绕下述四个方向进行：(1)利用现代生物技术来发掘植物抗旱节水基因与培育抗旱节水品种，通过植物自身的生理功能调节来挖掘植物的节水潜力，加强生物节水技术研发和提高作物水分的利用效率，采用现代信息技术，研究作物水分信息采集和精确控制灌溉技术，以及农业节水模式的数字化管理设计技术，加强提高节水技术的现代化水平；(2)利用现代新材料技术，解决节水设备和产品研发中的材料与工艺问题，加强农业节水关键设备与重大产品的技术水平的研究；(3)进一步加强推进节水技术标准化、定量化、模式化、规范化和集成化，促进常规技术升级以及推广应用，充分发掘其节水效果，广泛提高我国农业用水的效率；构建完善的农业节水技术创新和服务体系、农业高效节水监测与评估体系、农业节水政策与法规体系、农业用水水价体系、农业节水技术标准体系等“五大保障体系”；(4)因地制宜建立符合不同区域特点的，以改进普通灌溉技术为主的北方旱作物节水灌溉模式、以设施农业与经济作物为主的高效喷、微灌节水模式、以半干旱区雨水集蓄利用为主的集雨节灌模式、以旱地蓄水保墒为主的旱作节水模式、以非常规水利用为主的高效、安全、环保型节水模式、南方季节性缺水区抗旱灌溉节水模式等“六大模式”。

渠道防渗是降低渠道水量损失最根本和最有效的措施，黄河流域现状渠道防渗面积达到 2403.5 万亩，占有效灌溉面积的比重为 25.8%，还具有很大的发展潜力。各省区应根据当地的具体情况，与末级渠系改造项目相结合，因地制宜选择适用的渠道防渗类型，尤其在大中型地表水灌区，需要加大建设力度。黄河流域现有管、喷、微灌等高效节水灌溉面积 2104.0 万亩，占有效灌溉面积的比重为 22.5%，经过了几十年的发展，高效节水正逐步向规模化发展，在西北缺水地区已经开始应用在大田粮食作物。虽然取得了一定的成效，但与国际先进水平相比还存在一定差距，黄河流域尤其西部缺水地区发展高效节水技术具有很大的发展潜力。不同地区应根据自然、经济社会、农业发展等特点，因地制宜发展高效节水灌溉技术：在有地形条件的地表水自流灌区，实施“管代渠”输水技术方案，充分利用地形条件实现自压供水；地表水提水灌区，应积极推进管灌，在特色作物区要优先考虑使用输水管道，在田间实施微灌及喷灌；对于地下水井灌区或井渠结合灌区等地下水资源丰富、水质满足灌溉要求的地区，应全面采取管道输水方式，田间灌溉技术方面推广管灌，有条件的地区积极发展喷灌及微灌；在特色类、经济林果类等优势作物区，严重缺水及生态脆弱的大田粮食作物区，优先发展高效节水技术，尤其微灌和喷灌技术。

根据不同高效节水技术的适用性，结合地方特点，确定不同高效节水措施的主要发展范围。管灌的主要发展范围包括：青海的大通河和湟水上游及中游地区，甘肃的兰州市、白银市等沿黄提灌区，宁夏的南部山区，陕西的陕北风沙滩区、渭北旱塬及黄土丘陵沟壑区、渭河阶地及秦岭北麓区，山西的北部边山丘陵区、西部黄土丘陵沟壑区、东部低山区丘陵区、中南部盆地及边山丘陵区等；喷灌的主要发展范围包括：青海的大通河和湟水中游地区，宁夏的中部干旱带，内蒙古的鄂尔多斯市，陕西的陕北风沙滩区等；微灌的主要发展范围包括：甘肃的兰州市、白银市等沿黄提灌区，宁夏的北部引黄灌区、中部干旱带，内蒙古的呼和浩特市、包头市、鄂尔多斯市、巴彦淖尔市、乌海市和阿拉善盟，陕西的渭北旱塬及黄土丘陵沟壑区、渭河阶地及秦岭北麓区等。

在做好节水工程措施的同时，必须采取配套的非工程节水措施，即农艺节水措施和管理节水措施，充分发挥节水灌溉工程的节水增产效益。

1.4 本章小结

水是万物之源，是万物赖以生存的基本条件，也是经济、社会、文明发展的前提，保护水资源尤为重要。本章主要阐述了生态节水的研究背景与意义，根据历史上对水资源的不断深入认识，讲述了国内外农业节水模式的发展历程，如喷灌、滴灌、微灌、渗灌等农业灌溉先进的技术和设备，总结了当前背景下农业节水的优势与存在的问题。以西北旱区灌区为例，分析了节水带来的巨大的经济效益和社会效益，同时也指明了高强度节水会干扰当前的生态系统平衡，恶化土地盐碱化等问题，因此，需要对地下水位进行合理控制从而发展适合地方实际情况的灌溉技术与模式，并根据历史发展经验，指出我国农业节水合理的发展方向，因地制宜选取不同的措施和模式，在维护生态环境、促进可持续发展的前提下，实现农业更为合理、高效的发展。

第2章　黄河上中游地区农业节水现状及生态问题

2.1　黄河流域概况

2.1.1　自然地理

黄河,中国的第二大河,发源于青海高原巴颜喀拉山北麓约古宗列盆地,蜿蜒东流,穿越黄土高原及黄淮海大平原,注入渤海。干流全长5464km,水面落差4480m,(黄河流经青海、四川、甘肃、宁夏、内蒙古、山西、陕西、河南、山东9省区,从山东省境注入渤海)流域总面积79.5万km^2(含内流区面积4.2万km^2),其中青海省的黄河流域面积最大,达15.3万km^2,占黄河流域总面积的19.1%:山东省最少,仅1.3万km^2,占流域总面积的1.6%。宁夏回族自治区有75.2%的面积在黄河流域内;陕西、山西两省分别有67.7%和64.9%的面积在黄河流域内。

2.1.1.1　水系分布

黄河属太平洋水系。干流多弯曲,素有"九曲黄河"之称,河道实际流程为河源至河口直线距离的2.64倍。黄河支流众多,从河源的玛曲曲果至入海口,沿途直接流入黄河且流域面积大于100km^2的支流共220条,这组成了庞大的黄河水系。支流中面积大于1000km^2的有76条,流域面积达58万km^2,占全河集流面积的77%;大于1万km^2的支流有11条,流域面积达37万km^2,占全河集流面积的50%。

黄河左、右岸支流呈不对称分布,而且沿程汇入疏密不均,流域面积沿河长的增长速率差别较大。黄河左岸流域面积为29.3万km^2,右岸流域面积为45.9万km^2,分别占全河集流面积39%和61%。大于100km^2的一级支流,左岸96条,流域面积23万km^2;右岸124条,流域面积39.7万km^2。龙门至潼关区间,右岸流域面积是左岸的3倍。全河集流面积增长率平均为138km^2/km。上游河段长3472km,面积增长率为111km^2/km;中游河段长1206km,汇入支流众多,面积增长率为285km^2/km;下游河段长786km,汇入支流极少,面积增长率仅有29km^2/km。

黄河水系,按地貌特征,可分为山地、山前和平原三个类型。这些不同类型的河流,分布于流域各地,由于复杂的地质构造、基岩性质与地表形态的影响,使水系的平面结构呈现出多种不同的形式,河网密度各地也不同。水系的平面结构形式主要有:

树枝状：遍布于流域上中游地区，是流域内水系的主要形态。树枝状水系的特点是，各级支流都以锐角形态汇入下一级支流或干流，形如乔木树枝，有的如灌木树枝，例如黄土高原区的众多支流，大都是这种平面形态。

格子状：分布于流域上中游的山区，特别是阿尼玛卿山、秦岭西段较为典型。这里的较大支流多深切于两旁的山岭，急流直泻于峡谷中，以近于垂直的方向汇入主流。水系的主支流纵横交错，一般呈大块网格形。

羽毛状：分布于湟水和洛河干流以及黄河干流潼关至三门峡区间。这些地区的河流，其两岸支流短小，密集，呈对称平行排列，状如羽毛。

散流状：分布于流域上游皋兰、景泰、靖远一带的高台地区和鄂尔多斯沙漠地区。这里的河流，一般多为时令河，无固定形态，零星分散，流程较短，有的散流于高台地上，有的消失在沙漠之中，有的汇集于海子。

扇状：流域内的扇状河流主要是向心扇状，往往是多条河流同时向一点汇集，如折扇展开。黄河干流上有三个大的汇集点，它们是上游河段的兰州，汇集的河流有洮河、大夏河、湟水、庄浪河等；中游河段的潼关，汇集的河流有渭河及其支流泾河、北洛河，汾河及涑水河等；中游末端郑州附近，汇集的河流有洛河、漭河及沁河等。黄河支流泾河的扇形汇集点在政平至亭口河段，汇集的河流有黑河、蒲河、马莲河及附近的较小支流。支流大汶河的集中汇集点在大汶口，汇集的河流有牟汶河、柴汶河等。上述各汇集点，由于扇面上的洪水几乎同时流达，遭遇频繁，容易形成较大洪峰，造成洪患。另一类扇状与向心相反，呈放射状扇形，多在山区河流出峪的冲积扇面上出现，一般规模都不很大。

辐射状：是以某一高山地为中心，河流向四周流去，呈辐射状，这类中心多分布在流域中心线部位，自西南向东北排列，分别有：青海黄南的夏德日山，周围有泽曲、巴沟、茫拉河、隆务河、大夏河、洮河等；甘肃定西的华家岭，周围有祖厉河支流及渭河上游的咸河、散渡河、葫芦河等；六盘山的北端，周围有清水河、泾河、葫芦河等；陕西北部的白于山，周围有无定河、延河及北洛河等。

2.1.1.2 气候条件

黄河流域幅员辽阔，山脉众多，东西高低相差悬殊，各区地貌差异很大。由于流域处于中纬度地带，受大气环流和季风环流影响的情况比较复杂，因此，流域内不同地区气候差异显著，气候要素的年、季变化大，流域气候有以下主要特征：

(1)光照充足，太阳辐射较强

黄河流域的日照条件在全国范围内属于充足区域，全年日照时数一般达2000～3300h；全年日照百分率大多在50%～75%，仅次于日照最充足的柴达木盆地，而较黄河以南的长江流域广大地区普遍偏多1倍左右。

黄河流域的太阳总辐射量在全国介于中间状况，北纬37°以北地区和东经103°以西的高原地带，年太阳辐射量为5600～6000MJ·m²·a，其余大部分地区为4500～5000MJ·m²·a，虽然不及国内西南部，尤其是青藏高原地区，但普遍多于东北地区和黄河以南地区，为我国东部地区的辐射强区。

(2)季节差别大、温差悬殊

黄河流域地区季节差别大，上游青海省久治县以上的河源地区为“全年皆冬”；久治至兰州区间及渭河中上游地区为“长冬无夏，春秋相连”；兰州至龙门区间为“冬长(6～7个月)、夏短(1～2个月)”；流域其余地区为“冬冷夏热，四季分明”。

温差悬殊是黄河流域气候的一大特征。总的来看，随地形三级阶梯，自西向东由冷变暖，气温的东西向梯度明显大于南北向梯度。年平均气温为－4℃左右的最低中心处于河源的巴颜喀拉山北麓，流域极端最低气温出现于河源区的黄河沿站，曾有过－53.0℃的记录(1978年1月2日)。年平均气温为12～14℃的高值区则位于黄河下游山东省境内，流域极端最高气温的纪录出现在河南省洛阳地区的伊川站，其值达44.2℃(1966年6月20日)。

黄河流域气温的年较差比较大，总趋势是北纬37°以北地区在31～37℃之间，北纬37°以南地区大多在21～31℃之间。黄河流域气温的日较差也比较大，尤其中上游的高纬度地区，全年各季气温的日较差为13～16.5℃，均处于国内的高值区或次高值区。

(3)降水集中，分布不均、年际变化大

流域大部分地区年降水量在200～650mm之间，中上游南部和下游地区多于650mm。尤其受地形影响较大的南界秦岭山脉北坡，其降水量一般可达700～1000mm，而深居内陆的西北宁夏、内蒙古部分地区，其降水量却不足150mm。降水量分布不均，南北降雨量之比大于5，这是我国其他河流所不及的。

流域冬干春旱，夏秋多雨，其中6—9月降水量占全年的70%左右；盛夏7—8月降水量可占全年降水总量的四成以上。流域降水量的年际变化悬殊，年降水量的最大值与最小值之比为1.7～7.5，变差系数Cv变化在0.15～0.4之间。

(4)湿度小、蒸发大

黄河中上游是国内湿度偏小的地区，例如吴堡以上地区，平均水汽压不足800Pa，相对湿度在60%以下。特别是上游宁夏、内蒙古境内和龙羊峡以上地区，年平均水汽压不足600Pa；兰州至石嘴山区间的相对湿度小于50%。

黄河流域蒸发能力很强，年蒸发量达1100mm。上游甘肃、宁夏和内蒙古中西部地区属国内年蒸发量最大的地区，最大年蒸发量可超过2500mm。

(5)冰雹多，沙暴、扬沙多

冰雹是黄河流域的主要灾害性天气之一。据统计，黄河上游兰州以上地区和内蒙古境内全年冰雹日数多超过2d，其中东经1000以西的广大地区多于5d，特别是玛曲以上和大通河上游地区多达15～25d,成为黄河流域冰雹最多的区域,也是国内的冰雹集中区。

沙暴和扬沙主要由大风所引起,并且与当地(或附近)的地质条件及植被状况密切相关。据统计,流域的宁夏、内蒙古境内及陕北地区,由于多年平均大风日数均在30d以上,区域内又有腾格里沙漠、乌兰布和沙漠和毛乌素沙漠,全年沙暴日数大多在10d以上,扬沙日数超过20d;有些年份沙暴最多可达30～50d,扬沙日数超过50d。此外,在汾河上游和小浪底以下沿黄的河南省境内,还各有一个年沙暴或扬沙日数超过20d的区域,后者主要与黄河较大范围沙滩地的存在有关。

(6)无霜期短

黄河流域初霜日由北至南、从西向东逐步开始,并且同纬度的山区早于平原、河谷和沙漠。如黄河上游唐乃亥以上初霜日平均在8月中、下旬,而黄河中下游一般在10月上、中旬;流域其余地区在9月份。流域终霜日迟早的分布特点与初霜日正好相反,黄河下游平原地区较早,平均在3月下旬,而上游唐乃亥以上地区则晚至8月上、中旬,其余地区介于两者之间。

由此可见,黄河流域无霜期较短,即使是黄河下游平原地区,其无霜日也只有200d左右;而上游久治以上地区平均不足20d,可以说基本上全年有霜;流域其余地区介于两者之间。

2.1.2 经济社会

2.1.2.1 经济发展

改革开放以来,黄河流域经济社会快速发展。1980年国内生产总值916.4亿元,2012年达到29625.0亿元(2000年不变价,下同),年均增长率为11.5%;人均GDP由1980的1121元增加到2012年的25398元,年均增长率为10.2%;总人口由1980年的8177万增加到2012年的11664万,年增长率为11.2‰,城镇化率由17%增加到47%;工业增加值从1980年的310亿元,增加到2012年的13904亿元,年增长率为12.6%;农田有效灌溉面积从1980年的6492.5万亩,增加到2012年的8288.9万亩,32年新增农田有效灌溉面积1796万亩。详见表2-1。

表2-1 黄河流域经济社会发展主要指标(2000年不变价)

年份	总人口(万)	GDP(亿元)	人均GDP(元)	工业增加值(亿元)	农田有效灌溉面积(万亩)
1980	8177.0	916.4	1121	310.0	6492.5
1985	8771.4	1515.8	1728	489.0	6404.3
1990	9574.4	2280.0	2381	739.5	6601.2
1995	10185.5	3842.8	3773	1474.8	7143.0
2000	10971.0	6565.1	5984	2559.1	7562.8
2012	11664.0	29625.0	25398	13904.0	8288.9

2.1.2.2 人口分布

黄河流域涉及青海、四川、甘肃、宁夏、内蒙古、陕西、山西、河南和山东9省(区)的66个地市(州、盟),340个县(市、旗),其中有267个县(市、旗)全部位于黄河流域,有73个县(市、旗)部分位于黄河流域。目前黄河流域共有建制市59个,其中地级市34个,县级市25个。

截至2012年底,黄河流域总人口为11664.23万,占全国总人口的8.6%,其中城镇人口为5526.78万,城镇化率为47.4%。目前超过100万人口的有西宁市、兰州市、银川市、呼和浩特市、包头市、西安市、太原市、洛阳市等8个城市,这些城市大多是各省(区)的经济、文化和交通中心。全流域人口密度为147人/km²,高于全国平均水平。流域内各地区人口分布不均,人口分布主要与当地的气候、地形、水资源和人口密集的城镇等条件密切相关,流域内70%左右的人口集中在龙门以下河段,而龙门以下河段的流域面积仅占全流域面积的32%左右。黄河流域2012年人口分布情况详见表2-2。

表2-2　　黄河流域内2012年人口分布表

省(区)	人口(万)			城镇化率(%)	人口密度(人/km²)
	总人口	城镇人口	农村人口		
青海	491.68	209.33	282.35	42.6	32.3
四川	11.12	3.35	7.77	30.1	6.6
甘肃	1803.06	662.39	1140.67	36.7	125.9
宁夏	647.19	302.19	345.00	46.7	125.9
内蒙古	890.54	565.71	324.83	63.5	59.0
陕西	2945.51	1548.53	1396.98	52.6	221.0
山西	2369.51	1226.51	1143.00	51.8	243.9
河南	1726.51	654.25	1072.26	37.9	477.4
山东	779.11	354.52	424.58	45.5	571.5
黄河流域	11664.23	5526.78	6137.44	47.4	146.7

2.1.3 水资源开发利用

2.1.3.1 供用水量

(1)供水量及供水结构变化

1980年以来,随着经济社会快速发展与水生态文明建设,黄河流域供水量不断增加。1980年黄河流域各类工程总供水量446.3亿m³,2000年总供水量达到506.3亿m³,2012年总供水量为523.6亿m³,32年间增加77.3亿m³,年均增长率0.5%。其中,黄河流域内供水量在2000年之前增加较快，由1980年的343.0亿 m³ 增加到2000年的418.8亿 m³，20年间增加了75.8亿 m³，年均增长1.1%；2000年以后相对稳定，2012年流域内供水量为411.1亿 m³。1980—2012年黄河流域供水量变化情况见图2-1。

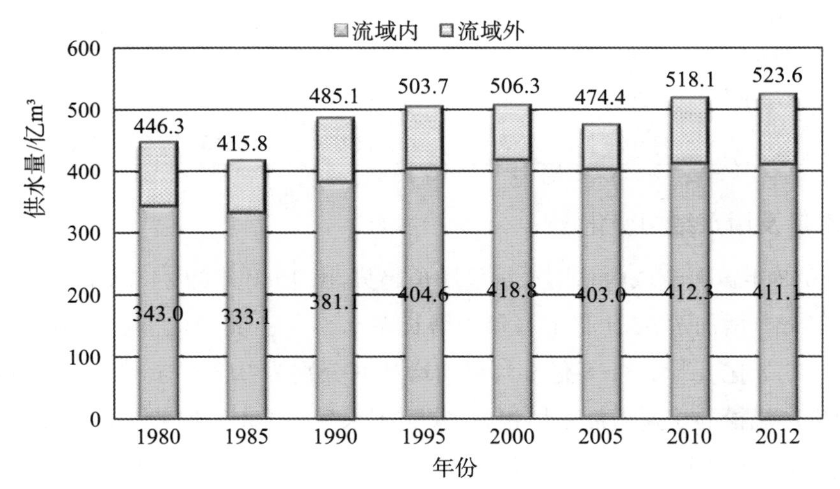

图2-1 1980—2012年黄河流域供水量变化趋势

从流域内分水源供水情况来看，地表水供水量不断增加，由1980年的249.2亿 m³ 增加到2000年的272.2亿 m³，2012年地表水供水量达273.4亿 m³；地下水供水量在2000年之前呈增加趋势，由1980年的93.3亿 m³ 增加到2000年的145.5亿 m³，2000年以后逐渐减小，2012年地下水供水量为130.6亿 m³；其他水源供水量逐渐增加，由1980年的0.5亿 m³ 增加到2012年的7.0亿 m³，尤其是2000年以后增加较快。流域内地表水、地下水、其他水源供水比例由1980年的72.7∶27.2∶0.1逐步调整到2000年的65.0∶34.7∶0.3、再到2012年的66.5∶31.8∶1.7。1980—2000年地表水供水比例减小，2000—2012年地表水供水比例略有增加；1980—2000年地下水供水比例不断增加，2000—2012年地下水供水比例逐渐减小；1980—2012年其他水源供水比例不断增加。1980—2012年黄河流域内供水量及供水结构见表2-3。

表2-3 1980—2012年黄河流域内供水量及供水结构

年份	供水量(亿 m³)				供水结构(%)		
	地表水	地下水	其他供水	合计	地表水	地下水	其他供水
1980	249.2	93.3	0.5	343.0	72.7	27.2	0.1
1985	245.2	87.2	0.7	333.1	73.6	26.2	0.2
1990	271.8	108.7	0.7	381.1	71.3	28.5	0.2
1995	266.2	137.6	0.8	404.6	65.8	34.0	0.2

续表

年份	供水量(亿 m³)				供水结构(%)		
	地表水	地下水	其他供水	合计	地表水	地下水	其他供水
2000	272.2	145.5	1.1	418.8	65.0	34.7	0.3
2005	261.1	138.4	3.5	403.0	64.8	34.3	0.9
2010	278.9	129.0	4.4	412.3	67.6	31.3	1.1
2012	273.4	130.6	7.0	411.1	66.5	31.8	1.7

(2)用水量及用水结构变化

1980—2012 年黄河流域内总用水量呈增长趋势，由 1980 年的 343.0 亿 m³ 增加到 2012 年的 411.1 亿 m³，增加了 68.1 亿 m³，年均增长率 0.57%。其中，工业、生活用水量增幅较大，分别增加 36.3 亿 m³ 和 34.8 亿 m³，年均增长率分别为 2.7%与 3.5%。与黄河流域总人口和工业生产规模的快速增加密切相关；农业用水量在 2000 年以前呈增加趋势，由 1980 年的 298.3 亿 m³ 增加到 2000 年的 324.2 亿 m³，与农田灌溉面积不断增加密切相关。2000 年以后农业用水量逐渐减小，至 2012 年农业用水量为 283.7 亿 m³，而农田灌溉面积依然增加，说明随着黄河流域各省区续建配套和节水改造项目的实施，农业节水效果明显，节约水量不但可以满足灌溉面积发展需求，且逐步向工业等其他用水户转移。可以说，1980—2000 年黄河流域工业、农业用水量的大幅度增长是总用水量快速增长的主要原因；2000—2012 年黄河流域总用水量的增长是工业和生活用水量增长所引起的。

从用水结构变化来看，黄河流域用水结构变化较大，农业用水比例明显减小，工业、生活、生态用水比例不断增加。农业一直是黄河流域的第一用水大户，农业用水占总用水量的比例由 1980 年的 87.0%减小到 2012 年的 69.0%，下降了 18.0%；工业用水占总用水量的比例由 1980 年的 7.9%增加到 2012 年的 15.5%，增长了 7.5%；生活用水占总用水量的比例由 1980 年的 5.1%增加到 2012 年的 12.7%，增长了 7.6%；生态用水占总用水量的比例由 2005 年的 0.8%增加到 2012 年的 2.8%，7 年间增加了 2%。1980—2012 年黄河流域内用水量及用水结构变化情况见表 2-4 与图 2-2。

表 2-4　　1980—2012 年黄河流域内用水量及用水结构

年份	用水量(亿 m³)					用水结构(%)			
	农业	工业	生活	生态	合计	农业	工业	生活	生态
1980	298.3	27.2	17.5		343.0	87.0	7.9	5.1	0.0
1985	280.6	32.0	20.5		333.1	84.2	9.6	6.2	0.0
1990	313.0	42.8	25.3		381.1	82.1	11.2	6.6	0.0
1995	319.9	54.1	30.6		404.6	79.1	13.4	7.6	0.0

续表

年份	用水量(亿 m^3)					用水结构(%)			
	农业	工业	生活	生态	合计	农业	工业	生活	生态
2000	324.2	59.5	35.1		418.8	77.4	14.2	8.4	0.0
2005	307.5	58.8	33.4	3.3	403.0	76.3	14.6	8.3	0.8
2010	299.7	61.8	40.6	10.2	412.3	72.7	15.0	9.8	2.5
2012	283.7	63.5	52.3	11.6	411.1	69.0	15.4	12.7	2.8

注:农业用水包括农田灌溉和林牧渔用水;生活用水包括城镇居民生活用水、农村居民生活用水、牲畜用水和城镇公共用水。

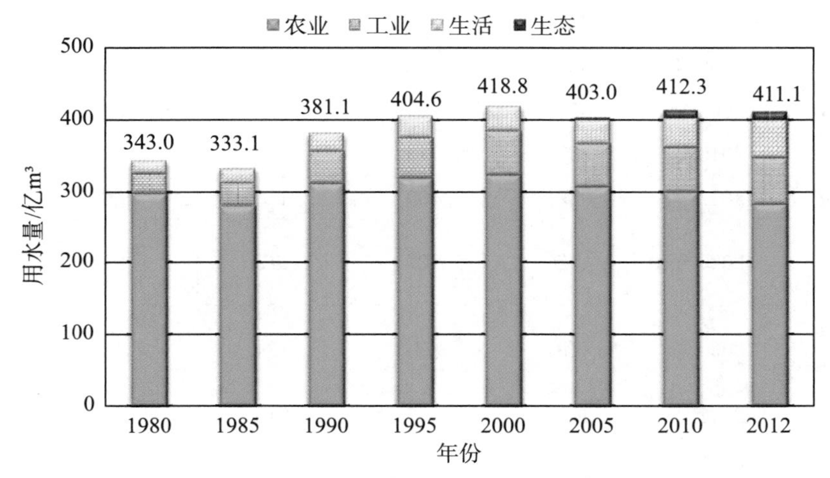

图 2-2　1980—2012 年黄河流域用水量变化趋势

2.1.3.2　用水水平

1980—2012 年黄河流域内总用水量由 342.9 亿 m^3 增加到 411.1 亿 m^3,增加了 68.2 亿 m^3,其中工业、生活用水增幅较大,分别增加 38.6 亿 m^3 和 24.4 亿 m^3。农业用水占总用水量的比例由 1980 年的 87%下降到 2012 年的 69.0%;工业用水占总用水量的比例由 1980 年的 7.9%增加到 2012 年的 15.5%;生活用水占总用水量的比例由 1980 年的 5.1%增加到 2012 年的 12.7%。

1980 年以来黄河流域节水力度不断增强,用水效率大幅提高。1980 年至 2010 年,人均用水量由 420m^3 减少到 352m^3,其中 1980—2000 年,人均用水量由 420m^3 减少到 382m^3,2000—2005 年,人均用水量由 382m^3 减少到 357m^3,2005 年以后基本维持在 355m^3 左右。与全国及其他流域水平相比,2012 年黄河流域人均用水量低于全国平均水平 102m^3,高于海河流域与淮河流域。与《黄河流域水资源综合规划》规划水平年用水水平对比分析可见,2012 年黄河流域人均用水量、万元工业增加值用水量低于 2020 年用水水平。说明在水资源量不足的情况下，为维持经济社会发展，黄河流域节水力度迅速增强。1980—2012 年黄河流域内用水水平见表 2-5。

表 2-5　　不同年份黄河流域内用水量及用水水平分析

区域或成果	年份	人均用水量（m^3/人）	万元 GDP 用水量（m^3/万元）	城镇居民用水（L/(人·d)）	万元工业增加值用水量（m^3/万元）	农田实灌定额（m^3/亩）
黄河流域	1980 年	420	3743	63	877	542
黄河流域	1985 年	380	2198	69	654	519
黄河流域	1990 年	398	1672	74	580	514
黄河流域	1995 年	397	1053	96	367	470
黄河流域	2000 年	382	638	101	233	449
黄河流域	2005 年	357	294	103	88	407
黄河流域	2010 年	357	175	114	56	394
黄河流域	2012 年	352	139	118	46	385
黄河流域（水资源综合规划）	2020 年	412	127	115	53	379
黄河流域（水资源综合规划）	2030 年	418	71	124	30	361
全国	2012 年	454	186	216	109	404
海河区	2012 年	252	80	135	28	216
淮河区	2012 年	326	131	149	46	246
长江区	2012 年	454	171	252	143	443

注：增加值均折算为 2000 年不变价；全国、海河区、淮河区、长江区 2012 年数据来自中国水资源公报。

2.1.4　灌区发展概况

黄河流域耕地资源丰富、土壤肥沃、光热资源充足，有利于小麦、玉米、棉花、花生和苹果等多种粮油和经济作物生长。上游宁蒙平原、中游的汾渭盆地以及下游的沿黄平原是我国粮食、棉花、油料的重要产区，在我国国民经济建设中占有十分重要的战略地位。搞好流域的灌溉事业，对于保障流域乃至全国的粮食安全具有重要的作用。

2.1.4.1　灌区现状

黄河流域灌溉事业历史悠久。公元前 246 年战国时期兴建的郑国渠引泾河水灌溉农田 210 万亩，使关中地区成为良田，秦汉时期宁夏平原引黄灌溉，使荒漠泽卤变成“塞上江南鱼米之乡”，北宋时期在黄河下游引水沙淤灌农田。20 世纪 20 年代修建的泾惠渠等“关中八惠”，是国内较早一批具有先进科学技术的近代灌溉工程。新中国成立后，进行了大规模的水利建设，不仅改造扩建了原来的老灌区，而且兴建了一批大中型灌区工程。20 世纪 60 年代三盛公及青铜峡水利枢纽相继建成，宁夏、内蒙古平原灌区引水得到保证，陕西关中地区兴建宝鸡峡引渭灌溉工程和交口抽渭灌区，晋中地区的汾河灌区和文峪河灌区相继扩建，汾渭平原的灌溉发展进入一个新的阶段。20 世纪 70 年代，在上中游地区先后兴建了甘肃景泰川灌区、宁夏固海灌区、山西尊村灌区等一批高扬程提水灌溉工程，使这些干旱高原变成了高产良田，增产效果显著。

通过多年的建设，流域灌溉事业得到了长足发展。新中国成立初期黄河流域灌溉面积仅有 1200 万亩，现状年有效灌溉面积达到 8556 万亩，其中农田有效灌溉面积 7765 万亩，林牧灌溉面积 791 万亩。黄河流域的气候条件与水资源状况，决定了农业发展在很大程度上依赖于灌溉，大中型灌区在农业生产中具有支柱作用。现状年设计规模 10 万亩以上的灌区有 87 处，有效灌溉面积 4223 万亩，占流域有效灌溉面积的 49.4%；16 处设计规模 100 万亩以上的特大型灌区，设计灌溉面积 3629 万亩，有效灌溉面积 2808 万亩，占流域有效灌溉面积的 32.8%。

受水土资源条件的制约，大片灌区主要分布在黄河上游宁蒙平原、中游汾渭河盆地和伊洛沁河、黄河下游的大汶河等干支流的川、台、盆地及平原地区，这些地区灌溉率一般在 70% 以上，有效灌溉面积占流域灌溉面积的 80%左右。其余较为集中的地区还有青海湟水地区、甘肃中部沿黄高扬程提水地区。山区和丘陵地带灌区分布较少，耕地灌溉率为 5%～15%。10 万亩以上的灌区，上游地区有 23 处，中游汾渭盆地及黄河两岸地区有 39 处，下游地区 25 处，有效灌溉面积分别为 1964 万亩、1653 万亩和 606 万亩。黄河流域各省（区）设计规模大于 10 万亩灌区情况见表 2-6，黄河流域灌区分布见附图 1。

表 2-6　　黄河流域大于 10 万亩灌区分布情况表

项　目	大于 100 万亩（处）	30 万～100 万亩（处）	3～30 万亩（处）	大于 10 万亩（处）	设计灌溉面积（万亩）	有效灌溉面积（万亩）
甘　肃		4	4	8	292.5	237.2
宁　夏	1	3	2	6	567.0	577.1
内蒙古	3	5	1	9	1395.8	1149.2
陕　西	6	5	6	17	1236.0	1029.8
山　西	2	6	8	16	709.7	530.9
河　南	4	8	11	23	1297.8	611.8
山　东		3	5	8	158.8	86.7
合　计	16	34	37	87	5657.6	4222.7

注：不包括流域外引黄灌区数。

黄河下游是“地上悬河”，两岸是海河、淮河平原地区，自流灌溉条件十分优越。经过几十年的发展，河南、山东两省流域外已建成大中型引黄灌区85处，现状灌溉面积约3300万亩。现状黄河流域及下游引黄灌区粮食总产量约6685万t，占全国粮食总产的13.4%，为国家粮食安全做出了一定贡献。

2.1.4.2 现状有效灌溉面积

黄河流域现状农田有效灌溉面积为7764.8万亩，其中渠灌4590.7万亩，井灌2034.7万亩，井渠结合灌区1139.5万亩，分别占总面积的59.1%、26.2%和14.7%。现状农田实灌面积6572.1万亩，粮食总产3958万t，人均粮食产量350kg，农村人口人均农田有效灌溉面积1.03亩，均低于全国平均水平。黄河流域灌溉面积分布情况见表2-7。

表2-7　黄河流域现状年灌溉面积分布情况表

省(区)	流域内灌溉面积(万亩)							农田实灌面积(万亩)	人均农田有效灌溉面积(亩/人)
	农田有效灌溉面积				灌溉林果地	灌溉草场	合计		
	渠灌区	井灌区	井渠结合灌区	小计					
青海	270.7		2.7	273.4	16.9	22.9	39.8	207.5	0.6
四川	0.6			0.6		1.1	1.1	0.41	0.05
甘肃	656.5	73.7	33.2	763.3	37.6	15.2	52.8	657.7	0.4
宁夏	635.1	33.8		668.9	107.4	5.9	113.31	624.6	1.1
内蒙古	1169.0	302.4	87.4	1558.8	131.0	185.7	316.73	1370.9	1.8
陕西	912.2	451.3	289.5	1653.0	156.1	1.3	157.37	1348.5	0.6
山西	212.4	330.1	688.0	1230.5	24.9	2.8	27.68	1012.9	0.6
河南	573.7	541.2		1114.9	41.0		41	927.2	0.7
山东	160.6	302.3	38.7	501.6	40.9	0.07	40.97	422.5	0.6
黄河流域	4590.7	2034.7	1139.5	7764.8	555.8	235.0	790.78	6572.1	0.7

现状林草灌溉面积790.8万亩，其中灌溉林果地面积555.8万亩，灌溉草场面积235.0万亩。兰州至河口镇河段、龙门至三门峡河段林草灌溉面积较大，分别占总灌溉面积的46.6%和25.0%。

2.1.4.3 灌区节水现状

现状年黄河流域灌区平均灌溉水利用系数为0.49，其中山西、陕西和山东三省的灌溉水利用系数在0.60左右，达到较高水平；宁夏灌溉水利用系数为0.40，处于较低水平。大型灌区和自流灌区灌溉水利用系数较低，小型灌区和井灌区灌溉水利用系数较高。现状年黄河流域亩均用水量为420m^3。

黄河流域现状工程节水灌溉面积3772.9万亩，占有效灌溉面积的48.6%。其中渠道防渗占节水灌溉面积的51.8%，管道输水占36.5%，喷灌占9.6%，微灌占2.0%。山西省和陕西省节水面积所占比例较高，分别为68.7%和54.6%，青海省和宁夏比例较低，仅为27.9%和31.0%。现状非工程措施节水面积为1142.8万亩，包括改进灌溉制度(非充分灌溉、调亏灌溉、水稻浅湿灌溉等)、农艺节水(秸秆覆盖技术、抗旱节水作物品种技术等)。现状农业节水情况见表2-8、表2-9。

表2-8 黄河流域现状农田灌溉用水水平

省(区)	全国	黄河流域	青海	甘肃	宁夏	内蒙古	陕西	山西	河南	山东
实灌定额(m^3/亩)	450	420	639	359	983	543	252	225	398	232
灌溉水利用系数	0.46	0.49	0.38	0.47	0.40	0.44	0.57	0.60	0.55	0.62

表2-9 黄河流域现状节水灌溉面积 单位:万亩

省(区)	有效灌溉面积	灌渠灌溉					节灌率(%)	非工程节水措施面积
		渠道防渗	管道输水	喷灌	微灌	小计		
青海	273.4	74.3	0.0	2.0	0.0	76.3	27.9	3.1
四川	0.6	0.0	0.4	0.0	0.0	0.4	75.0	0.0
甘肃	763.3	375.8	32.4	35.0	10.9	454.0	59.5	64.8
宁夏	668.9	169.1	19.7	11.6	6.7	207.1	31.0	84.0
内蒙古	1558.8	427.3	212.0	26.0	2.5	667.7	42.8	0.0
陕西	1653.0	574.8	252.4	53.0	22.5	902.7	54.6	103.0
山西	1230.5	157.4	490.4	176.8	20.2	844.9	68.7	681.1
河南	1114.9	126.5	211.8	43.8	6.8	388.9	34.9	24.2
山东	501.6	50.0	159.5	15.7	5.7	230.8	46.0	182.7
黄河流域	7764.8	1955.2	1378.6	363.9	75.2	3772.9	48.6	1142.8

2.2 黄河上中游地区概况

2.2.1 自然地理

黄河上中游地区主要涉及青、川、甘、宁、内蒙古、陕、晋等7省区，7省区的流域内面积74.5万km^2，占黄河流域总面积的93.7%。黄河上中游地区大部分属干旱、半干旱的大陆性季风气候，冬季多西北风，雨雪稀少，夏季雨量较多。多年平均降水量在150～650mm之间，年降水量的空间分布不均，呈现出由东南向西北递减的趋势；水面蒸发量与降水量地区分布相反，多年平均水面蒸发量在800～2300mm。黄河上中游地区内有内蒙古高原和黄土高原。内蒙古高原由黄河河套平原和鄂尔多斯高原组成，海拔1000～1300m，是干旱缺水、风沙严重地带。黄土高原是世界上最大的黄土分布区，海拔1000～2000m，其中晋中、晋南盆地由北向南海拔自1000m降至400m；关中盆地及汾河盆地，地面平坦，土地肥沃，灌溉历史悠久，是陕晋两省经济发达地区。

2.2.2 经济社会

2012年黄河上中游地区人口9159万，占流域总人口的78.5%，GDP(2012年当年价)为3.8万亿元，占流域总GDP的77.3%，农田有效灌溉面积6453万亩，占流域总有效灌溉面积的77.9%。黄河上中游地区大部分位于我国中西部地区，由于历史、自然条件等原因，经济社会发展整体水平相对滞后，与东部地区相比存在着一定差距。近年来，随着全国主体功能区规划、西部大开发、一带一路等战略的实施，国家经济政策向中西部倾斜，中西部经济社会得到快速发展。黄河上中游地区经济社会发展主要特点如下：

一是矿产、能源资源丰富，在全国占有重要地位，目前内蒙古、陕西、宁夏、甘肃和山西等省区煤炭产量为17.5亿t，占黄河流域煤炭产量的90%以上，约占全国煤炭产量的一半。依托丰富的煤炭、电力、石油和天然气等能源资源及有色金属矿产资源，建成了一大批能源和重化工基地、钢铁生产基地、铝业生产基地、机械制造和冶金工业基地，形成了以甘肃、宁夏、内蒙古、陕西、山西等省区为主的煤炭化工生产基地，以包头、太原等城市为中心的全国著名的钢铁生产基地和晋南等铝生产基地，西安、太原、兰州等城市机械制造、冶金工业等也有很大发展。近年来，随着国家对煤炭、石油、天然气等能源需求的增加，黄河上中游地区的甘肃陇东、宁夏宁东、内蒙古沿黄地区、陕西陕北、山西沿黄及汾河流域等能源基地建设速度加快，带动了区域经济的快速发展，与此同时，能源、冶金等行业增加值比重上升。

二是土地资源丰富，灌溉事业历史悠久，拥有战国时期兴建的郑国渠、秦汉时期宁夏平原引黄灌溉、近代的泾惠渠等“关中八惠”等国内较早一批具有先进科学技术的灌溉工程典范。新中国成立后，三盛公及青铜峡水利枢纽相继建成，关中地区兴建了宝鸡峡引渭灌溉工程和交口抽渭灌区，晋中地区的汾河灌区和文峪河灌区相继扩建，灌溉发展进入一个新的阶段。20世纪70年代，在上中游地区先后兴建了甘肃景泰川灌区、宁夏固海灌区、山西尊村灌区等一批高扬程提水灌溉工程，使这些干旱高原变成了高产良田，增产效果显著。据统计，目前上中游地区还有宜农荒地约3000万亩，占全国宜农荒地总量的30%，是我国重要的后备耕地，只要水资源条件具备，开发潜力很大。

2.2.3 生态环境

黄河上中游地区大部分地处干旱、半干旱地区，降雨少蒸发大，尤其是宁蒙地区周边沙漠环绕，生态环境十分脆弱，具有两方面显著特点：一方面自然环境上属于我国北方对气候变化特别敏感的生态脆弱带，农业灌溉引水具有明显的生态用水功能。区内年降雨量由东南部的580mm向西北部减少到100mm左右，而年水面蒸发量在宁蒙引黄地区达2000mm

以上。土壤类型中风沙土占半数以上，生态系统抗干扰能力弱，自我修复能力差。干旱的自然条件决定了灌区与周边自然生态有十分紧密的联系。灌区引水通过渠系、土壤层等对地下水进行补给，引水灌溉不仅保证了农作物生长需要，还可补充地下水以满足周边自然植被与湖泊湿地用水需要。另一方面，黄河上中游地区是我国土地沙化和水土流失最严重的地区之一，也是干旱、大风、沙尘暴频发的多灾地带。内部和周边分别是腾格里沙漠、乌兰布和沙漠、库布齐沙漠和毛乌素沙地，沙漠和土地沙化面积大。该地区既是我国重大生态问题的发源地，又是我国中东部的重要生态屏障；既是生态脆弱地区，又含有绿洲精华产业区；既蕴含着巨大的资源开发潜力，又必须保护和修复该地区生态系统。

2.2.4 水资源开发利用

2.2.4.1 供水量及供水结构

黄河上中游地区2012年供水量为341.0亿 m^3，其中地表水供水量237.3亿 m^3，地下水供水量98.9亿 m^3，其他水源供水量4.8亿 m^3。从流域内各省区供水量来看，内蒙古自治区供水量最大，为96.8亿 m^3，其次是宁夏回族自治区，供水量为71.9亿 m^3。1956—2000年系列黄河流域天然径流量535.0亿 m^3，年地表水开发利用率为72.1%，流域地表水开发利用率是全国平均水平的4.1倍，是长江的3.8倍，是同样为资源性缺水地区的海河流域的1.26倍。黄河流域2012年上中游地区供水量调查统计表见表2-10。

表2-10　黄河上中游地区2012年供水量调查统计表　单位：亿 m^3

省(区)	流域内供水量				流域外供水量	合计
	地表水	地下水	其他水源	合计		
青海	12.5	1.9	0.1	14.5	0.0	14.5
四川	0.3	0.0	0.0	0.3	0.0	0.3
甘肃	37.1	6.5	1.2	44.8	2.2	47.0
宁夏	66.2	5.5	0.2	71.9	0.0	71.9
内蒙古	66.0	30.0	0.8	96.8	0.6	97.4
陕西	34.0	30.0	0.6	64.6	0.0	64.6
山西	21.3	24.9	1.9	48.1	0.7	48.8
上中游地区	237.3	98.9	4.8	341.0	3.5	344.5

黄河上中游地区供水对地表水的依赖相对较大，2012年黄河上中游地区供水量中，地表水供水量占69.6%，地下水供水量占29.0%，其他水源供水量占1.4%。青海、甘肃、宁夏、内蒙古供水量分别为14.5亿 m^3、44.8亿 m^3、71.8亿 m^3 和96.8亿 m^3，其中地表水供水比例分别为86.0%、82.8%、92.1%和68.1%，地下水供水所占比重较低。陕西、山西等省地表、地下水供水比例相对均衡。

2.2.4.2 用水量及用水结构

黄河上中游地区2012年用水量341.2亿m^3，其中农业用水量241.9亿m^3，工业用水量48.5亿m^3，生活用水量(含牲畜、建筑业及三产用水)42.1亿m^3，生态环境用水8.7亿m^3。黄河流域内2012年用水量调查统计表见表2-11。

表2-11　2012年黄河上中游地区用水量调查统计表　单位:亿m^3

省(区)	农业			工业	生活					生态环境	总用水量
	农田灌溉	林牧渔	小计		城镇居民	农村居民	牲畜	建筑业、三产	小计		
青海	8.8	1.1	9.9	1.2	0.8	0.5	0.9	0.8	3.0	0.4	14.5
四川	0.0	0.1	0.1	0.0	0.0	0.0	0.1	0.0	0.1	0.0	0.2
甘肃	24.5	1.0	25.5	11.1	3.1	2.0	1.1	1.4	7.6	0.6	44.8
宁夏	57.4	4.8	62.2	4.8	1.2	0.6	0.4	0.6	2.8	2.1	71.9
内蒙古	71.9	5.2	77.1	11.8	2.5	0.7	1.1	1.9	6.2	1.7	96.8
陕西	35.2	4.6	39.8	11.1	7.1	3.0	0.6	2.2	12.9	1.0	64.8
山西	26.6	0.7	27.3	8.5	4.8	2.2	0.5	2.0	9.5	2.9	48.2
上中游地区	224.4	17.5	241.9	48.5	19.5	9.0	4.7	8.9	42.1	8.7	341.2

农业是黄河上中游地区第一用水大户，2012年农业用水量占总用水量比例为70.9%；其次是工业，工业用水量占总用水量比例为14.2%；生活用水、生态用水量分别占总用水量比例为12.3%、2.6%。除四川省外，黄河流域其他省(区)农业用水所占比重均最高，尤其是宁夏、内蒙古自治区，农业用水占总用水量比例分别达86.5%和79.6%。黄河流域2012年用水结构见表2-12。

表2-12　黄河流域2012年用水结构　单位:%

省(区)	农业			工业	生活					生态环境
	农田灌溉	林牧渔	小计		城镇居民	农村居民	牲畜	建筑业、三产	小计	
青海	60.7	7.6	68.3	8.3	5.5	3.4	6.2	5.5	20.7	2.8
四川	0.0	50.0	50.0	0.0	0.0	0.0	50.0	0.0	50.0	0.0
甘肃	54.7	2.2	56.9	24.8	6.9	4.5	2.5	3.1	17.0	1.3
宁夏	79.8	6.7	86.5	6.7	1.7	0.8	0.6	0.8	3.9	2.9
内蒙古	74.3	5.4	79.6	12.2	2.6	0.7	1.1	2.0	6.5	1.8

续表

省(区)	农业			工业	生活					生态环境
	农田灌溉	林牧渔	小计		城镇居民	农村居民	牲畜	建筑业、三产	小计	
陕西	54.3	7.1	61.4	17.1	11.0	4.6	0.9	3.4	19.9	1.5
山西	55.2	1.5	56.6	17.6	10.0	4.6	1.0	4.1	19.7	6.0
上中游地区	65.8	5.1	70.9	14.2	5.7	2.6	1.4	2.6	12.3	2.6

2.2.4.3 用水水平

黄河上中游地区是流域土地、能源集中区，也是缺水最为集中的区域，面对水资源严重短缺的困扰，加之最严格的水资源管理制度约束，上中游省区通过工程、技术、经济、管理等多种措施与手段，节水水平大幅度提高。2012 年黄河上中游地区人均用水量为 372m^3，万元工业增加值用水为 46m^3，分别为 2012 年全国平均水平的 82%与 42%，但由于部分灌区渠系老化失修、工程配套较差、灌水技术落后、节水技术推广缓慢等原因，农田实灌定额为 424m^3，高于全国平均水平 20m^3。

(1)农业用水水平

农业节水标准和节水指标主要以灌溉定额和灌溉水利用系数为代表。

1)毛灌溉定额

毛灌溉定额指灌区全年平均每单位面积从水源引入的灌溉水量，即总灌溉引水量与总实灌面积之比：

$$I_{毛} = \frac{W_{总}}{A_{总}} \tag{2-1}$$

式中，$I_{毛}$ 为毛灌溉定额(m^3/亩)；$W_{总}$ 为全年从水源引入的总灌溉水量(万 m^3)；$A_{总}$ 为总实灌面积(万亩)。

2012 年黄河上中游地区农田平均毛灌溉定额为 424m^3/亩(见表 2-13)，青海、甘肃、宁夏、内蒙古、陕西及山西的农田毛灌溉定额分别为 621m^3/亩、411m^3/亩、855m^3/亩、508m^3/亩、249m^3/亩、248m^3/亩。从 1980 年至 2012 年黄河上中游地区内各省区除青海外农田毛灌溉定额呈下降趋势，其中宁夏减少最明显，降幅达 53.0%；其次为甘肃，降幅达 30.5%；陕西、内蒙古、山西降幅分别为 26.6%、22.2%和 8.8%。青海、宁夏及内蒙古的农田实际灌溉定额大于黄河上中游地区平均值，甘肃、陕西及山西的农田实际灌溉定额小于黄河上中游地区平均值。黄河上中游地区典型年农田实灌定额变化过程见表 2-13。

表 2-13　　黄河上中游地区典型年农田实灌定额变化过程　　单位：m³/亩

省区	1980 年	1985 年	1990 年	1995 年	2000 年	2010 年	2012 年	1980—2012 年定额降幅(%)
青海	604	617	610	545	526	545	621	−2.8
甘肃	592	569	542	493	428	424	411	30.5
宁夏	1882	1697	1667	1501	1225	979	855	53.0
内蒙古	653	683	672	572	523	558	508	22.2
陕西	339	338	306	289	283	248	249	26.6
山西	272	270	255	249	265	219	248	8.8
合计	560	575	550	502	477	442	424	13.5

黄河上中游地区不同类型灌区现状农林牧综合毛灌溉定额统计情况见表 2-14，黄河上中游地区平均大型自流灌区毛定额最高，达到 532m³/亩，井灌区最低，仅为 241m³/亩。全区平均大中型自流灌区定额大于提灌区定额，小型渠灌区定额大于井灌区定额。

表 2-14　　黄河上中游地区不同类型灌区现状农林牧综合毛灌溉定额　　单位：m³/亩

省区	大型		中型		小型	
	自流	提灌	自流	提灌	渠灌	井灌
青海			443	439	604	65
甘肃	686	475	413	353	323	238
宁夏	892	669	591	591	1204	348
内蒙古	562	458	335	429	190	263
陕西	203	281	254	193	398	186
山西	244	166	235	227	146	293
合计	532	373	332	337	304	241

2)灌溉水利用系数

灌溉水利用系数是净灌溉用水量与总引水量之比，或净灌溉定额与毛灌溉定额之比，是渠系水利用系数和田间水利用系数两者之积。灌溉水利用系数是衡量灌溉系统有效性及灌溉水有效利用程度的综合指标。

现状年灌溉水有效利用系数的取值对农业节水潜力分析至关重要，研究采用了水利部农水司《全国灌溉水利用系数测算分析》课题组在 2012 年发布的各省区灌溉水利用系数测算成果中的取值，见表 2-15。其中，甘肃省灌溉水利用系数最高，为 0.59；其次为陕西、山西两省，均为 0.58。黄河上中游地区平均为 0.52，其中大型自流灌区为 0.44，大型提灌灌区为 0.56；中型自流灌区 0.55，中型提灌区 0.57；小型渠灌区 0.63，井灌区 0.73。

表 2-15 黄河上中游各省区现状年灌溉水利用系数

省区	大型		中型		小型		平均
	自流	提灌	自流	提灌	渠灌	井灌	
青海			0.50	0.55	0.55	0.61	0.52
四川					0.43		0.43
甘肃	0.52	0.60	0.55	0.58	0.62	0.71	0.59
宁夏	0.41	0.61	0.52	0.56	0.66	0.72	0.45
内蒙古	0.42	0.54	0.57	0.59	0.68	0.75	0.50
陕西	0.51	0.52	0.57	0.58	0.65	0.74	0.58
山西	0.48	0.57	0.54	0.57	0.64	0.71	0.58
上中游平均	0.44	0.56	0.55	0.57	0.63	0.73	0.52

备注：数据来源于各省区灌溉水利用系数测算成果。

(2)工业用水水平

工业用水水平指标主要以万元工业增加值取水量和工业用水重复利用率为代表。其中，工业用水重复利用率指在一定的计量时间内，工业生产过程中使用的重复利用水量(包括二次以上用水和循环用水量)与工业总用水量(新鲜水量与重复利用水量之和)的百分比。

从工业用水定额分析，1980年至2012年万元工业增加值取水量(2000年不变价)由877m^3/万元减少到46m^3/万元，减少18倍。从工业用水重复利用率分析，2006—2012年黄河上中游各省区工业用水重复利用率由59.4%提高到69.5%，但仍低于先进平均水平80%～90%。说明近年来黄河上中游地区，严控项目审批手续，节水水平是项目立项论证的主要考核指标，空冷、闭式水循环等节水技术大力推广，工业用水重复利用率提高，工业用水定额下降明显。

(3)城镇生活用水水平

城镇生活用水水平指标主要以供水管网综合漏失率为代表。黄河上中游地区2012年居民生活用水总量为28.5亿m^3，其中城镇居民生活用水量为19.5亿m^3，农村居民家庭生活用水9.0亿m^3，2012年城镇人均生活用水定额为118L/d，农村人均生活用水定额为54L/d，与全国平均水平相比，人均生活用水定额偏低。与我国其他省(区、直辖市)相比，黄河上中游地区人均生活用水定额也明显偏低。2012年黄河上中游地区各省(区)生活用水定额与全国各省市对比见表2-16。

根据中国城市统计年鉴，2012年黄河上中游城镇供水管网损失率为12.9%，略优于流域平均水平。其中，流域内青海、四川、内蒙古、陕西城镇供水管网漏损率劣于流域平均水平，甘肃、宁夏、山西省均优于流域平均水平。

表 2-16　　2012 年黄河上中游地区各省(区)生活用水定额与全国各省市对比表

区域	人均生活用水量(L/d)		区域	人均生活用水量(L/d)		区域	人均生活用水量(L/d)	
	城镇	农村		城镇	农村		城镇	农村
青海	102	50	北京	229	127	江西	235	93
四川	95	65	天津	99	96	湖北	262	71
甘肃	130	48	河北	109	70	湖南	270	102
宁夏	109	50	辽宁	181	82	广东	303	136
内蒙古	120	62	吉林	168	62	广西	318	139
陕西	125	59	黑龙江	161	59	海南	310	96
山西	106	52	上海	307	133	重庆	233	76
上中游地区	118	54	安徽	213	83	西藏	224	54
黄河流域	118	55	福建	277	111	新疆	270	53

注:青海、四川、甘肃、宁夏、内蒙古、陕西、山西、河南、山东均为黄河流域内区域;其他地区生活用水定额来自《中国水资源公报》(2012 年)。

2.3　黄河上中游地区农业节水与生态环境状况

2.3.1　农业节水现状

2.3.1.1　农业发展现状

(1)农业灌溉发展历程

黄河上中游地区农业生产具有悠久的历史,是我国农业经济开发最早的地区,地区内的小麦、棉花、油料等主要农产品在全国占有重要地位。主要农业基地集中在平原及河谷盆地,上游宁蒙河套平原是干旱地区建设“绿洲农业”的成功典型;中游汾渭盆地是我国主要的农业生产基地之一。2012 年黄河上中游地区人均占有粮食 347kg,比全国平均水平(430kg)低 83kg。同时,黄河上中游地区又是我国少数民族聚居区和多民族交汇地带,也是革命时期的根据地和比较贫困的地区,生态环境极其脆弱。

20 世纪 60 年代三盛公及青铜峡水利枢纽相继建成,宁夏、内蒙古平原灌区引水得到保证,陕西关中地区兴建宝鸡峡引渭灌溉工程和交口抽渭灌区,晋中地区的汾河灌区和文峪河灌区相继扩建,汾渭平原的灌溉发展进入一个新的阶段。20 世纪 70 年代,在上中游地区先后兴建了甘肃景泰川灌区、宁夏固海灌区、山西尊村灌区等一批高扬程提水灌溉工程,使这些干旱高原变成了高产良田,增产效果显著。80 年代以来黄河在建及拟建灌区,大多数为高扬程电力提灌及长距离引水工程,其建设难度远比过去建设的平原近距离引水及低扬程抽水灌区大得多，再加上因水利工程损坏等原因而损失的面积，因此，近二十年来黄河流域灌溉面积发展速度缓慢。黄河上中游地区1980年农田有效灌溉面积5046.7万亩，2000年为6040.9万亩，2012年为6453.3万亩，32年间平均每年增加约44万亩。农田实灌面积由1980年的4129.1万亩，增加到2012年的5287.8万亩；农田实灌率变化不大。详见表2-17、表2-18、表2-19。

表2-17　1980—2012年黄河上中游地区农田有效灌溉面积　单位：万亩

省区	1980年	1985年	1990年	1995年	2000年	2010年	2012年
青海	186.6	196.6	220.7	253.7	263.5	269.0	173.3
四川	1.0	1.2	0.0	0.5	0.4	1.0	0.1
甘肃	480.4	492.1	524.7	594.7	752.4	844.0	777.6
宁夏	379.9	412.2	469.7	515.1	600.8	697.0	722.3
内蒙古	1151.0	1119.0	1148.1	1343.0	1553.5	1714.0	1782.2
陕西	1695.3	1584.7	1622.6	1710.0	1641.6	1602.0	1723.6
山西	1152.5	1128.6	1151.4	1178.2	1228.7	1233.0	1274.2
合计	5046.7	4934.4	5137.2	5595.2	6040.9	6360.0	6453.3

表2-18　1980—2012年黄河上中游地区农田实灌面积　单位：万亩

省区	1980年	1985年	1990年	1995年	2000年	2010年	2012年
青海	170.7	156.0	155.9	213.6	215.6	211.4	141.6
四川	0.8	0.3	0.0	0.3	0.1	0.0	0.1
甘肃	346.4	351.9	421.0	489.7	567.6	623.4	595.6
宁夏	365.1	390.0	437.4	488.1	582.0	610.4	648.6
内蒙古	901.8	958.3	1052.0	1236.5	1423.5	1480.4	1414.7
陕西	1344.5	1177.6	1347.7	1406.1	1308.1	1356.0	1414.7
山西	999.8	867.7	1006.3	1106.0	1081.3	1113.0	1072.5
合计	4129.1	3901.8	4420.3	4940.3	5178.2	5394.6	5287.8

表2-19　1980—2012年黄河上中游地区农田实灌率情况　单位：%

省区	1980年	1985年	1990年	1995年	2000年	2010年	2012年
青海	91.5	79.3	70.6	84.2	81.8	78.6	81.7
甘肃	72.1	71.5	80.2	82.3	75.4	73.9	76.6
宁夏	96.1	94.6	93.1	94.7	96.9	87.6	89.8

续表

省区	1980 年	1985 年	1990 年	1995 年	2000 年	2010 年	2012 年
内蒙古	78.4	85.6	91.6	92.1	91.6	86.4	79.4
陕西	79.3	74.3	83.1	82.2	79.7	84.6	82.1
山西	86.7	76.9	87.4	93.9	88.0	90.3	84.2
合计	81.8	79.1	86.0	88.3	85.7	84.8	81.9

黄河上中游地区林牧灌溉面积由 1980 年的 189.6 万亩，增加到 2012 年的 879.7 万亩，净增 699 万亩，32 年间平均年增长约 22 万亩，见表 2-18。总有效灌溉面积由 1980 年的 5226.3 万亩，增加到 2012 年的 7332.0 万亩，净增 2105.7 万亩，32 年间平均年增长约 66 万亩，见表 2-20、表 2-21。

表 2-20　　1980—2012 年黄河上中游地区林牧灌溉面积　　单位：万亩

省区	1980 年	1985 年	1990 年	1995 年	2000 年	2010 年	2012 年
青海	19.5	28.9	31.5	33.4	39.8	30.5	36.4
四川	0.0	0.0	0.0	0.0	0.0	4.6	0.6
甘肃	30.0	31.8	34.5	34.9	43.4	64.6	70.2
宁夏	5.6	60.5	73.5	88.0	102.3	68.2	139.7
内蒙古	95.1	114.7	114.9	132.9	310.6	394.5	384.8
陕西	10.3	8.9	20.3	41.2	157.4	190.7	219.3
山西	19.1	21.0	19.7	21.8	27.7	26.9	27.7
合计	179.6	265.8	294.4	352.2	681.2	780.0	878.7

表 2-21　　1980—2012 年黄河上中游地区总有效灌溉面积　　单位：万亩

省区	1980 年	1985 年	1990 年	1995 年	2000 年	2010 年	2012 年
青海	206.1	225.5	252.2	287.1	303.3	299.5	209.7
四川	1.0	1.2	0.0	0.5	0.4	5.6	0.7
甘肃	510.4	523.9	559.2	629.6	795.8	908.6	847.8
宁夏	385.5	472.7	543.2	603.1	703.1	765.2	862.0
内蒙古	1246.1	1233.7	1263.0	1475.9	1864.1	2108.5	2167.0
陕西	1705.6	1593.6	1642.9	1751.2	1799.0	1792.7	1942.9
山西	1171.6	1149.6	1171.1	1200.0	1256.4	1259.9	1301.9
合计	5226.3	5200.2	5431.6	5947.4	6722.1	7140.0	7332.0

(2)现状灌区分布及类型

黄河上中游地区有效灌溉面积为7332.0万亩，各省区所在黄河区域内的有效灌溉面积分别不同，见表2-22。内蒙古的有效灌溉面积最大，青海的最小。黄河上中游地区农田有效灌溉面积6453.3万亩，实灌面积5287.8万亩，各省农田实灌率不同，宁夏实灌率最高，甘肃最低。

黄河流域的气候条件与水资源状况，决定了农业发展在很大程度上依赖于灌溉，大中型灌区在农业生产中具有支柱作用。区内大型灌区共计37处，总有效面积3663.6万亩，占总有效灌溉面积的50%；中型灌区共计514处，总有效面积1317.0万亩，占总有效灌溉面积的18.0%；小型灌区有效面积2351.4万亩，占总有效灌溉面积的32.0%；小型纯井灌区有效灌溉面积1023.0万亩，占总有效灌溉面积的14.0%。

表2-22　黄河上中游地区现状年不同类型灌区灌溉面积统计　单位:万亩

类别	项目		青海	四川	甘肃	宁夏	内蒙古	陕西	山西	合计
总有效灌溉面积	总面积	合计	209.7	0.7	847.9	861.9	2167.0	1942.9	1301.9	7332.0
		其中井渠结合			18.7	46.7	229.6	467.6	210.4	973.0
	农田有效		173.3	0.1	777.6	722.3	1782.2	1723.6	1274.2	6453.3
	林果草		36.4	0.6	70.2	139.7	384.8	219.3	27.7	878.7
	农田实灌		141.6	0.1	595.6	648.6	1414.7	1414.7	1072.5	5287.8
	实灌率(%)		81.7	100.0	76.6	89.8	79.4	82.1	84.2	81.9
其中：大中型自流灌区	总面积	合计	109.5		275.7	618.7	1085.3	801.3	447.7	3338.2
		其中井渠结合			17.2	31.7	175.2	336.1	160.4	720.6
	农田有效		92.3		262.4	509.2	997.9	672.0	447.7	2981.5
	林果草		17.2		13.3	109.5	87.4	129.3		356.7
	农田实灌		75.4		202.0	458.4	827.9	534.4	383.0	2481.1
	实灌率(%)		81.7		77.0	90.0	83.0	79.5	85.5	83.2
其中：大中型提灌灌区	总面积	合计	5.7		238.9	204.6	329.1	542.6	321.6	1642.5
		其中井渠结合			1.5	15.0	54.4	131.5	50.0	252.4
	农田有效		4.0		218.1	174.4	325.1	498.1	321.6	1541.3
	林果草		1.7		20.9	30.2	4.0	44.5		101.3
	农田实灌		3.3		175.8	156.4	240.8	417.9	267.4	1261.6
	实灌率(%)		82.5		80.6	89.7	74.1	83.9	83.1	81.9

续表

类别	项目		青海	四川	甘肃	宁夏	内蒙古	陕西	山西	合计
其中：小型灌区	农田有效	合计	77.0	0.1	297.2	38.7	459.2	553.5	504.9	1930.6
		其中：纯井灌区	2.5		63.9	21.9	425.3	370.8	138.7	1023.1
	林果草		17.4	0.6	36.0		293.5	45.5	27.7	420.7
	农田实灌	合计	62.9	0.1	217.9	33.7	346.1	462.5	422.2	1545.4
		其中：纯井灌区	2.0		43.4	19.2	324.2	328.6	136.2	853.6
	实灌率(%)		81.7		73.3	87.1	75.4	83.6	83.6	80.0

大中型自流灌区面积3338.2万亩，占总有效面积的45.5%；提灌面积1642.5万亩，占总有效面积的22.4%；小型灌区灌溉面积2351.3万亩，占总有效面积的32.1%。其中大中型灌区井渠结合灌溉面积973.0万亩，占总有效面积的13.3%；小型纯井灌区面积1023.0万亩，占总有效面积的14.2%。

大型灌区内，自流灌区占69.4%，提灌区占30.6%；中型灌区内，自流灌区占60.3%，提灌区占39.7%；小型纯井灌区占小型灌区灌溉面积的43.5%。

灌区按水系流域、自然地理位置及引水灌溉方式分为黄河提水灌区、宁蒙自流灌区及汾渭平原灌区3个子区。黄河上中游地区大中型灌区基本情况见表2-23。

表2-23　　黄河上中游地区大中型灌区分布情况表　　单位：万亩

项目	大型灌区						中型灌区					
	自流灌区			提灌灌区			自流灌区			提灌灌区		
	处数	总有效面积	其中农田有效面积	处数	总有效面积	其中农田有效面积	处数	总有效面积	其中农田有效面积	处数	总有效面积	其中农田有效面积
青海							58	109.5	92.3	3	5.7	4.0
四川												
甘肃	2	62.4	53.2	3	139.9	129.7	97	213.3	209.1	36	99.1	88.4
宁夏	3	599.8	495.0	2	140.2	122.0	13	18.8	14.1	15	64.4	52.4
内蒙古	3	992.3	905.6	4	240.8	237.8	35	93.0	92.3	26	88.2	87.2
陕西	8	624.8	518.4	4	399.2	373.9	89	176.6	153.6	56	143.4	124.2
山西	4	264.5	264.5	4	199.8	199.8	45	183.3	183.3	41	121.8	121.8
合计	20	2543.8	2236.7	17	1119.9	1063.2	337	794.5	744.7	177	522.6	478.0

注：大型灌区为大于30万亩灌区；中型灌区为1万～30万亩灌区，下同。

2.3.1.2　节水灌溉面积

(1)农业节水主要措施

农业节水措施主要包括工程措施和非工程措施两大类。黄河上中游地区应用比较广泛的节水工程措施大致四种方式:渠道防渗、管道输水、喷灌和微灌。渠道防渗的主要作用是提高输配水效率,减少输水损失;管道输水通常与畦灌、沟灌结合,主要作用一方面减少输水损失,提高输配水效率,另一方面因为与畦灌、沟灌等灌溉方式结合,提高灌溉均匀度;喷灌全部采用管道输水,能做到灌溉适时适量控制,减少地面损失,灌溉水有效利用系数得到显著提高。但由于投资较高,目前主要在井灌区和一些井渠双灌区应用;微灌包括滴灌、微喷灌、小管出流和渗灌。相对于传统地面灌和喷灌而言,微灌属于局部灌溉、精细灌溉,输水损失和田间灌水的渗漏损失极小,水的有效利用程度最高。比较这四种灌溉措施,渠道防渗是目前黄河上中游地区应用最普遍的一种方式,整个黄河上中游地区,尤其是宁夏、内蒙古等地灌区,土地盐碱化问题严重,农业灌溉除了提供作物生长需水外,还有盐分淋洗功能。

非工程措施主要包括改进灌溉制度(非充分灌溉、调亏灌溉、水稻浅湿灌溉等)、农艺节水措施(秸秆覆盖技术措施、抗旱节水作物品种技术等),非工程技术措施的主要作用是降低田间耗水量。此外,推进以水价计费征收体制改革和用水户参与灌溉管理为主要内容的灌溉管理体制改革,对提高灌溉工程管理效率和灌溉水利用率也发挥了重要作用。

(2)现状节水灌溉面积

按照《节水灌溉工程技术规范》与现状年统计资料,黄河上中游地区工程节水面积为3700.2万亩(见表2-24),占现有有效灌溉面积的50.5%,其中渠道防渗2150.2万亩,占节水灌溉面积的58.1%;低压管灌1118.0万亩,占30.2%;喷、微灌合计仅431.2万亩,占11.7%。

表2-24　现状年黄河上中游地区农业节水发展状况　单位:万亩

类别	项目		青海	四川	甘肃	宁夏	内蒙古	陕西	山西	合计
节水灌溉工程面积	合计	面积合计	90.6	0.7	453.6	246.2	1327.0	778.0	804.1	3700.2
		其中农田	76.6	0.1	386.7	240.9	842.6	656.6	804.1	3007.6
	渠道防渗		87.7		366.9	184.0	828.8	553.5	129.3	2150.2
	管灌				36.3	15.4	359.1	203.2	504.0	1118.0
	喷灌		2.9		35.8	10.6	127.3	14.8	135.9	327.3
	微灌				14.6	36.2	11.8	6.5	34.8	103.9
	总节灌率(%)		43.2		53.5	28.6	61.2	40.0	61.8	50.5
	农田节灌率(%)		44.2		49.7	33.4	47.3	38.1	63.1	46.6

续表

类别	项目		青海	四川	甘肃	宁夏	内蒙古	陕西	山西	合计
其中：大中型自流灌区	合计	面积合计	38.6		154.7	169.4	633.5	275.7	274.6	1546.5
		其中农田	38.4		119.2	167.1	337.6	218.1	274.6	1155.0
	渠道防渗		38.6		134.0	128.1	531.3	249.2	42.5	1123.7
	管灌				9.4	4.7	94.2	23.8	203.1	335.2
	喷灌				7.5	7.9	4.8	2.2	25.5	47.9
	微灌				3.9	28.8	3.2	0.4	3.5	39.8
	总节灌率(%)		35.2		56.1	27.4	58.4	34.4	61.3	272.8
	农田节灌率(%)		41.6		45.4	32.8	33.8	32.4	61.3	38.7
其中：大中型提灌灌区	合计	面积合计	1.5		158.8	59.8	135.3	207.7	134.9	698.0
		其中农田	1.5		133.3	56.9	133.4	170.7	134.9	630.7
	渠道防渗		1.5		145.4	48.3	117.2	201.0	34.8	548.2
	管灌				6.2	7.0	13.4	6.6	98.0	131.2
	喷灌				3.7	2.2	4.7	0.0	2.1	12.7
	微灌				3.6	2.3		0.0	0.1	6.0
	总节灌率(%)		26.3		66.5	29.2	41.1	38.3	42.0	42.5
	农田节灌率(%)		37.8		61.1	32.6	41.1	34.3	42.0	40.9
其中：小型灌区	合计	面积合计	50.5		140.1	17.0	558.3	294.7	394.6	1455.2
		其中农田	36.8		134.2	17.0	371.6	267.8	394.6	1222.0
	渠道防渗		47.6		87.6	7.6	180.3	103.2	52.0	478.3
	管灌				20.7	3.7	251.5	172.7	202.9	651.5
	喷灌		2.9		24.7	0.6	117.9	12.6	108.3	267.0
	微灌				7.1	5.1	8.6	6.1	31.3	58.2
	总节灌率(%)		53.5		42.0	44.0	74.2	49.2	74.1	61.9
	农田节灌率(%)		47.7		45.2	43.8	80.9	48.4	78.1	63.3

节水灌溉率(节灌率)指采用渠道防渗、管道输水、喷灌、滴灌以及其他节水灌溉技术措施灌溉面积与有效灌溉面积的比值，是衡量工程节水灌溉发展程度的重要指标。2012 年黄河上中游有效灌溉面积 7332.0 万亩，节水灌溉面积 3700.2 万亩，节灌率为 50.5%，其中，青甘地区节灌率 51.5%，宁蒙地区节灌率 51.9%，汾渭地区 48.8%。山西省节灌率为 61.8%，为黄河上中游之首，内蒙古仅次之，为 61.2%，甘肃、青海、陕西省和宁夏节灌率分别为 53.6%、43.2%、40.0%和 28.6%。

2012 年黄河上中游农田有效灌溉面积 6453.3 万亩，节水灌溉面积 3007.6 万亩，节灌率为 46.6%，比总灌溉面积节灌率低，节灌率趋势变化也不太一致。青甘地区节灌率 48.7%，宁蒙地区节灌率43.3%，汾渭地区48.7%，三区域差别不大。山西省农田节灌率为63.1%，仍为黄河上中游之首，甘肃省位居次之，为49.7%，内蒙古、青海、陕西省和宁夏节灌率分别为47.3%、44.2%、38.1%和33.4%。

大中型自流灌区节水工程措施，青甘地区以渠道防渗为主，占节水灌溉面积的比例89.2%(见表2-25)，其次是喷滴灌措施，占节水灌溉面积的5.9%，管灌措施占4.9%。宁蒙地区渠道防渗占节水灌溉面积的比例也比较高，为82.1%，管灌措施占12.3%，喷微灌措施占5.6%。汾渭平原渠道防渗占节水灌溉面积的比例较低10.7%，仅为53.0%，管灌措施所占比例较大，为41.2%，喷微灌措施与青甘、宁蒙地区基本一致，为5.7%。

表2-25　黄河上中游地区各分区不同节水措施占节水灌溉面积比例　单位:%

类别	项目	青甘地区	宁蒙地区	汾渭平原
合计	渠道防渗	83.5	64.4	43.2
	管灌	6.7	23.8	44.7
	喷微灌	9.8	11.8	12.1
大中型自流灌区	渠道防渗	89.2	82.1	53.1
	管灌	4.9	12.3	41.2
	喷微灌	5.9	5.6	5.7
大中型提灌灌区	渠道防渗	91.6	84.8	68.8
	管灌	3.8	10.5	30.6
	喷微灌	4.6	4.7	0.6
小型灌区	渠道防渗	70.9	32.6	22.5
	管灌	10.9	44.4	54.5
	喷微灌	18.2	23.0	23.0

大中型提灌灌区节水工程措施，青甘地区渠道防渗为占节水灌溉面积的比例比自流灌区高，为91.6%，其次是喷滴灌措施，占节水灌溉面积的4.5%，管灌措施占3.9%。宁蒙地区渠道防渗占节水灌溉面积的比例也比自流灌区高，为84.8%，管灌措施比自流灌区低，为10.5%，喷微灌措施占4.7%。汾渭平原渠道防渗占节水灌溉面积的比例比自流灌区高15.8%，为68.8%，管灌措施所占比例比自流灌区低，为30.5%，喷微灌措施较低，仅为0.6%。

小型提灌灌区节水工程措施，青甘地区渠道防渗为占节水灌溉面积的比例比大中型灌区低20%左右，为70.9%，其次是喷滴灌措施，比大中型灌区高10%左右，占节水灌溉面积的17.9%，管灌措施也比大中型灌区高，占10.9%。宁蒙地区渠道防渗占节水灌溉面积的比例较低50%左右，仅为32.7%，管灌措施比大中型灌区高30%左右，为44.4%，喷微灌措施比大中型灌区高20%左右，占23.0%。汾渭平原渠道防渗占节水灌溉面积的比例比大中型灌区低40%左右，仅为22.5%，管灌措施比大中型灌区高15%左右，为54.5%，喷微灌措施比大中型高20%左右，为23.0%，与渠道衬砌所占比例接近。

(3)节水面积变化

现状黄河流域主要工程节水措施有：渠系工程配套与渠系防渗、低压管道输水、喷灌和微灌节水措施。考虑到黄河灌区现状以地面灌为主和经济发展水平较低，以及黄河水源含沙量大的特点，大部分灌区主要采取容易实施和管理的渠系防渗与配套工程措施，以及技术相对简单的低压管道输水措施，以提高渠系水利用系数；在少部分灌区和经济作物种植区采取喷灌、微灌等节水措施，做好示范、试点工作。

2012年黄河流域上中游地区农田有效灌溉面积为6453.3万亩，节水灌溉面积为3007.6万亩，占有效灌溉面积的46.6%，其中，渠道防渗面积1689.7万亩，占节水面积的56.1%，管道输水面积949.6万亩，占节水面积的31.6%，喷灌面积272.7万亩，占节水面积的9.1%，微灌面积95.7万亩，占节水面积的3.2%。从省(区)看，节水面积占有效灌溉面积比例最高的是山西省，达到63.1%。详见表2-26。

表2-26　不同典型年黄河流域农田节水灌溉面积统计　单位：万亩

省区	年份(年)	农田有效灌溉面积	农田节水灌溉工程面积					
			渠道防渗	管道输水	喷灌	微灌	合计	农田节灌率(%)
青海	2000	263.5	50.4		1.6		52.0	19.7
	2012	173.3	74.2		2.5		76.7	44.3
四川	2000	0.4						
	2012	0.1						
甘肃	2000	690.7	227.0	15.1	17.7	6.0	265.8	38.5
	2012	777.6	312.8	31.0	30.5	12.4	386.7	49.7
宁夏	2000	600.8	79.3	8.6	5.3	9.2	102.4	17.0
	2012	722.3	180.0	15.1	10.4	35.5	241.0	33.4
内蒙古	2000	1553.5	220.4	103.4	7.3		331.1	21.3
	2012	1782.2	526.3	228.0	80.9	7.5	842.7	47.3
陕西	2000	1641.6	461.2	155.2	41.5	34.8	692.7	42.2
	2012	1723.6	467.1	171.5	12.5	5.5	656.6	38.1
山西	2000	1228.7	140.5	477.2	131.1	20.9	769.7	62.6
	2012	1274.2	129.3	504.0	136.0	34.8	804.1	63.1
合计	2000	5979.2	1178.7	759.4	204.5	71.0	2213.6	37.0
	2012	6453.3	1689.7	949.6	272.7	95.7	3007.7	46.6

黄河上中游地区农田节水灌溉面积由2000年的2213.6万亩，增加到2012年的3007.6万亩，近12年净增794万亩，年均增加66.2万亩。农田节灌率由2000年的37.0%，增加到2012年的46.6%。渠道防渗面积近12年净增511万亩，年均增加42.9万亩；管道输水净增190.2万亩，年均增加15.9万亩；喷微灌净增92.9万亩，年均增加7.7万亩。

2.3.1.3 节水灌溉条件下农业用水量变化

由于黄河上中游地区气候干旱少雨，农业对灌溉的要求较高。表2-27为典型年黄河上中游地区内农业用水量的调查统计，统计结果显示，1990—2012年黄河上中游地区多年平均农业用水总量为261.8亿 m^3（包括鱼塘补水量、牲畜用水量），随着城市化进程的加速，工业及城镇居民生活用水剧增，农业用水被挤占，黄河上中游地区农业用水占总用水量的比例由1980年86.8%降至2012年73.2%，高于全国农业用水占总用水量的63.4%；农业地下水用水量占农业用水量比例由1990年13.9%增至2012年20.0%。总体上看，黄河上中游地区农业用水是该区域用水大户，鉴于该区域水资源短缺形势，应进一步加大力度发展节水农业。黄河上中游地区典型年农业用水量变化趋势情况见表2-27。

表2-27 黄河上中游地区典型年农业用水量变化过程 单位：亿 m^3

年份	农业用水（包括鱼塘补水量、牲畜用水量）			总用水量			农业用水占总用水量比例（%）	农业地下用水量占农业总用水量比例（%）	流域内总地下用水量占总用水量比例（%）
	地表水	地下水	合计	地表水	地下水	合计			
1980			238.6			274.8	86.8		
1985			237.9			281	84.7		
1990	219.6	35.6	255.2	235.0	74.4	309.4	82.5	13.9	24.0
1995	226.1	47.4	273.5	248.8	87.9	336.7	81.2	17.3	26.1
2000	212.9	51.8	264.7	240.1	93.9	334.0	79.3	19.6	28.1
2005	208.9	52.0	260.9	240.8	94.3	335.1	77.9	19.9	28.1
2010	209.1	51.7	260.8	249.3	94.9	344.2	75.8	19.8	27.6
2011	211.7	52.9	264.6	254.4	98.8	353.2	74.9	20.0	28.0
2012	199.6	50.0	249.6	242.1	98.9	341.0	73.2	20.0	29.0
1991—2000年均值	226.4	45.3	271.7	250.8	86.6	337.4	80.5	16.7	25.7

续表

年份	农业用水（包括鱼塘补水量、牲畜用水量）			总用水量			农业用水占总用水量比例（%）	农业地下用水量占农业总用水量比例（%）	流域内总地下用水量占总用水量比例（%）
	地表水	地下水	合计	地表水	地下水	合计			
2001—2010年均值	203.6	51.7	255.3	236.9	94.7	331.6	77.0	20.3	28.6
1990—2012年均值	214.1	47.7	261.8	243.2	90.0	333.2	78.6	18.2	27.0

为反映现状平均水平，结合全国现代灌溉发展规划中灌区用水量统计数据，本次研究现状灌溉用水量采用2008—2010年平均值，黄河上中游地区不同类型灌区农林牧灌溉用水量统计情况见表2-28。现状（2008—2010年平均值）黄河上中游地区农林牧灌溉总用水量237.9亿m^3，其中内蒙古灌溉用水量最大，为77.8亿m^3，占上中游地区总用水量的32.7%；宁夏灌溉用水量次之，占全区灌溉用水量的27.1%。大型灌区灌溉用水量152.2亿m^3，占总用水量的64.0%；中型灌区灌溉用水量34.0亿m^3，仅占总用水量的14.3%；小型灌区灌溉用水量51.7亿m^3，占总用水量的21.7%，其中小型灌区地下水用水量占小型灌区用水量的59.4%。

表2-28　现状黄河上中游地区不同类型灌区农林牧用水量统计情况　单位：亿m^3

省区	大型灌区				中型灌区				小型灌区		合计		占总用水量比例（%）
	自流灌区		提灌灌区		提灌灌区		提灌灌区						
	小计	其中地下水	小计	其中地下水	小计	其中地下水	小计	其中地下水	小计	其中地下水	小计	其中地下水	
青海					4.1		0.2		3.8	0.1	8.1	0.1	1.6
四川									0.01				
甘肃	4.3	0.0	5.4		6.3	0.2	2.9	0.1	7.5	1.9	26.5	2.2	8.1
宁夏	49.2	0.2	8.4		1.0	0.1	3.6	0.4	2.4	0.7	64.6	1.3	2.1
内蒙古	48.2	1.9	8.6	0.9	2.0	0.6	2.4	0.7	16.7	16.3	77.8	20.4	26.2
陕西	10.4	3.3	9.6	3.5	3.9	1.0	1.5	0.4	12.3	7.0	37.6	15.3	40.5
山西	5.5	1.9	2.7	0.9	3.7	2.0	2.5	1.2	9.0	4.8	23.3	10.8	46.3
合计	117.5	7.3	34.7	5.3	21.0	3.8	13.1	2.8	51.7	30.7	237.9	50.0	21.0

2.3.2 生态问题调查分析

随着我国经济社会的发展，工业用水和生活用水将持续增长，由此导致水资源短缺态势进一步日益加剧。农业水资源短缺已经成为制约我国粮食安全的最主要瓶颈，同时水资源时空分布不均加重了粮食生产的不利形势，要保障国家粮食生产安全，提高农业用水利用效率，发展节水农业成为必然选择。农田灌溉用水是我国农业用水的主体，农业用水的90%都用于农田灌溉。占全国耕地面积49%的灌区，生产出约占全国总量75%的粮食和90%以上的棉花、蔬菜等经济作物，灌溉农业对保障中国粮食安全发挥着重要作用。

河套灌区是中国三大灌区之一，也是黄河流域用水大户。灌区每年农业引黄灌溉水量约50亿m^3，约占黄河过境水量的六分之一。河套灌区是一个以农业为主的地区，农业用水量占总用水量95%以上。农业灌溉一般分为春灌、夏灌、秋灌、秋浇四个阶段，尤其是在秋浇阶段，不仅灌溉面积很大，占灌区总面积80%以上；而且灌水定额较大，一般亩均毛灌水定额120～200m^3，是其他轮次灌水定额的2～3倍。河套位于西北内陆干旱、半干旱区，由于引水配额的下降，灌区引黄水量呈逐年减少趋势，农业生产面临日益严重的用水压力，同时生态用水也受到威胁。这不仅关系到整个灌区的兴衰和发展，而且也会对生态环境产生重要影响。由于灌区独特的自然地理条件，灌区水盐运移变化情况复杂。地下水位变化与土壤盐碱化程度和天然植被生长密切相关，适宜的地下水位能够改善作物的土壤环境，提高根系活力，增加植被分布面积。当地下水位保持在一定合理范围，生态环境将处于良好状态；如果超出这个范围将引起一系列生态环境负效应。例如，不合理灌溉导致地下水位持续上升，因而出现土地渍水、盐渍化、珍稀生物资源消失等；含水层超采、上游过度开发地表水或采矿活动，引起地下水位持续下降，导致地表土壤结构发生变化，使植被退化死亡，在干旱、半干旱地区和沙漠化地区加重了风蚀和土地沙漠化进程；地下水在维系泉、河流、湖泊、湿地的生态平衡中至关重要，过度开采地下水会引起湿地旱化、河川径流量减少和湖泊萎缩、干涸；地下水位变化引起植被退化和生物多样性减少；过度开采承压水引起地面沉降等生态环境问题。河套平原气候干燥、降雨少，生态环境极为脆弱。地下水天然状态和地下水水文过程的改变不可避免地对植被和生态环境产生影响，这种影响主要体现在当地下水位降幅超过当地原生植被的适生水位时，造成植被的退化甚至发生植物种类更替，危及当地植被生态环境，甚至产生植被严重退化、荒漠化等严重的环境问题。

干旱、半干旱地区，植被是生态环境好坏的“指示剂”，而植被生长状态直接与土壤水分状况和地下水状态直接相关。张惠昌(1992)从生态平衡的角度提出“地下水生态平衡埋深”的概念，是指“在无灌溉的天然状态下，不致发生植被退化、土地沙漠化、土壤盐渍化问题而保持生态平衡的地下水埋藏深度”。地下水生态平衡埋深为地下水位的变动带，其最小值即为防止盐渍化的临界深度，其最大值即为地下水位埋深加毛细带高度应等于或略小于指示植物的根系深度，并提出石羊河流域下游民勤地区的生态平衡埋深为2～5m。高长远

(2000)研究指出干旱区绿洲地带水土开发的生态平衡埋深为4～7m。宋郁东等(2001)把满足干旱区非地带性天然植被生长需要的地下水位埋藏深度称作生态地下水位,把既能减少地下水强烈蒸发返盐,又不造成土壤干旱而影响植物生长的地下水位称为合理地下水位。张森琦等(2003)提出“生态水位线”的概念以及其他学者提出适宜水位、最佳水位、盐渍临界深度和生态警戒水位等。陈荷生(1991)根据地下水资源的允许开采量把地下水位埋深控制在盐渍化临界深度以下,建立了阿拉善查汗套海滩生态建设区的最佳水文地质环境。随着地下水位埋深增加,西北干旱区泉水溢出带植被群落演替规律明显。

2.3.2.1 灌溉补给地下水与植被生态关系

国内外针对类似黄河上中游的干旱、半干旱区植被与灌溉水量响应关系展开了大量的研究工作。干旱、半干旱地区生态环境脆弱,人类活动改变地下水的天然状态,不可避免地引发各种环境效应,于是地下水的生态环境效应日益引起人们的重视,其中国外对干旱、半干旱地区研究主要集中在能够对植被长势和水位进行耦合预报的植被水流联合模型、植被对地下水的利用状况和对地下水环境的指示作用,以及植被和地下水位关系的研究等方面。如Costelloe等在澳大利亚Diamantina和Naeles流域对干旱区季节性河流滨河植被展开的研究发现滨河树木生长并不直接利用地表水,而是利用土壤水和地下水。Zencich等在地中海地区研究表明,斑克木(Banksia)对地下水的利用程度随水位埋深变化,而束蕊花(Hibbertia hypericoides)这类浅根、常绿灌木在地下水埋深的地方并不利用地下水而是从土壤水干湿循环中获得所需水分。Elmore等在加利福尼亚Owens Valley地区通过分析植被对水文和气象变化的响应,发现草原植被盖度和地下水位具有相关关系,并且生长受到人工抽水的胁迫。

国内早期的研究主要集中在查明植被随不同地下水位埋深和包气带岩性的分布特征。国内有学者早在1957年就提出有些植物对地下水埋深、组分和土壤某些性质具有高度依赖性,植被的生长和分布往往具有强烈的地域性。进入20世纪90年代以后,随着对中国西北内陆干旱、半干旱地区地下水—植被生态研究的加强,在这种特有的地理和生态环境下,植被生态的重要作用进一步引起了人们的重视,国内学者逐步提出了生态地下水位的概念。1989年颜铭在北疆的古尔班通古特沙漠南缘研究区通过调查分析后提出了各种群落对水位埋深的要求和适宜的地下水化学特点。20世纪90年代初,侯印伟在石羊河流域研究中进一步提出了沙枣树、胡杨树等沙生灌木生长水位以及与土地沙漠化的关系。

2.3.2.2 植被与适宜地下水位关系

在我国西北内陆,干旱、半干旱地区面积广阔,降雨稀少蒸发强烈,地下水对喜水和过渡性植被的生长起着至关重要的作用;半个世纪以来由于不当开发对区域植被产生了严重影响,引发了土地荒漠化等严重的环境问题。为了维持和保护脆弱的植被生态环境,干旱区植被生态地下水位成为生态学家和水文地质学家的研究重点。

从植被生长适宜性和生态安全角度出发，有学者提出适宜生态水位和生态安全地下水位的概念。马金珠等在对塔克拉玛干沙漠南缘地下水的生态环境作用研究中得出荒漠植被适宜生长的地下水位埋深在2～4m，盐化草甸植被适宜地下水位埋深在1～2m，大多数植被在地下水矿化度小于3g/L时生长良好。樊自立等通过对塔里木河流域植被和地下水位关系研究提出该地区的适宜生态水位是2～4m。金晓媚等对银川盆地适宜于植被生长的地下水位埋深进行了研究，结果表明银川盆地适宜于植被生长的地下水位埋深为2～4m。张茂省等采用生态—水文地质调查与遥感定量分析结合的方法，确定陕北能源基地植被优势种群适生水位为1～4m。为了更加定量化确定植被生长和地下水位埋深的关系，王芳针对西北干旱半干旱地区非地带性植被和地下水位关系应用高斯模型对植被频率和地下水位关系曲线进行拟合，得出各种典型植被的最适水位区间，取得了良好的效果。在鄂尔多斯白垩系盆地北部地区，杨泽元等在秃尾河流域通过野外调查，深入地探讨了地下水位埋深与植被生长、土地荒漠化的关系，乔木灌丛群落生长的最佳水位1.5～3m、承受水位3～5m、警戒水位5～8m，并分析建立生态环境评价指标体系。在进一步的研究中确定了风沙滩地区的生态安全地下水位埋深区间为1.5～5m。黄金廷等在分析植被群落与地下水位和地貌特征关系的基础上提出了鄂尔多斯荒漠高原的生态分区。

在流域尺度，河套平原为黄河中下游地区提供生态屏障。由于特殊的地理位置（黄土高原和鄂尔多斯高原的表土容易随地表径流流入黄河，每年大量的水蚀泥沙进入河套平原），宁蒙灌区具有重要的固沙功能。如果能在河套平原将大量泥沙固定下来，那么对黄河中下游地区水质改善具有重要作用。在区域尺度，河套平原可为改善大气质量做出贡献。特殊的地理位置和环境决定了河套平原的土壤以沙基质为主。土壤表层对大气环境具有重要影响，因为植被是决定土壤状况的关键生物因素。在局域尺度，河套平原的天然植被一方面有利于改善农业气候环境，另一方面有利于保护生物多样性。天然植被的退化会降低物种多样性及其功能，严重影响生态系统服务功能，并诱发虫鼠害、沙尘暴等自然灾害。

天然植被在河套平原具有非常重要、不可替代的作用。植被与水分时空格局之间存在的因果关系是不言而喻的，降水是干旱、半干旱地区植被分布和植被类型的决定因素。降水的季节性影响植物群落的组成结构和生产力以及优势种的用水方式，植物对降水变化的响应具有较大的差异性。不同功能型植物对降水变化的响应存在差异。例如，若不定的降水是比稳定的深层土壤水更为重要的环境水资源，则最理想的植物表现型将倾向于能够最大限度地利用不定降水，即小的根冠比、典型的浅根系、高的叶片导水度，且气孔对植物水分状态具有高度敏感性。反之，若深层土壤水更为重要，则植物表现型将倾向于能够最大限度地利用深层土壤水。较小降水只对浅根植物有利，而较大降水则对两类植物都有利。

在全球变化，尤其是气候变化背景下，人类活动的影响日益广泛和深刻。换言之，生态系统正在经历自然和人为因素的双重驱动。宁蒙灌区是生态环境脆弱地区，生态设计是实现该区域可持续发展的关键。有效管理生态系统是现代地球村人义不容辞的责任和担当。比如，一些国家已经实施“生态系统管理、恢复和创建”工程。

既然河套平原是一个完整的地理单元，是一个复合的生态系统，那么就应该从整体上实施管理。在宁蒙灌区，植被以降水和土壤水为水分来源。在土壤－植被－大气连续体中，水分是最为关键的驱动因子。因此，宁蒙灌区管理的关键是水资源管理。充分利用水循环过程和分配模型，运用生态水文学的原理和观点，对水资源进行优化管理，提高植物对水分的利用效率，从而更好地进行植被恢复和维持。根据长期的监测数据，结合短期的管理目标，制定合理、动态的区域植被需水量。

在我国，真正的复合生态系统管理还没有一个成功的先例。多数研究都局限于理论探讨生态系统评价，而不是生态系统管理。这种现状为本项目提供了一个难得的机会。如果能将宁蒙灌区视为复合生态系统加以设计和管理，那么这项工作不仅成功地应用了现有生态学、水文学、社会学等学科的研究成果，而且对中国广大的灌区也具有示范和引领作用。

2.4 本章小结

本章深入研究了黄河流域，特别是黄河上中游地区的自然地理特点、经济社会发展状况、水资源禀赋条件极其开发利用现状。重点研究了黄河流域及上中游地区农业灌溉发展历程，从大中小型、自流和提灌、地表与地下水源等多个层面分析黄河流域灌区分布及规模，灌水特点，现状节水状况等内容。在此基础上，结合干旱、半干旱区农业灌溉与当地生态环境的相互影响特点，初步调查了黄河上中游典型地区生态植被与灌溉地下水补给的关系，为未来确定合理的节水措施及规模奠定了基础。

第3章　黄河上中游灌区生态节水理念与实践模式

3.1　生态节水的理念

3.1.1　节水的基本概念

农业用水从水源到作物吸收水分形成有机干物质主要经过3个过程：一是通过灌溉输配水系统，将水自水源引入田间；二是田间地表水入渗到土壤中，在土壤中再分配转化为土壤水，而后被作物吸收；三是作物吸收水分后通过光合作用将辐射能转化为化学能，最后形成有机物质碳水化合物。农业节水的目的就是有效地节约上述3个环节中的耗用水量，并提高水的转化和产出效率。

农业灌溉节水潜力是在满足农业发展阶段需求的前提下，在一定的资金投入条件下，实现某些农业节水措施的推广应用，从而可能减少的耗水量和用水量。农业节水潜力不仅与用水现状有关，还与经济发展水平、投资力度、节水模式等多因素相关，是多种因素综合作用的体现。图3-1显示了农业灌溉节水潜力的构成。

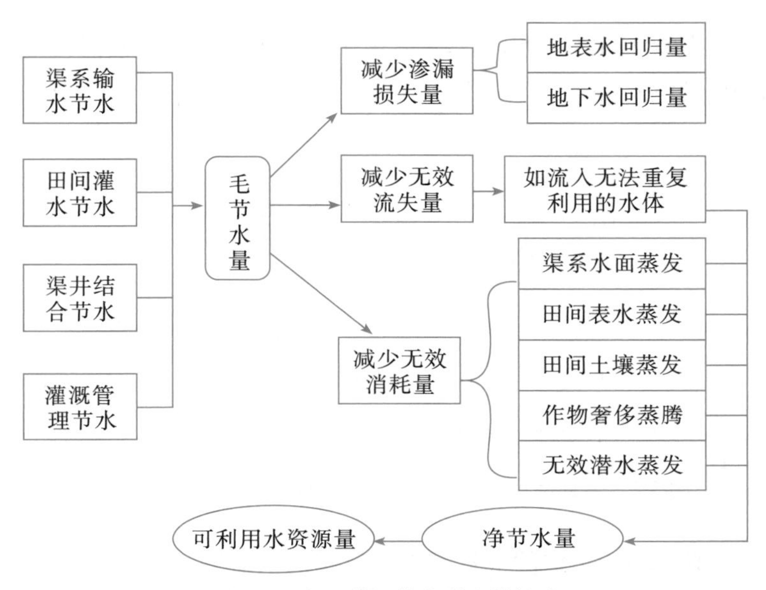

图3-1　农业灌溉节水潜力的构成

毛节水量指现状取用水量与未来“节水模式”下取用水量之间的差值，也就是常规意义上的节水量。之所以能够实现取用水量的减少，是因为采用了节水措施，从而提高了灌溉水有效利用系数，或者降低了无效蒸发和无效流失，或者是二者的综合作用。进一步分解毛节水量，其构成主要包括三部分，一是减少了渗漏损失量，二是减少了无效流失量，三是减少了无效消耗量。渗漏损失量包括两部分：一是可利用的地表水回归量；二是可利用的地下水回归量。从区域水平衡的观点来看，地表水回归量和地下水回归量是可以被重复利用的，因此，从区域可利用水资源角度分析可以看出，这一部分损失的水量原本就是可以回用的水量，这部分的节水并不能增加可利用的灌溉总水量，只是提高了灌溉效率和灌溉保证率，节省了能源和劳动力等。无效流失量主要是指被污染或其他因素影响而成为不可回用的水量，如果减少这部分损失，则可以增加可利用的水资源总量。对于无效消耗部分，无论是田间表水蒸发、田间土壤蒸发、作物奢侈蒸腾、渠系水面蒸发还是无效潜水蒸发，这部分水是真正被消耗掉的不可回收的水量。对于下游灌区而言，上游灌区的无效耗水量越大，则能留给下游灌区的水资源量就越少。因此，减少这部分耗水实际上增加了可利用水资源总量。由此可以得出，净节水量是减少的无效耗水量与减少的无效流失量之和，也就是净节水潜力。净节水潜力实际上是从水循环中夺取的无效蒸腾蒸发量和其他无效流失量，这部分节水量可以作为新水源加入区域水量循环之中，因此，也被一些研究者称之为“资源性节水潜力”。

3.1.2 节水潜力计算方法

灌溉农业节水潜力计算思路由图 3-2 表示。图中曲线 AB 和曲线 CD 分别代表某灌区在 $I_{净1}$ 和 $I_{净2}$ 耗水水平下的灌溉用水曲线。其耗水水平之间的关系为：

$$I_{净1} > I_{净2} \tag{3-1}$$

点 A 代表最初的灌溉水平(Q_0，$I_{净1}$，η_0)，由于灌溉水利用系数较低，净灌溉用水量比较高，因此毛灌溉用水量 Q_0 较大。

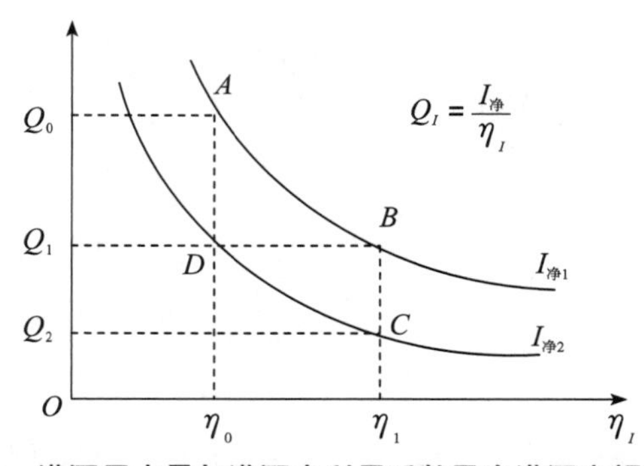

图 3-2 灌溉用水量与灌溉水利用系数及净灌溉定额的关系

首先看提高灌溉水利用系数的节水潜力。在净灌溉定额 $I_{净1}$ 不变的前提下，因为节水灌溉措施的实施而将灌溉水利用系数由最初的 η_0 提高到 η_1，对应的灌溉水平是 B(Q_1，

$I_{净1},\eta_1$)。由图可以清楚地显示,提高灌溉水利用系数后的毛节水量是:

$$\Delta Q = Q_0 - Q_1 \tag{3-2}$$

再看减少田间无效蒸发,降低净灌溉定额的节水潜力。因为 $I_{净}$ 由曲线 AB 的水平降低到曲线 CD 的水平。在灌溉水利用系数不变的前提下,此时的灌溉水平是 $D(Q_1,I_{净2},\eta_1)$。此时的毛节水量为仍为 $\Delta Q=Q_0-Q_1$。

对比提高 η 后的节水量和降低 $I_{净}$ 后的节水量可以发现,尽管从节水总量来看二者的效果可以相等,但其节水的内涵是有本质差别的。提高 η 减少的是渗漏损失,而降低 $I_{净}$ 则是减少了无效耗水。二者的计算方法也不一样,对于提高 η,其单位面积毛节水量的大小为:

$$\Delta Q = I_{净}\left(\frac{1}{\eta_0} - \frac{1}{\eta_1}\right) \tag{3-3}$$

而对于降低 $I_{净}$,其单位面积毛节水量的大小为:

$$\Delta Q = \frac{I_{净1} - I_{净2}}{\eta_0} = \frac{\Delta I_{净}}{\eta_0} \tag{3-4}$$

最后来看同时提高灌溉水有效利用系数和降低净灌溉定额的综合节水潜力。无论灌溉水平是由 A 经过 B 到 C,还是由 A 经过 D 到 C,C 点对应的灌溉水平为 $C(Q_2,I_{净2},\eta_1)$。此时的单位面积毛节水量为:

$$\Delta Q = Q_0 - Q_2 = \frac{I_{净1}}{\eta_0} - \frac{I_{净2}}{\eta_1} \tag{3-5}$$

3.1.3 农业节水潜力计算过程

计算农业节水潜力时,以水资源三级区套省区为计算单元,且计算单元中分大型自流与扬水、中型自流与扬水、小型渠灌与井灌六个类型灌区分析,首先统计各计算单元中不同类型灌区农田与林牧实际灌溉面积、地表水与地下水灌溉用水量等,并结合各省区现状年不同类型灌区灌溉水利用系数测算成果,分析不同类型灌区现状实际灌溉净定额;然后按照未来节水措施安排,采用加权平均确定未来灌溉水利用系数;利用现状实际灌溉净定额与未来灌溉水利用系数,分析对应现状实际灌溉面积的未来需水量;将统计的现状灌溉用水量与未来灌溉需水对比,即可确定各计算单元中不同类型灌区的节水潜力。农业节水潜力计算过程示意见图 3-3。

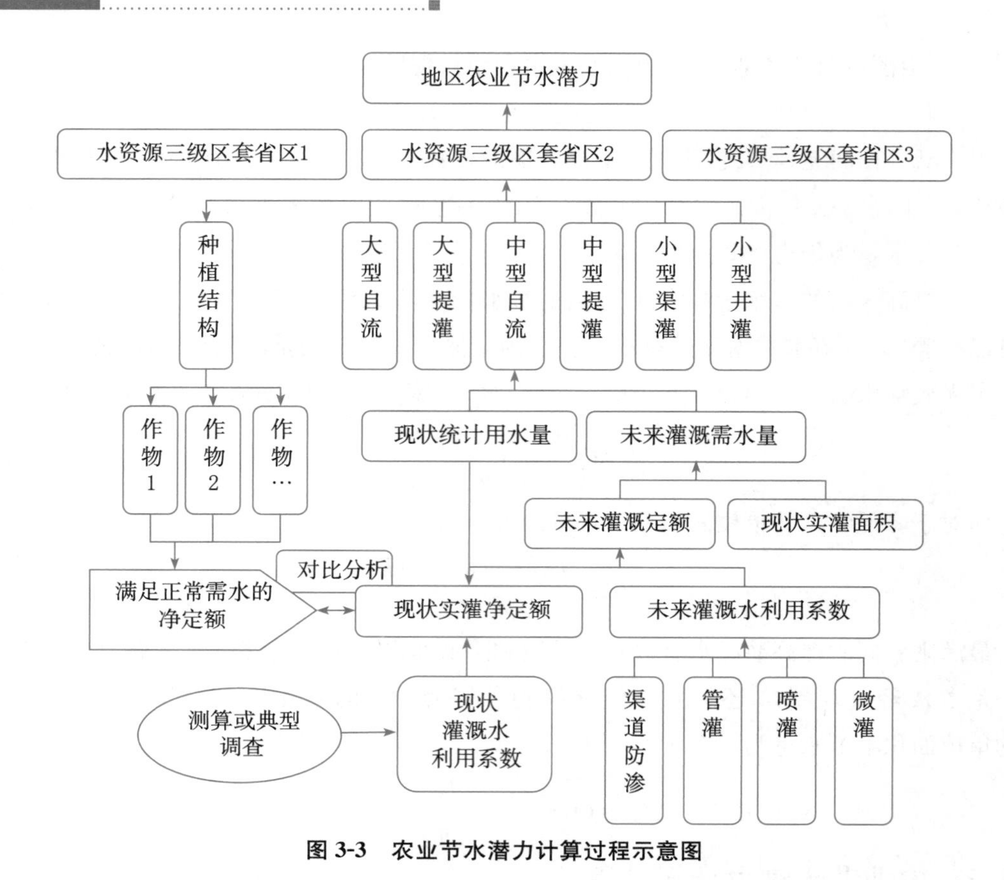

图 3-3　农业节水潜力计算过程示意图

3.1.4　生态节水的理念及内涵

黄河上中游地区气候干旱，降水稀少，生态环境脆弱，是典型的灌溉农业，有水则绿洲，无水则荒漠。水不仅是经济社会赖以发展的基本要素，更是决定生态环境格局的最根本条件。农业灌溉在保证农业高产稳产的同时，更是维系了局地生态环境的稳定。特别是对一些大型灌区，其生态系统极其复杂，引水灌溉不仅要保证农作物生长需要，还要满足周边生态绿洲的用水需要。因此，黄河上中游地区节水，必须以维持区域生态环境系统稳定为前提，强化生态节水的理念，科学界定生态安全条件下的节水措施，不能无节制地盲目追求高效节水。

(1)上中游地区干旱的自然条件，要求较大的灌溉水量

黄河流域属大陆性气候，大部分为干旱、半干旱地区，多年平均降水量 446mm，降水量地区分布总的趋势是由东南向西北递减。降水最多的是秦岭北坡，多年平均降水量为 800mm 左右，局部地区可达 900mm 以上；降水量最少的为西北部的干旱地区，如宁蒙河套地区年降水量只有 200～300mm，内蒙古巴彦淖尔一带，年降水量不足 150mm。黄河流域水面蒸发量与降水量相反，由东南向西北递增，年平均蒸发量南部为 700～900mm，北部宁

夏、内蒙古地区为1600～1800mm。流域内大部分地区旱灾频繁，曾经多次发生遍及数省、连续多年的严重旱灾，危害极大。

由于自然气候条件差异大，黄河流域不同河段、不同地区对水资源的依赖程度不同。400mm降水等值线位于玛多经同德至同仁、兰州、定西、靖边、榆林、托克托一线，此线以北地区气候干旱，降水稀少，生态环境极为脆弱，农业生产对灌溉的依赖程度很高，属于"有水则绿洲、无水则荒漠"的地区，无灌溉即无农业，引用黄河水是保证农业生产的基本条件。

(2)灌区周边绿洲要求通过农业灌溉补充生态水量

黄河上中游灌区周边生态系统具有防风固沙、美化环境和改善当地群众生活质量的重要功能，在当地经济社会发展中占有重要位置，节水的同时需要合理考虑灌区周边生态系统的用水需求。

上中游地区干旱的自然条件决定了灌区与周边天然植被有十分紧密的联系，灌区越大其生态系统越复杂，引水灌溉不仅要保证农作物生长需要，还要满足周边生态绿洲的用水需要。据中科院植物所等单位完成的调查研究成果，绿洲范围内植被生长初期地下水埋深不能低于1.5m，植被生长旺期和末期地下水位不能低于2.0～2.5m。在降水量不足200mm的宁蒙灌区，要维持1.5～2.5m的地下水位，必须保持较大的灌溉水量，保证对地下水的补给，避免区内地下水位大幅下降而威胁植被生态安全。

(3)节水措施安排必须以维持生态环境安全为前提

党的十八大报告明确提出了生态文明建设的要求，首次明确将生态文明建设与经济建设、政治建设、文化建设、社会建设"五位一体"作为现代化建设、落实科学发展观的基本要求。生态文明建设的核心是建设资源节约型和环境友好型社会，资源节约是保护生态环境的根本之策。

节水灌溉是生态文明建设的重要基础，是建设资源节约、环境友好型社会的组成部分，积极推进节水灌溉是未来一定时期的主要任务。但黄河上中游地区是我国水资源最短缺的地区，生态环境相对脆弱，是国家生态环境保护的主战场。在推广节水灌溉工作中，要以十八大精神为指导，将资源节约、环境友好，生态文明建设的新思想、新观点、新论断，始终贯穿到整个工作过程中。在发展中充分体现内涵发展、资源节约、生态保护新理念，正确处理好节水增效、农民致富、生态保护的关系，为全面促进资源节约、加大自然生态系统和环境保护力度，促进生态文明奠定基础。

3.2 黄河上中游灌区节水实践

3.2.1 常规节水措施

长期以来，黄河流域一直把发展节水灌溉作为缓解水资源矛盾，提高农业综合生产能力的战略举措。流域各省区相继实施了以大中型灌区续建配套与节水改造、末级渠系节水改造、流域(区域)综合治理、小型农田水利重点县、农牧区节水灌溉示范项目等节水灌溉项目。

(1)常规节水措施实施情况

黄河流域常规节水措施主要是渠道防渗,统计的渠道防渗面积不包括渠道采用防渗技术而田间同时采用高效节水措施的面积。黄河上中游地区现状有效灌溉面积7332.0万亩,其中渠道防渗面积2150.2万亩,占有效灌溉面积的比重为29.3%。甘肃、青海渠道防渗占有效灌溉面积比例较高,分别为43.3%、41.8%,山西渠道防渗占有效灌溉面积比例较低,为9.9%。详见表3-1。

表3-1　黄河上中游地区现状渠道防渗面积情况　单位:万亩

省区	有效灌溉面积	渠道防渗								渠道防渗占有效灌溉面积比例(%)
		大型灌区			中型灌区			小型灌区	合计	
		自流	提灌	小计	自流	提灌	小计			
青海	209.7	0.0	0.0	0.0	38.6	1.5	40.1	47.6	87.7	41.8
四川	0.7	0.0	0.0	0.0	0.0	0.0	0.0	0.0	0.0	0.0
甘肃	847.9	52.7	100.4	153.1	81.3	45.0	126.3	87.6	367.0	43.3
宁夏	861.9	123.8	35.5	159.3	4.3	12.8	17.1	7.6	184.0	21.3
内蒙古	2167.0	506.0	94.7	600.7	25.3	22.5	47.8	180.3	828.8	38.2
陕西	1942.9	172.4	133.2	305.6	76.9	67.8	144.7	103.2	553.5	28.5
山西	1301.9	15.3	14.9	30.2	27.2	19.8	47.0	52.0	129.2	9.9
合计	7332.0	870.2	378.7	1248.9	253.6	169.4	423.0	478.3	2150.2	29.3

按灌区类型分,大型自流灌区渠道防渗面积最大,为870.1万亩,占渠道防渗总面积的比例高达40%,主要分布在内蒙古;其他类型灌区按照渠道防渗面积由大到小分别为小型灌区(占22%)、大型提灌区(占18%)、中型自流灌区(占12%)、中型提灌区(占8%)。

按省区分,内蒙古渠道防渗面积最大,为828.8万亩,主要分布在大型自流灌区;陕西渠道防渗面积较大,为553.5万亩,主要分布在大型自流灌区、大型提灌区及小型灌区;其他省区按照渠道防渗面积由大到小分别为甘肃(367.0万亩)、宁夏(184.0万亩)、山西(129.2万亩)、青海(87.7万亩)。详见图3-4。

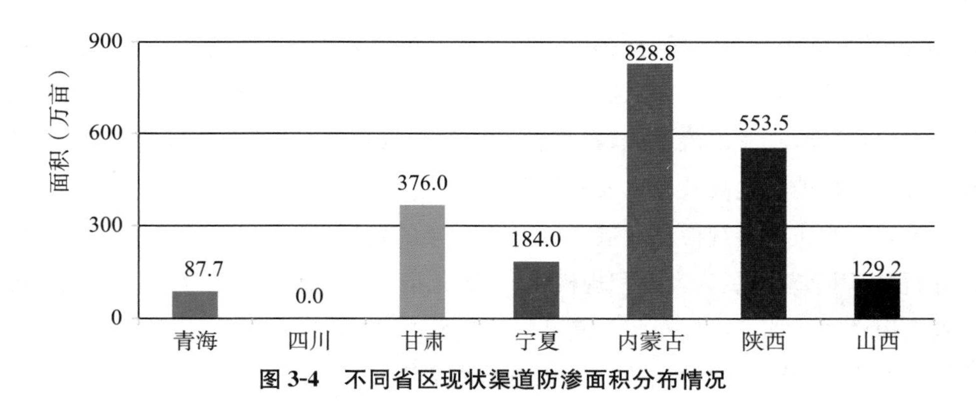

图 3-4　不同省区现状渠道防渗面积分布情况

（2）常规节水措施适应性

渠道防渗，通常指的是采取技术措施，防止渠道的渗水损失和漏水损失。渠道防渗根据防渗特点可分为：在渠床上加做防渗层（衬砌护面）；改变渠床土壤的渗漏性能；选择新型防渗渠槽结构形式。渠道防渗按照防渗材料可分为：土料防渗、砌石防渗、砖砌防渗、混凝土衬砌防渗、沥青材料防渗、塑料薄膜防渗等。

渠道防渗工程措施有以下作用：减少渠道渗漏损失，节省灌溉用水量，更有效地利用水资源；提高渠床的抗冲能力，防止渠坡坍塌，增加渠床的稳定性；减小渠床糙率系数，加大渠道流速，提高渠道输水能力；减少渠道渗漏对地下水的补给，有利于控制地下水位和防治土壤盐碱化；防止渠道长草，减少泥沙淤积，节省工程维修费用；降低灌溉成本，提高灌溉效益等。

各省区不同地区的气候、土质、材料、劳力、水源等条件不尽相同，适合的防渗措施往往不同，或是同样的措施，具体构造也不同，目前各地区多以当地材料和行之有效的方法为主。同时，新技术、新材料不断在渠道防渗工程中得以应用，既保证了工程质量，节省了工程投资，又有效延长了工程使用寿命，充分发挥了工程效益。如甘肃省在渠道防渗抗冻胀设计、施工中大胆采用土工织物和聚苯乙烯保温板，采用环氧厚浆涂护渡槽槽身，采用新型液控缓闭蝶阀控制泵站管道系统等，取得了较好成效。

节水需要对灌溉系统中的引水、输水、配水、灌水、用水等各个环节采取相应的节水措施，最大限度地提高水的利用率，各灌区应在渠道防渗的基础上，还应大力推广小畦灌溉、管灌、喷灌、微灌等措施。

3.2.2　高效节水措施

（1）国内外高效节水实践

1）国内高效节水实践

国内管灌技术从 20 世纪 80 年代开始，在北方平原井灌区得到迅速推广，该技术具有水利用系数高、投资和运行费用较低等特点，深受农民欢迎。国内喷灌技术自 20 世纪 70 年代起，目前无论是喷灌机具，还是管材、喷头、管件和水泵的生产能力都有了很大提高。国内微灌技术开始于1974年，早起主要从国外引进了滴灌技术，现在已由最初单一的滴灌发展成为包括滴灌、微喷灌、小管出流、渗灌等多种形式的灌水技术，设备种类日渐丰富，在性能上也有较大提高。目前国内高效节水发展具有两个特点：

一是高效节水正朝着规模化发展。经过几十年的发展，国内高效节水灌溉技术由过去分散、小面积应用示范发展为大面积规模化、区域化推广。微灌技术已从设施农业的推广应用发展到大田作物。如新疆棉花膜下滴灌的快速发展；内蒙古马铃薯滴灌技术；东北四省玉米膜下滴灌技术；内蒙古、黑龙江牧区大型喷灌机喷灌技术等，大规模发展节水灌溉技术已成趋势。

二是高效节水技术开始在粮食作物上运用。20世纪末高效节水灌溉技术在高附加值的经济作物上得到很好的应用；随着滴灌技术的不断发展，质高价低的灌溉产品不断地涌现，滴灌技术已开始在大田粮食作物上大面积使用。西北地区将滴灌技术应用于大田粮食作物；内蒙古赤峰市推广玉米膜下滴灌；河北开展滴灌技术用于小麦的灌溉试验。

2)国外高效节水实践

国外喷灌技术从20世纪60年代后期开始在美国西部广泛推广，到90年代美国喷灌面积占全国灌溉面积的比重高达40%以上。同时，法国、意大利、罗马尼亚等欧洲国家的喷灌面积也得到快速发展，其中罗马尼亚喷灌面积占灌溉面积的比重高达80%。

20世纪50年代随着塑料工艺的发展和进步，以塑料为主要原材料的微灌技术得以快速发展。从60年代初开始，滴灌技术在美国加州和以色列得到广泛应用。目前，滴灌已经占以色列灌溉面积的80%以上。

以色列干旱缺水，通过大量采用滴灌等高效节水技术，用极其有限的水资源量创造出惊人的农业产值，形成了举世闻名的以色列节水模式。以色列十分重视农业生产，农业已经实现产业化，在城市、定居点周边建起了坚固的防护林体系和优质高产的粮食、水果、花卉生产基地，取得了令全世界瞩目的成就。

从20世纪50年代中期，以色列就开始进行最优灌溉方式的研究，比较不同灌溉间歇、深度、时间等对不同作物产量的影响，找出最佳灌溉方式，用最少量的水获得最高的产量。根据国际市场需求和本国自然条件，以色列20世纪70年代开始改变农业生产结构，建立以产值最高为目标的节水农业模式。大力压缩耗水量大、生育期较长的粮食作物种植面积，从以粮食生产为主，转向发展高质量花卉、畜牧业、蔬菜水果等出口创汇的农产品和技术，用高科技、现代管理不断提高农业效益，形成高投入、高科技、高产出、高效益的特色，建成了一整套符合国情的节水灌溉、农业科技和工厂化现代管理体系。

2000年以色列可耕土地640万亩，其中灌溉面积320万亩，占耕地面积的50%。由于水资源严重短缺，以色列大力发展高效节水灌溉技术。目前以色列滴灌面积的比重达到

80%，喷灌占5%，15%为移动喷灌系统。由于农业节水技术不断进步，灌溉用水从每公顷8000m^3下降到5000m^3，总体灌溉水分生产率从1kg/m^3增加到2.6kg/m^3，滴灌水利用系数达0.95。目前滴灌技术用上了自动阀和计算机控制技术。以色列化肥制造商也千方百计地开发出了可溶于水的产品，因此施肥可与滴灌同时作业，既提高了生产效率，也节约了成本，使滴灌技术趋于完善。

(2)黄河流域上中游地区高效节水措施实施情况

黄河流域各省区相继出台实施了《节水型社会建设“十二五”规划》《高效节水灌溉“十二五”规划》《现代农业发展规划》等，因地制宜推广管道输水灌溉(以下简称管灌)、喷灌、微灌等高效节水灌溉技术，改进田间灌水技术，优化作物灌溉制度。

黄河上中游地区高效节水灌溉面积1549.7万亩，占有效灌溉面积的比重(以下简称高效节水灌溉率)为21.1%。各省区高效节水灌溉面积发展规模不一致，面积发展较快的是山西(674.8万亩)和内蒙古(498.4万亩)；高效节水灌溉率提高较快的是山西(51.8%)。

大型灌区现状高效节水灌溉面积397.7万亩，其中自流灌区307.9万亩，提水灌区89.9万亩；中型灌区现状高效节水灌溉面积174.8万亩，其中自流灌区114.8万亩，提水灌区60.0万亩；小型灌区现状高效节水灌溉面积977.2万亩。

在高效节水措施中，管灌1118.4万亩，分省区分析，发展较快的是山西、内蒙古和陕西，分灌区类型分析，管灌主要分布在小型灌区、大型自流灌区；喷灌327.4万亩，分省区分析，发展较快的是山西和内蒙古，分灌区类型分析，管灌主要分布在小型灌区；微灌103.9万亩，分省区分析，发展较快的是宁夏和山西，分灌区类型分析，微灌主要分布在小型灌区和大型自流灌区。详见表3-2。

(3)典型农业节水示范区

1)宁夏多水源联合应用滴灌示范区

示范区位于宁夏石嘴山市惠农区，面积5万亩，该地区土地光热条件非常适合番茄的生长。示范区是中粮集团宁夏分公司通过土地流转方式取得的，地形开阔，宜于统一管理，结合酱用加工番茄的栽培特点，确定引进自动化程度较高的滴管系统。

示范区引黄水量受季节和年季的影响较大，每年春灌前(4月份)，灌区地下水埋深多在1.2～2.4m，此时土壤处于积盐期，采用渠灌。在5—6月份作物灌溉期间，根据灌区实际灌溉情况，有渠水的情况可利用黄河水和地下水结合滴灌，没有渠水的地方利用地下水滴灌。7—9月份由于灌区为降雨季节，灌溉时首先应考虑地下水滴灌，尽量减少利用黄河水。一方面此时黄河含沙量大，泥沙沉淀净化难度大；另一方面防止引黄灌溉与降雨的重叠，可防止局部地区产生涝渍危害。冬灌应采用渠灌为主，井灌辅之。

表 3-2 黄河上中游地区现状高效节水灌溉面积情况

单位:万亩

省区	大型灌区								中型灌区								小型灌区				合计				高效节水灌溉率(%)
	自流				提灌				自流				提灌												
	管灌	喷灌	微灌	小计	管灌	喷灌	微灌	小计	管灌	喷灌	微灌	小计	管灌	喷灌	微灌	小计	管灌	喷灌	微灌	小计	管灌	喷灌	微灌	合计	
青海	0.0	0.0	0.0	0.0	0.0	0.0	0.0	0.0	0.0	0.0	0.0	0.0	0.0	0.0	0.0	0.0	0.0	2.9	0.0	2.9	0.0	2.9	0.0	2.9	1.4
四川	0.0	0.0	0.0	0.0	0.0	0.0	0.0	0.0	0.0	0.0	0.0	0.0	0.0	0.0	0.0	0.0	0.3	0.0	0.0	0.3	0.3	0.0	0.0	0.3	54.9
甘肃	2.1	1.3	0.2	3.6	1.6	1.8	2.4	5.8	7.3	6.2	3.6	17.1	4.6	1.8	1.2	7.6	20.7	24.7	7.1	52.5	36.3	35.8	14.5	86.6	10.2
宁夏	4.7	7.9	28.8	41.4	1.1	2.2	2.3	5.6	0.0	0.0	0.0	0.0	5.9	0.0	0.0	5.9	3.7	0.6	5.1	9.4	15.4	10.7	36.2	62.3	7.2
内蒙古	84.2	4.7	3.2	92.1	1.0	4.6	0.0	5.6	10.0	0.1	0.0	10.1	12.5	0.1	0.0	12.6	251.5	117.9	8.6	378.0	359.2	127.4	11.8	498.4	23.0
陕西	15.1	2.1	0.4	17.6	0.0	0.0	0.0	0.0	8.7	0.1	0.0	8.8	6.6	0.0	0.0	6.6	172.7	12.6	6.1	191.4	203.1	14.8	6.5	224.4	11.6
山西	135.5	15.0	2.7	153.2	71.8	1.1	0.1	73.0	67.6	10.5	0.7	78.8	26.2	1.1	0.0	27.3	202.9	108.3	31.3	342.5	504.0	136.0	34.8	674.8	51.8
合计	241.6	30.9	35.4	307.9	75.4	9.7	4.7	89.8	93.6	16.8	4.4	114.8	55.8	3.0	1.2	60.0	652.0	267.0	58.2	977.2	1118.4	327.4	103.9	1549.7	21.1

形成并掌握了黄河水滴灌净化处理技术。黄河水泥沙分级处理、串联净化技术，即采用工程措施与过滤设备相结合的处理模式。净化设施采取沉砂池＋挡沙墙＋清水池形式，根据灌区渠道供水情况与作物滴灌灌水周期，沉砂池容积按作物两次灌水量核定，沉砂池长度按超饱和输沙方法与水流挟带悬浮物能力计算。过滤设备组合为沙石过滤器＋筛网过滤器或沙石过滤器＋叠片过滤器，沙石过滤器过滤介质为石英砂，不均匀系数为 1.39，滤网由不锈钢或尼龙网制成，滤网的孔径和目数应根据所选用的灌水器类型及水质而定。

2)陕西杨凌高新农业示范区

截止到 2013 年底，陕西杨凌高新农业示范区水利设施灌溉面积 9.3 万亩，形成了以机井灌溉和节水灌溉工程设施为主的农田灌溉体系，有效灌溉面积 8.68 万亩，高效节水灌溉面积 6.29 万亩(暗管输水灌溉 4.64 万亩，微灌 1.5 万亩，喷灌 0.15 万亩)。从亩均投资看，暗管输水最低，微喷灌最高；从亩年运行成本看，暗管输水最高，滴灌最低；从年灌溉水量看，暗管输水最高，喷灌最低。详见表 3-3。

表 3-3　　杨凌示范区不同高效节水类型投资和用水情况　　单位:万亩

高效节水类型	亩均投资(元)	亩年运行成本(元)	年灌溉次数(次/亩)	次灌溉水量(m^3/亩)	年灌溉水量(m^3/亩)
暗管输水	850	94	4	80	320
微喷灌	2600	71	15	16	240
滴灌	1850	65	20	11	220
喷灌	1650	71	7	30	210

3.2.3 非工程节水措施

非工程节水措施是保证节水工程措施实施和有效运行的基础。在搞好节水工程措施的同时，必须采取配套的非工程节水措施——农业措施和管理措施，充分发挥节水灌溉工程的节水增产效益。

节水农业措施：一是大力推行耕作保墒和农田覆盖保墒技术，通过深翻改土，增施有机肥料，秸秆积肥还田、种植绿肥等措施，改善土壤结构，增大活土层，提高土壤蓄水能力，减少土壤水分蒸发；二是积极引进培育优良作物品种，优先推广抗旱品种，使用化学保水剂、抗旱剂及旱地龙等生物工程措施，提高作物的抗旱能力；三是合理调整作物种植结构，大力推广旱作农业，采用立体复合种植技术，减少灌溉次数。以节水为目标的种植结构调整，可以节约部分水量。但以农户为单元的土地开发利用模式，导致了种植结构调整的不可控，同时，农户往往根据市场行情来确定种植结构，市场的多变性造成种植结构难以预测，也导致相应的节水措施实施困难。因此，通过种植结构调整而节约水量十分困难，本次研究暂未考虑该部分节水量。

节水管理措施：一是政府重视，加强宣传和引导，提高全民的节水意识；二是依据国家水法，结合实际，尽快制定和完善节水政策、法规；三是抓好用水管理，实行计划用水、限额供水、按方收费、超额加价等措施，大力推广经济、节水灌溉制度，建立农田墒情监测及灌溉用水预报系统，合理调度，优化配水；四是建立健全县、乡、村三级节水管理组织和节水技术推广服务体系，加强节水工程的维护管理，确保节水灌溉工程安全、高效运行，提高使用效率，延长使用寿命。

3.3 黄河上中游典型灌区节水状况及发展方向分析

3.3.1 典型灌区选择

黄河流域耕地资源丰富、土壤肥沃、光热资源充足，有利于小麦、玉米、棉花、花生和苹果等多种粮油和经济作物生长。上游宁蒙平原、中游的汾渭盆地以及下游的沿黄平原是我国粮食、棉花、油料的重要产区，在我国国民经济建设中具有十分重要的战略地位。黄河流域的气候条件与水资源状况，决定了农业发展在很大程度上依赖于灌溉，大中型灌区在农业生产中具有支柱作用。

受水土资源条件的制约，大片灌区主要分布在黄河上游宁蒙平原、中游汾渭河盆地和伊洛沁河、黄河下游的大汶河等干支流的川、台、盆地及平原地区，这些地区有效灌溉面积占流域灌溉面积的80%左右。其余较为集中的地区还有青海湟水地区、甘肃中部沿黄高扬程提水地区。10万亩以上的灌区，上游地区有23处，中游汾渭盆地及黄河两岸地区有39处，下游地区25处，有效灌溉面积分别为1964万亩、1653万亩和606万亩，上中游地区有效灌溉面积约占全部有效灌溉面积的86%。

在黄河上中游地区10万亩以上的灌区中选取7个有代表性的灌区作为典型，在调查典型灌区现状情况基础上，分析灌区引耗水量及用水水平，并分析灌区近年来主要节水措施、节水投入以及用水水平变化，指明节水发展方向。7个典型灌区分别为：青甘地区的景电一期灌区；宁蒙地区的青铜峡灌区、河套灌区；晋陕地区的汾河灌区、尊村灌区、宝鸡峡灌区和东雷一期抽黄灌区。其中，宁夏青铜峡灌区、内蒙古河套灌区、陕西宝鸡峡灌区和山西汾河灌区4个灌区为自流灌区，陕西东雷一期抽黄灌区、甘肃景电一期灌区和山西尊村灌区3个灌区为扬水灌区。

3.3.2 青甘地区

青海省平均海拔3000m以上，属典型的大陆性气候，主要气候特征是：日照时间长，全年平均气温−5.6～8.5℃，无霜期短。青海省黄河流域现状年末有效灌溉面积209.7万亩，为全流域最小。青海省以中小型灌区为主，无大型灌区。全省有中型灌区61处，有效灌溉面积约占青海省总有效灌溉面积的54.9%，其中58处为自流灌区，占中型灌区灌溉面积的

95.1%,3处为提灌灌区,占中型灌区灌溉面积的4.9%。主要种植粮食作物有春小麦、青稞、洋芋、豆类等,主要经济作物有瓜菜、油料等。

甘肃省属于典型的大陆性温带季风气候区域,多数地区冬季雨雪少,寒冷时间长;春季时间短,温差大;夏季气温高,历时相对较长;秋季降水较多,初霜来临早。全省平均气温0~16℃,多年平均降水量276.9mm,多年平均蒸发量1100~3000mm。甘肃省以大中型灌区为主,全省有大中型灌区138处,其中大型灌区5处,中型灌区133处,大中型灌区有效灌溉面积约占全省总有效灌溉面积的60.7%。大型灌区包括引大入秦、洮河2处自流灌区和景电、靖会、兴电等3处扬水灌区,其中2处自流灌区有效灌溉面积占大型灌区灌溉面积的30.8%。中型灌区中97处为自流灌区,占中型灌区灌溉面积的68.3%,提灌灌区36处,占中型灌区灌溉面积的31.7%。主要种植粮食作物有冬(春)小麦、春玉米、洋芋、豆类等,主要经济作物有瓜菜、油料、药材、花卉等。研究选取大型扬水灌区景电一期灌区作为典型灌区。

3.3.2.1 景电一期灌区

景电一期工程位于甘肃省白银市景泰县中部,是甘肃省最早建成的高扬程多级电力提水灌溉工程。灌区包括草窝、兴泉、寺儿3个滩地,土地集中连片、地势平坦,有利于小麦、玉米、糜谷、瓜菜等农作物生长。灌区总土地面积55.0万亩,宜农地面积37.6万亩,有效灌溉面积30.4万亩。

灌区内地表水和地下水匮乏,沟道平时干涸无水,每年夏、秋两季如降暴雨,可形成沟道洪水产生地表径流,但历时较短。地下水的补给来源主要为大气降水,由于气候干旱降雨稀少,地下水补给条件差,水量较少,埋藏较深。因此,灌区内灌溉水源主要为黄河提水,年分配指标为1.48亿m^3。

(1)节水工程现状

景电一期提灌工程是一个高扬程多级电力提水灌溉工程,工程设计流量10.56m^3/s,总扬程472m;修建泵站13座,安装机组103台(套),总装机容量6.78万kW;安装压力管道19.5km,修建支渠以上渠道208.7km;工程设计年提水量1.48亿m^3,灌溉面积30.2万亩。

景电一期工程于1971年10月通水,1974年5月主体工程建成。从1998年开始,灌区进行了续建配套与节水改造,骨干工程设施老化破损的发展趋势得到了遏制,工程设施的完好率和灌区效益逐年提高,灌区渠系水利用系数逐年提高。但由于灌区工程设施分布范围广,已实施完成的灌区配套改造骨干工程约占总体规划建设内容的65%。

截止到2011年,甘肃省景电一期灌区续建配套与节水改造项目已完成总干渠改造7.3km、北干渠改造11.9km、西干渠改造13.3km,渠道建筑物渡槽槽身更换1.9km。规划骨干及田间工程改造总投资2.68亿元,实际投资2.47亿元。现状年景电一期抽黄灌区有效灌溉面积30.2万亩,节水灌溉面积26.4万亩,其中渠道防渗面积24.3万亩,管道输水0.4万亩,喷灌1.0万亩,微灌0.7万亩。节水灌溉面积占有效灌溉面积比重仅为87.4%。见表3-4。

表 3-4 景电一期抽黄灌区节水灌溉工程现状

有效灌溉面积（万亩）	节水灌溉（万亩）					节水灌溉面积占灌溉面积比例(%)
	渠道防渗	管道输水	喷灌	微灌	小计	
30.2	24.3	0.4	1.0	0.7	26.4	87.4

(2)灌区发展历程

1)灌溉面积发展

景电一期灌区现状有效灌溉面积 30.2 万亩，实灌面积 30.2 万亩，其中农田灌溉面积 26.4 万亩，林果地灌溉面积 3.8 万亩。从灌溉面积变化过程来看，1991—2002 年景电一期有效灌溉面积和实灌面积相对稳定，2002—2003 年减小，2003 年以后逐渐增加至 30 万亩左右。见表 3-5 及附图 2。

表 3-5 景电一期灌区发展情况

年份	灌溉面积(万亩)		灌溉水量(亿 m^3)		灌溉定额(m^3/亩)	灌溉水利用系数
	有效	实灌	用水	耗水		
1991	30.06	30.06	1.7	1.7	573	
1992	30.06	30.06	1.5	1.5	510	
1993	30.06	30.06	1.4	1.4	459	
1994	30.06	30.06	1.3	1.3	449	
1995	30.06	30.06	1.4	1.4	479	
1996	30.59	30.59	1.4	1.4	465	
1997	30.67	30.67	1.5	1.5	478	0.498
1998	30.24	30.24	1.4	1.4	469	0.513
1999	30.61	30.61	1.4	1.4	441	0.560
2000	29.92	29.92	1.3	1.3	442	0.562
2001	29.91	29.91	1.3	1.3	425	0.580
2002	28.94	28.94	1.2	1.2	397	0.580
2003	25.22	25.22	1.1	1.1	436	0.579
2004	26.01	26.01	1.3	1.3	481	0.579
2005	27.30	27.30	1.3	1.3	491	0.583
2006	27.85	27.85	1.4	1.4	503	0.587
2007	28.57	28.57	1.4	1.4	475	0.592
2008	28.11	28.11	1.4	1.4	515	0.595

续表

年份	灌溉面积(万亩)		灌溉水量(亿 m^3)		灌溉定额(m^3/亩)	灌溉水利用系数
	有效	实灌	用水	耗水		
2009	29.43	29.43	1.5	1.5	514	0.599
2010	29.11	29.11	1.6	1.6	539	0.596
2011	29.75	29.75	1.5	1.5	494	0.594
2012	30.20	30.20	1.6	1.6	513	0.604

2)种植结构变化

据调查统计,景电一期灌区2012年粮食作物种植比例为88.0%,其中小麦48.1%、大麦33.3%、玉米22.3%;经济作物种植比例为22.0%,其中胡麻8.3%、油葵4.5%,枸杞4.5%。复种指数为110%。

从景电一期灌区种植结构变化来看,复种指数由100%提高到110%,粮食作物、经济作物种植比例均有所增大。粮食作物种植比例由1998年的84.6%增大到2012年的88.0%,经济作物种植比例由1998年的15.4%增加到2012年的22.0%。粮食作物中主要是玉米种植比例增大,由1998年的22.0%增大到2012年的33.3%;经济作物中胡麻、油葵、枸杞种植比例增大。景电一期灌区种植结构变化见表3-6。

表3-6　景电一期灌区种植结构变化

年份	粮食作物(%)					经济作物(%)							合计
	小麦	玉米	洋芋	其他粮食作物	小计	胡麻	油葵	蔬菜	药材	枸杞	其他经济作物	小计	
1998	54.9	22.0	2.2	5.5	84.6	4.4	0.0	2.2	0.0	0.0	8.8	15.4	100
2012	48.1	33.3	3.7	2.9	88.0	8.3	4.5	3.4	1.3	4.5	0.0	22.0	110

3)粮食产量变化

随着农业种植技术提高和灌溉条件改善,景电一期灌区粮食总产量和粮食单产均呈增加趋势。粮食总产量由1998年的0.80亿kg增加到2010年的0.89亿kg,粮食亩产由1998年的425kg/亩增加到2010年的431kg/亩。

(3)用耗水及用水水平

1)用耗水

根据景电一期灌区调查数据,灌区多年平均用水量为1.40亿m^3。从其变化趋势来看,1991—2003年用水量有所减小,2003年以后用水量又逐渐增大。见图3-5。

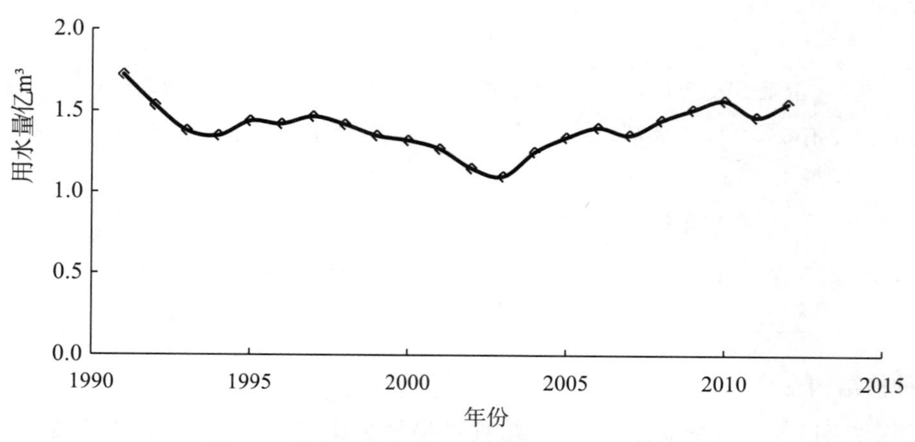

图 3-5　景电一期抽黄灌区 1991—2012 年用水量

2)灌溉水利用系数

根据调查，现状年甘肃景电一期灌区灌溉水利用系数为 0.604，与甘肃省大型灌区平均水平(0.5193)、中型灌区平均水平(0.5268)、小型灌区平均水平(0.5316)和全省灌区平均水平(0.5310)、全国平均水平(0.516)相比偏高，与甘肃省纯井灌区平均水平(0.6788)相比偏低。

根据 1997—2012 年灌溉用水有效利用系数调查数据分析，景电一期灌区灌溉水利用系数为 0.49～0.61，呈逐渐增大趋势，由 1997 年的 0.498 增大到 2012 年的 0.604。景电一期灌区 1997—2012 年灌溉水利用系数见图 3-6。

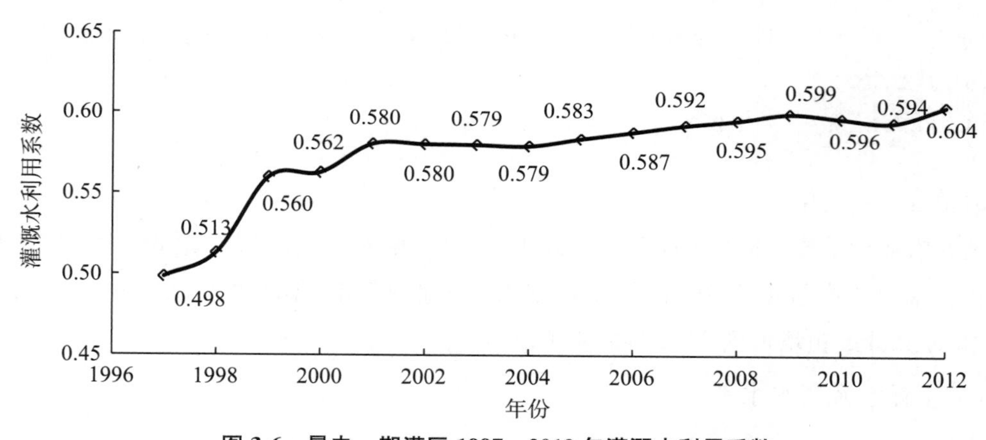

图 3-6　景电一期灌区 1997—2012 年灌溉水利用系数

3)灌溉定额

①实灌定额

据调查分析，现状年景电一期灌区实灌面积 30.2 万亩，灌溉用水量 1.55 亿 m^3，实灌定额 513m^3/亩。与西北诸河区实灌定额(619m^3/亩)相比，景电一期灌区实灌定额偏低，与黄河流域实灌定额(385m³/亩)和全国平均实灌定额(404m³/亩)相比,景电一期灌区实灌定额偏高。

1991—2012年景电一期灌区平均灌溉定额为479m³/亩。从变化趋势来看,1991—2003年景电一期灌区实灌定额呈减小趋势,实灌定额由1991年的573m³/亩减小到2003年的436m³/亩,2003年以后又波动增大,到2012年增大到513m³/亩。见表3-5和图3-7。

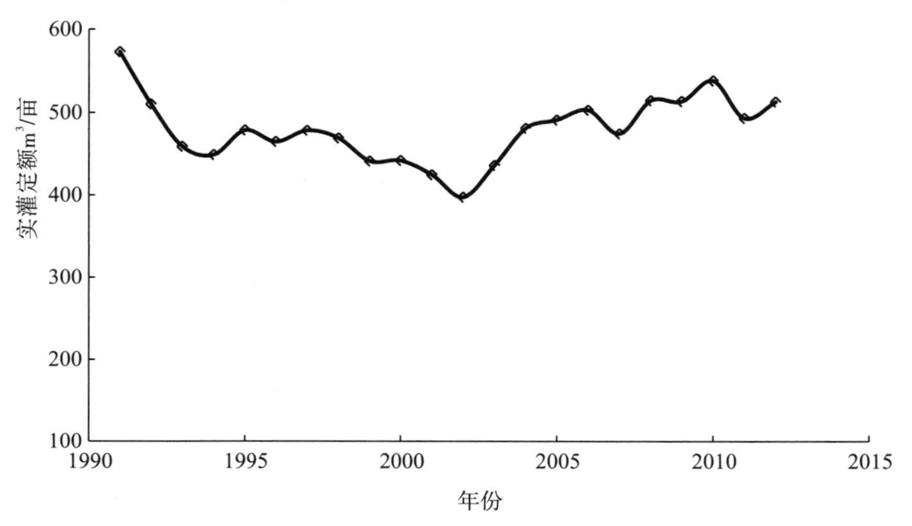

图3-7 景电一期灌区1991—2012年实灌定额

②设计灌溉定额

根据景电一期抽黄灌区2012年种植结构以及设计灌溉制度,计算景电一期抽黄灌区设计灌溉定额,见表3-7。景电一期抽黄灌区农田设计净灌溉定额为312m³/亩,农田设计毛灌溉定额为518m³/亩;林牧设计净灌溉定额为290m³/亩,林牧设计毛灌溉定额为480m³/亩;采用面积加权平均,景电一期抽黄灌区综合设计净灌溉定额为310m³/亩,综合设计毛灌溉定额为513m³/亩。

表3-7 景电一期灌区设计灌溉制度及农田灌溉定额

作物名称	种植比例(%)	灌溉次数	灌水定额(m³/亩)	灌水时间		灌水延续时间(d)	灌溉定额(m³/亩)
				始	终		
小麦	48.1	1	50	4月21日	5月8日	18	285
		2	50	5月9日	5月26日	18	
		3	50	5月27日	6月13日	18	
		4	45	6月14日	7月1日	18	
		冬灌	90	10月10日	11月10日	32	

续表

作物名称	种植比例（%）	灌溉次数	灌水定额（m³/亩）	灌水时间		灌水延续时间（d）	灌溉定额（m³/亩）
				始	终		
玉米	33.3	1	45	6月14日	7月1日	18	270
		2	45	7月2日	7月19日	18	
		3	45	7月20日	8月6日	18	
		4	45	8月7日	8月24日	18	
		春灌	90	3月20日	4月20日	32	
洋芋及其他	6.6	1	50	4月21日	5月8日	18	240
		2	50	5月9日	5月26日	18	
		3	50	5月27日	6月13日	18	
		春灌	90	3月20日	4月20日	32	
胡麻	8.3	1	50	5月9日	5月26日	18	290
		2	50	5月27日	6月13日	18	
		3	50	6月14日	7月1日	18	
		4	50	7月2日	7月19日	18	
		冬灌	90	10月10日	11月10日	32	
油葵	4.6	1	70	5月27日	6月13日	18	230
		2	70	7月20日	8月6日	18	
		春灌	90	3月20日	4月20日	32	
药材	1.4	春灌	90	3月20日	4月20日	32	240
		2	50	7月2日	7月19日	18	
		3	50	7月20日	8月6日	18	
		4	50	8月7日	8月24日	18	
蔬菜	3.4	春灌	90	3月20日	4月20日	32	405
		1	45	4月21日	5月8日	18	
		2	45	5月9日	5月26日	18	
		3	45	5月27日	6月13日	18	
		4	45	6月14日	7月1日	18	
		5	45	7月2日	7月19日	18	
		6	45	7月20日	8月6日	18	
		7	45	8月7日	8月24日	18	

续表

作物名称	种植比例(%)	灌溉次数	灌水定额(m^3/亩)	灌水时间		灌水延续时间(d)	灌溉定额(m^3/亩)
				始	终		
枸杞	4.6	1	50	4月21日	5月8日	18	390
		2	50	5月9日	5月26日	18	
		3	50	5月27日	6月13日	18	
		4	50	6月14日	7月1日	18	
		5	50	7月2日	7月19日	18	
		6	50	7月20日	8月6日	18	
		冬灌	90	10月10日	11月10日	32	
合计	110	农田灌溉净定额312m^3/亩,农田灌溉毛定额:518m^3/亩					

③灌溉定额分析

景电一期灌区现状实灌定额为513m^3/亩,和设计综合灌溉定额(513m^3/亩,$P=50\%$)相同。1991—2012年平均实灌定额为479m^3/亩,和设计综合灌溉定额相比明显偏低。

3.3.2.2 节水发展方向

现状年景电一期抽黄灌区节水灌溉面积占有效灌溉面积比重仅为87.4%。景电一期灌区灌溉水利用系数为0.604,与甘肃省大型灌区平均水平(0.5193)、中型灌区平均水平(0.5268)、小型灌区平均水平(0.5316)和全省灌区平均水平(0.5310)相比偏高,灌溉水利用率较高;实灌定额513m^3/亩,与西北诸河区实灌定额(619m^3/亩)相比,景电一期灌区实灌定额偏低。从节水工程和灌溉定额分析,景电一期灌区未来节水潜力极为有限。

3.3.3 宁蒙地区

宁蒙地区农业生产具有悠久的历史,是我国农业经济开发最早的地区,地区内的小麦、玉米、油料等主要农产品在全国占有重要地位,是干旱地区建设“绿洲农业”的成功典型。宁蒙地区地处中纬度内陆,属是典型的大陆性气候,降水稀少,蒸发强烈,干燥度大。四季特征为:春暖快,夏热短,秋凉早,冬寒长。多年平均降水量100~300mm,降水时间主要集中在6—9月,此期间降水量约占全年降水量的60%~80%;多年平均蒸发量1200~2200mm,其中5—6月份蒸发量最大。全年蒸发量普遍大于降水量,蒸发量一般为降水量的10~30倍。因此,农业发展必须依赖于灌溉。宁蒙地区干旱的自然条件决定了灌区与周边天然植被有十分紧密的联系,灌区越大其生态系统越复杂,引水灌溉不仅要保证农作物生长需要,还要满足周边生态绿洲的用水需要。宁蒙地区当地水资源严重短缺,农业发展主要依赖于过境黄河水。宁蒙地区盐碱化严重,长期以来一直维持着一种特殊的灌水制度——秋浇,起着秋后淋盐、春季保墒的作用。

宁蒙地区灌区以大中型为主。宁夏大中型灌区33处，其中大型灌区5处，中型灌区28处，大中型灌区有效灌溉面积约占宁夏地区总有效灌溉面积的95.5%。大型灌区包括青铜峡、沙坡头和七星渠等3处自流灌区和固海灌区、红寺堡灌区2处扬水灌区，其中3处自流灌区有效灌溉面积约占大型灌区灌溉面积的81.1%；中型灌区中13处为自流灌区，有效灌溉面积占中型灌区灌溉面积的22.6%；15处为扬水灌区，有效灌溉面积占中型灌区灌溉面积的77.4%。内蒙古大中型灌区68处，其中大型灌区7处，中型灌区61处，大中型灌区有效灌溉面积约占内蒙古地区总有效灌溉面积的65.3%。大型灌区包括河套灌区、鄂尔多斯市杭锦旗南岸灌区及大黑河灌区3处自流灌区和团结灌区、镫口灌区、麻地壕灌区及鄂尔多斯市达拉特旗南岸灌区4处扬水灌区，其中3处自流灌区有效灌溉面积约占大型灌区灌溉面积的80.5%；中型灌区中35处为自流灌区，有效灌溉面积占中型灌区灌溉面积的51.3%；26处为扬水灌区，有效灌溉面积占中型灌区灌溉面积的48.7%。选取宁夏青铜峡灌区和内蒙古河套灌区2处大型自流灌区作为宁蒙地区典型灌区。

3.3.3.1 青铜峡灌区

青铜峡灌区是全国古老的特大型灌区之一，已有2300多年的灌溉农业历史。由于黄河河道的自然分界，青铜峡灌区又划分为河西灌区和河东灌区。其中，河西灌区西起贺兰山东麓，东至黄河西岸，北至石嘴山市黄河铁桥，南至青铜峡枢纽。东西宽42km，南北长160km，从南到北涉及青铜峡市、永宁县、银川市、贺兰县、平罗县、石嘴山市（包括大武口区和惠农区）7个市县，有效灌溉面积377万亩。河东灌区西起青铜峡枢纽，东至鄂尔多斯台地西缘，北至银川黄河大桥，南至灵武市白土岗乡。东西宽33km，南北长66km，从南到北涉及青铜峡市、吴忠市利通区、灵武市3个市县，有效灌溉面积124万亩。青铜峡灌区情况见附图3。

青铜峡灌区由宁夏回族自治区水利厅直接管理，水利厅设有灌溉管理局，负责灌区灌排工程和灌溉用水的管理。灌溉管理局下设渠首、唐徕渠、西干渠、汉延渠、惠农渠、秦汉渠6个管理处，分别管理总干渠和各大干渠；处以下设有管理所和管理段，分别负责本辖区的工程维护、岁修和水费计收等工作；斗渠以下由受益地区群众组织的斗渠管理委员会管理。各干渠都由民主管理组织——灌区管理委员会实行监督和审查职权。

目前采用专管与群管相结合的管理模式，“专管”即以行政水管单位为主体的干渠水利工程和灌溉管理，“群管”即以受益乡村群众组织为主体的支、斗、农渠管理。水利部门设管理处或管理站（所），主要负责管理泵站、干渠、支干渠及其建筑物；支渠及以下工程由各市县（区）受益乡村组建农民用水者协会等群管组织进行管理。

青铜峡灌区历经多年的整修改造，灌排系统基本稳定，在农业生产中发挥着极为重要的作用，但灌区仍面临工程老化失修、渠道配套标准低、土壤盐渍化重、中低产面积大、水排水沟防护标准低、灌区缺乏调蓄设施等问题。根据有关资料，青铜峡灌区现状盐渍化面积165万亩，其中银北地区土壤盐渍化面积140万亩。

(1)节水工程现状

青铜峡灌区从青铜峡水利枢纽引黄河水灌溉,河西灌区现有河西总干渠,唐徕渠、惠农渠、西干渠、汉延渠、大清渠、泰民渠6条干渠及第二农场渠、昌滂渠、官四渠等6条支干渠;河东有现有河东总干渠及东干渠、汉渠、秦渠等3条支渠,以及马莲渠、农场渠等2条支干渠和盐环定扬水工程干渠。青铜峡灌区灌排系统分布示意图见附图3。

根据《2012年宁夏水利统计公报》,青铜峡灌区干渠、支干渠总长1012.3km,其中砌护长度310.5km,砌护率30.7%;流量1.0m³/s以上支斗渠总长2773.3km,其中砌护长度1717.6km,砌护率61.9%;各灌域干渠、支干渠砌护率均不到50%,西干渠砌护率最低,仅为2.9%;支斗渠砌护率为50%~80%。见表3-8。

表3-8 青铜峡灌区现状渠道衬砌情况

渠道名称	干渠/支干渠			流量1.0m³/s以上支斗渠		
	长度(km)	砌护长度(km)	砌护率(%)	长度(km)	砌护长度(km)	砌护率(%)
唐徕渠	230.7	78.5	34.0	783.9	449.9	57.4
西干渠	113.0	3.3	2.9	370.3	193.9	52.4
惠农渠	230.0	74.9	32.6	655.8	395.3	60.3
汉延渠	102.0	25.0	24.5	261.3	153.8	58.9
渠首	115.0	30.0	26.1	147.3	95.3	64.7
秦汉渠	221.6	98.8	44.6	554.7	429.4	77.4
青铜峡灌区	1012.3	310.5	30.7	2773.3	1717.6	61.9

注:数据来源于《2012年宁夏水利统计公报》。

《宁夏青铜峡灌区续建配套与节水改造规划》(2000年)主要建设内容:新增干渠、支干渠砌护794km,支、斗渠防渗砌护1970km;大畦全部改造为小畦,同时积极推广低压管灌、喷灌、滴灌等先进的田间节水灌溉技术;地下水位得以有效调控,春灌前1.8m以下,灌溉期1.2~1.5m,改造中低产田220万亩等。规划于1998年启动实施,截至2012年底,累计下达投资13亿元,共完成渠道防渗砌护2028.1km,其中砌护干渠310.5km,支斗渠1717.6km;除险加固渠道64km;改造各类建筑物6268座,其中改造骨干建筑物811座,支斗渠配套建筑物5457座;新建、改造各类泵站47座,更新机电设备244台;打井920眼;整治排水沟道154km;维修改造管理设施4.1万座,改造测量水设施1350座,建立水情遥测站127个,雨量站60个,通信基站11个及其他配套设施;并对灌区管理设施及调度通信系统进行改造和建设等。

青铜峡灌区续建配套与节水改造实施以来,灌区骨干工程安全输配水状况有了较大改观,渠道综合调控能力不断增强。现状年青铜峡灌区有效灌溉面积501万亩,节水灌溉面积

148.9万亩，其中，渠道防渗面积113.6万亩，管道输水面积3.9万亩，喷灌面积7.9万亩，微灌面积23.6万亩。见表3-9。

表3-9　　青铜峡灌区节水灌溉工程现状

有效灌溉面积（万亩）	节水灌溉（万亩）					节水灌溉面积占灌溉面积比例(%)
	渠道防渗	管道输水	喷灌	微灌	小计	
501	113.6	3.9	7.9	23.6	149.0	29.7

数据来自:《全国现代灌溉发展规划》。

(2)灌区发展历程

1)灌溉面积发展

现状年青铜峡灌区设计灌溉面积501万亩，有效灌溉面积501万亩，其中农田有效灌溉面积468万亩；现状实灌面积501万亩，其中农田实灌面积468万亩，占灌区实灌面积的93.4%，林果地实灌面积33万亩，占灌区实灌面积的6.6%。1991—2012年青铜峡灌区有效灌溉面积增加了10万亩，现状有效灌溉面积和实灌面积已达到设计灌溉面积。见表3-10。

表3-10　　青铜峡灌区发展情况

年份	灌溉面积(万亩)		灌溉水量(亿 m^3)					实灌定额(m^3/亩)	灌溉水利用系数
	有效	实灌	黄河水			地下水	合计		
			引水	排水	引水—排水				
1991	491	491	61.2	37.2	24	0	61.2	1247	
1993	492	492	65.6	35.8	29.8	0	65.6	1335	
1995	492	492	62.2	39.4	22.8	0	62.2	1265	
1996	492	492	63	38.3	24.7	0	63	1281	
1997	492	492	65.9	37	28.9	0	65.9	1339	
1998	492	492	66.4	41.1	25.3	0	66.4	1350	
1999	492	492	68.3	40.6	27.7	0	68.3	1388	
2000	493	493	60.9	34.5	26.4	0	60.9	1236	
2001	493	493	57.6	31.9	25.7	0	57.6	1170	
2002	493	493	56.1	35.1	21	0	56.1	1139	
2003	493	493	41.8	19.3	22.5	0	41.8	849	
2004	493	493	49.2	25	24.2	0	49.2	999	
2005	493	493	52.5	24.2	28.3	0	52.5	1067	
2006	493	493	51.1	26.3	24.8	0	51.1	1037	

续表

年份	灌溉面积(万亩)		灌溉水量(亿 m³)					实灌定额(m³/亩)	灌溉水利用系数
	有效	实灌	黄河水			地下水	合计		
			引水	排水	引水—排水				
2007	493	493	47.3	21.8	25.5	0	47.3	960	
2008	493	493	49.3	22.9	26.4	0	49.3	1001	0.379
2009	495	495	47.7	23	24.7	0	47.7	966	0.389
2010	500	500	46.5	23.5	23	0.1	46.6	932	0.401
2011	500	500	47.1	26.6	20.5	0.2	47.3	946	0.409
2012	501	501	43.7	26.7	17	0.2	43.9	877	0.419
多年平均	494	494	55.2	30.5	24.7	0	55.2	1119	

注:①实灌定额=灌溉水量合计/实灌面积,其中灌溉水量合计=引黄河水+地下水;
②本章其他典型灌区相应指标计算同青铜峡灌区。

2)种植结构变化

2012年青铜峡灌区农田灌溉面积为468万亩,其中粮食作物种植面积406万亩,占农田灌溉面积的86.8%,经济作物面积62万亩,占13.2%。粮食作物中玉米种植比例最大,占农田灌溉面积的41.7%,其次是水稻占26.7%,春小麦种植比例为18.2%。

从种植结构变化来看,粮食作物种植比例略有减小,经济作物种植比例增大。青铜峡灌区粮食作物种植比例由1998年的90.7%减小到2012年的86.8%,减小了3.9%;经济作物种植比例由1998年的9.3%增大到2012年的13.2%。受黄河分水指标限制,近年来灌区内高耗水作物种植面积进一步减少,其中,水稻种植面积减少25万亩,小麦减少111万亩,玉米增加112万亩。水稻种植比例由1998年的31.6%减小到2012年的26.7%,减小了4.9%;春小麦种植比例由1998年的41.3%减小到2012年的18.2%,减小了23.1%;玉米种植比例由1998年的17.5%增加到2012年的41.7%,增加了24.2%。见表3-11。

表3-11 青铜峡灌区农田种植结构变化

年份	项目	粮食作物					经济作物			合计
		水稻	春小麦	玉米	薯类及其他	小计	油菜	瓜菜及其他	小计	
1998	播种面积(万亩)	150.0	196.0	83.0	2.0	431.0	1.0	43.0	44.0	475.0
	占总播种面积比例(%)	31.6	41.3	17.5	0.4	90.8	0.2	9.1	9.3	100.0

续表

年份	项目	粮食作物					经济作物			合计
		水稻	春小麦	玉米	薯类及其他	小计	油菜	瓜菜及其他	小计	
2012	播种面积（万亩）	125.0	85.0	195.0	1.0	406.0	8.0	54.0	62.0	468.0
	占总播种面积比例(%)	26.7	18.2	41.7	0.2	86.8	1.8	11.4	13.2	100.0

3)粮食产量变化

随着农业技术及灌溉条件的提高，青铜峡灌区粮食总产量和粮食亩产均呈增加趋势。粮食总产量由20世纪90年代初的12.0亿kg增加到21世纪初的17.9亿kg，粮食亩产由280kg左右增加到近期的440kg。

(3)用耗水及用水水平

1)用耗水量

根据1991—2012年《宁夏自治区水资源公报》，青铜峡灌区多年平均灌溉引黄水量为55.2亿m^3，排水量30.5亿m^3，耗水量(为引水量—排水量)为24.7亿m^3。从变化趋势看，青铜峡灌区历年引水量、排水量呈减小趋势，尤其是2000年以后，减少趋势更为明显，耗水量略有减少。青铜峡灌区年引黄水量从1991—1999年平均64.7亿m^3下降到2010—2012年平均的45.8亿m^3，引黄水量减少18.9亿m^3，但排水量从38.5亿m^3下降到25.6亿m^3，减少12.9亿m^3，耗水量仅从26.2亿m^3下降到20.2亿m^3，仅减少6.0亿m^3，耗水减少量仅占引水减少量的31.7%。青铜峡灌区1991—2012年引耗排水量变化见表3-10和图3-8。

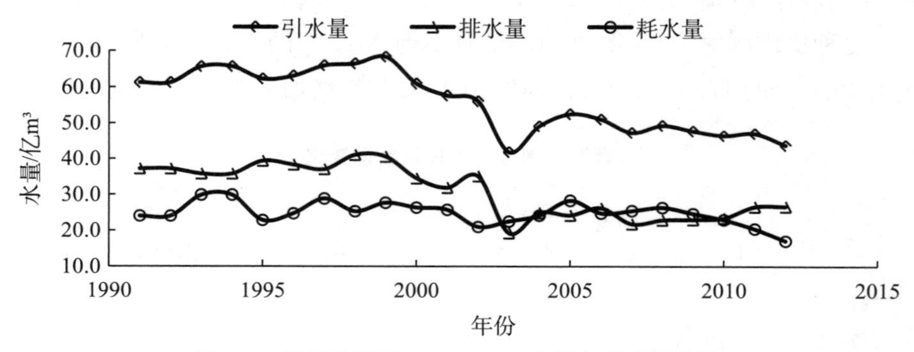

图3-8 青铜峡灌区1991—2012年引耗排水量变化

青铜峡灌区引水灌溉不仅可保证农作物生长需要，还可补充地下水以满足周边自然植被与湖泊湿地用水需要，灌区地下水埋深的年际年内变化与灌区灌溉引水过程关系密切。

随着引水量持续减少，多年平均地下水埋深逐年增加，根据2004年至2012年统计，多年平均年均地下水埋深由2004年的1.77m增加至2012年的2.01m，其中3月份由2.46m增加至2.65m，8月份由1.27m增加至1.40m。

2)灌溉水利用系数

根据《2012年宁夏灌溉用水有效利用系数测算分析报告》，样点灌区选取中涉及青铜峡灌区的样点包括：唐徕渠、汉延渠、西干渠、惠农渠、河东、盐环定扬水、扁担沟扬水等7个灌区，合计有效灌溉面积469.5万亩，占青铜峡灌区总有效灌溉面积的93.8%，2012年灌溉水量40.5亿m^3，占青铜峡灌区总用水量的92.5%。从样点控制面积与用水量分析，样点灌区用水水平基本可以代表青铜峡灌区整体水平。

采用水量加权平均计算出现状年青铜峡灌区灌溉水利用系数为0.419，其中，自流灌域灌溉水利用系数为0.415，低于宁夏回族自治区大型灌区平均水平(0.437)和全区灌区平均水平(0.450)。青铜峡灌区2012年灌溉水利用系数分析见表3-12。

表3-12　青铜峡灌区2012年灌溉水利用系数

样点灌区名称	类型	有效灌溉面积(万亩)	年灌溉用水量(亿m^3)	灌溉用水利用系数
唐徕渠灌区	大型自流	120.0	9.9	0.443
汉延渠灌区	大型自流	46.1	4.7	0.372
西干渠灌区	大型自流	61.3	5.6	0.394
惠农渠灌区	大型自流	110.9	8.9	0.440
河东灌区	大型自流	101.6	10.4	0.397
大型自流小计		439.9	39.5	0.415(采用水量加权平均)
盐环定扬水灌区	扬水	20.2	0.6	0.619
扁担沟扬水灌区	扬水	9.5	0.4	0.553
扬水小计		29.7	1.0	0.590(采用水量加权平均)
自流+扬水合计		469.5	40.5	0.419(采用水量加权平均)

根据2008—2012年《宁夏灌溉用水有效利用系数测算分析报告》分析，宁夏青铜峡灌区灌溉水利用系数为0.37～0.42，低于全国平均水平(0.516)。从变化趋势来看，随着灌区续建配套与节水改造实施，青铜峡灌区近年来灌溉水利用系数持续增大，但由于灌溉引水系统复杂，仅流量1m^3/s干支斗渠道达到3785.6km，渠系越长水量损失越大，灌溉水利用系数提高越困难，节水难度也越大。见图3-9。

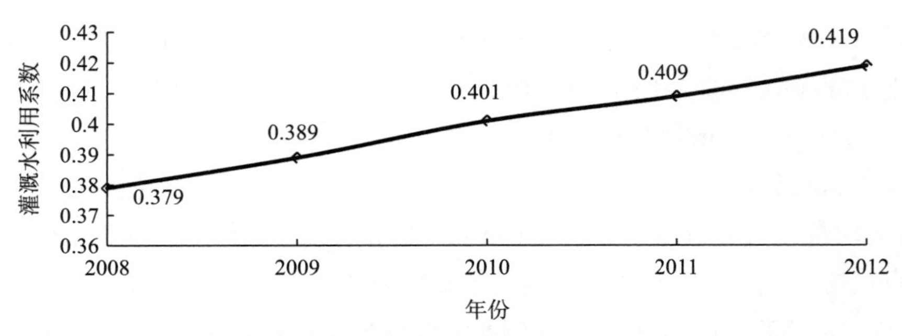

图 3-9　青铜峡灌区 2008—2012 年灌溉水利用系数

3)灌溉定额

①实灌定额

现状年青铜峡灌区实灌面积 501 万亩,灌溉用水量 43.9 亿 m^3,实灌毛定额 877m^3/亩。与现状年西北诸河区实灌定额(619m^3/亩)、黄河流域实灌定额(385m^3/亩)和全国平均实灌定额(404m^3/亩)比,青铜峡灌区实灌定额分别是其 1.4 倍、2.3 倍和 2.2 倍。

从变化趋势来看,青铜峡灌区实灌面积呈增加趋势,由 1991 年的 491 万亩增加到 2012 年的 501 万亩;随着节水力度加大,灌溉用水量呈明显减小趋势,由 1991 年的 61.2 亿 m^3 减小到 2012 年的 43.9 亿 m^3;实灌定额呈减小趋势,由 1991 年的 1247m^3/亩减小到 2012 年的 877m^3/亩,水资源利用效率不断提高。见图 3-10。

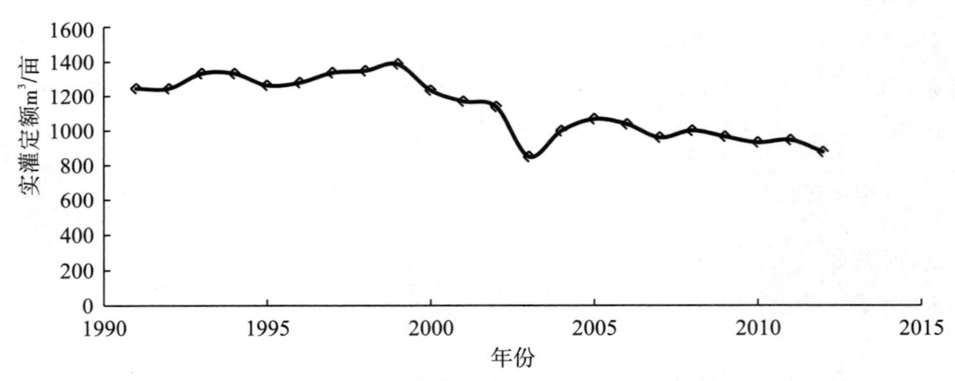

图 3-10　青铜峡灌区 1996—2012 年实灌定额

②设计灌溉定额

结合《宁夏青铜峡灌区续建配套与节水改造工程可行性研究报告(2011—2020 年)》设计的灌溉制度与《宁夏农业灌溉用水定额》(宁政办发[2014]182 号文),根据青铜峡灌区 2012 年种植结构,计算青铜峡灌区设计灌溉定额(含秋浇),见表 3-13。青铜峡灌区农田设计净灌溉定额为 413m^3/亩,农田设计毛灌溉定额为 986m^3/亩;林牧设计净灌溉定额为 200m^3/亩,林牧设计毛灌溉定额为 477m^3/亩;青铜峡灌区综合设计净灌溉定额为 399m^3/亩,综合设计毛灌溉定额为 953m^3/亩。

表 3-13　　青铜峡灌区设计灌溉制度及农田灌溉定额

作物名称	作物组成（%）	灌水次数	灌水定额（m³/亩次）	灌水时间		灌水天数（天）	灌溉定额（m³/亩）	备注
				起	止			
小麦	18	1	60	4月25日	5月10日	15	240	
		2	60	5月10日	5月25日	15		
		3	60	5月30日	6月15日	15		
		4	60	6月15日	6月30日	15		
玉米	42	1	70	5月15日	5月30日	15	210	灌溉定额来自《宁夏农业灌溉用水定额》（宁政办发[2014]182号文）
		2	70	6月25日	7月10日	15		
		3	70	8月5日	8月20日	15		
水稻	27	1	80	5月1日	5月10日	10	830	
		2	60	5月10日	5月20日	10		
		3	60	5月20日	5月30日	10		
		4	70	6月1日	6月10日	10		
		5	70	6月10日	6月20日	10		
		6	70	6月20日	6月30日	10		
		7	70	7月1日	7月10日	10		
		8	70	7月10日	7月20日	10		
		9	70	7月20日	7月30日	10		
		10	70	8月1日	8月10日	10		
		11	70	8月10日	8月20日	10		
		12	70	8月20日	8月30日	10		
蔬菜、瓜果、等其他作物	14	1	20	4月20日	4月27日	7	180（微灌）	
		2	20	4月28日	5月5日	7		
		3	20	5月6日	5月11日	7		
		4	20	5月12日	5月19日	7		
		5	20	5月20日	5月26日	7		
		6	20	5月27日	6月3日	7		
		7	20	6月4日	6月11日	7		
		8	20	6月12日	6月19日	7		
		9	20	6月20日	6月25日	5		
秋浇	60（小麦、玉米种植面积实施秋浇）						60	
合计		农田灌溉净定额413m³/亩，农田灌溉毛定额：986m³/亩						

③实灌定额与设计定额对比

青铜峡灌区现状实灌毛定额为 877m^3/亩，低于综合设计灌溉定额，主要与现状年降水量偏多有关。根据 2012 年宁夏回族自治区水资源公报，2012 年宁夏引黄灌区平均年降水量为 262mm，较多年平均偏多 32%。近五年（2008—2012 年）青铜峡灌区现状实灌毛定额为 944m^3/亩，与综合设计定额相当。

3.3.3.2 河套灌区

河套灌区是全国三大灌区之一，也是最大的一首制自流灌区，距今已有两千多年的发展历史。新中国成立之后，灌区开始进行大规模的改建、扩建和续建配套。1961 年在黄河上建成三盛公拦河闸和总干渠引水枢纽，改多首引水为一首引水，开挖了东西长 180km 总干渠以及干渠、分干渠、支渠、斗渠、农渠、毛渠七级输配水渠道，并配套了相应的渠系建筑物；之后又相继建成了长达 260km 总排干沟和干沟、分干沟、支沟、斗沟、农沟、毛沟七级排水系统。经过多年的建设，河套灌区灌溉面积由 1949 年 300 万亩发展到现状 900.3 万亩，成为国家和自治区重要的粮油生产基地，河套灌区分布情况见附图 4。

河套灌区工程的管理分为国管和群管两部分。国管单位是“内蒙古河套灌区管理总局”，下设 5 个灌域管理局和总干渠管理局、总排干沟管理局，管理局下设管理所站、管理段。河套灌区管理总局又行使巴彦淖尔市水务局职权，通过旗县（市）水务局对灌区支渠、支沟及田间工程的管理进行指导和监督管理。群管机构由各旗县市水务局组建，主要包括用水者协会、渠长负责制、实行联水承包、供水公司、专群结合、代管等 6 种形式，本旗县内的分干沟由管理所、段负责管理，支渠、支沟由乡水管站管理，田间工程由乡水管站组织督促受益农户管理。

土地盐碱化是内蒙古河套灌区主要自然灾害之一。1978 年土壤调查资料表明，耕地中土壤盐碱化面积达到 73.8%。1987 年土壤调查表明土壤盐碱化问题仍然十分严重。河套灌区盐土（指表层 0～20cm 含有大量可溶性盐类的土壤，一般含量大于 1%）面积为 646 万亩，约占灌区总土地面积 40%。盐土类型主要为草甸盐土，约占总盐土面积 98.5%。盐土面积与灌淤土插花分布，主要分布于杭锦后旗、临河区、五原公路以北、总排干两侧、总干渠下游、乌梁素海周围等一形较低洼、地下水埋深比较浅的地方。不同亚类草甸盐土，有其不同的分布地区。根据土壤调查资料，白盐土（硫酸盐氯化物盐土）主要分布在灌区上游，面积约 154.7 万亩；氯化物硫酸盐盐土，多分布于地形较高的荒地，面积 150 万亩；蓬松盐土（硫酸盐盐土）面积为 171.8 万亩，主要分布在上游的杭锦后旗、临河区和磴口县的地形较高、地下水埋深相对较深地区；黑油盐土（氯化物盐土）面积 155.6 万亩，主要分布在灌区下游低洼处，地下水埋深浅、矿化度高，改良较困难；苏打盐土（马尿盐土）面积 55.2 万亩，多分布在洼地微高处，呈少而零星分布的特点。土壤盐碱化长期困扰内蒙古河套灌区农业生产，是内蒙古河套灌区农业发展的主要障碍性因素。

(1)节水工程现状

河套灌区均由黄河三盛公枢纽引水。灌水渠系共设七级,即总干、干、分干、支、斗、农、毛渠。现有总干渠1条,全长180.9km,渠首设计流量565m³/s,现状最大引水流量520m³/s,是河套灌区输水的总动脉;干渠13条,全长810.1km,分干渠48条,全长985.7km;支渠338条,全长2522.9km;斗、农、毛渠共85522条,全长46136km。排水系统与灌水系统相对应,亦设有七级。现有总排干沟1条,全长260.3km;干沟12条,全长501.0km;分干沟64条,全长1031km;支沟346条,全长1943.9km;斗、农、毛沟共17322条,全长10534km。灌区现有各类灌排建筑物13.25万座,其中,支渠(沟)级别以上骨干灌排建筑物18038座(不包括总干渠、总排干沟建筑物)。河套灌区现状骨干灌水工程和排水工程见表3-14、表3-15。河套灌区灌排系统分布示意图见附图1。

表3-14 河套灌区现状骨干引水工程

灌域名称	干渠		分干渠		支渠		节制闸(座)	直口闸(座)	桥梁(座)	渡槽(座)	涵洞(座)	扬水站(座)
	条数(条)	长度(km)	条数(条)	长度(km)	条数(条)	长度(km)						
总干渠					2	19.7	7	20	9	2		
乌兰布和灌域	1	45.4	6	155.5	35	308.5	205	1333	237	3	8	
解放闸灌域	3	180.2	17	222.0	101	679.7	361	1658	521	76	3	3
永济灌域	1	49.4	13	344.2	47	424	310	1543	464	57	2	
义长灌域	6	382.0	6	115.7	99	795.4	363	3288	571	52	55	
乌拉特灌域	4	153.2	6	148.3	54	295.6	211	1311	285	13	5	
合计	15	810.2	48	985.7	338	2522.9	1457	9153	2087	203	73	3

注:义长灌域干渠数量包括复兴引水干渠1条,长度7.018km;
乌拉特灌域干渠包括长塔引水干渠1条,长度5.8km。

表3-15 河套灌区现状骨干排水工程

灌域名称	干沟		分干沟		支沟		汇入口(座)	桥梁(座)	渡槽(座)	涵洞(座)	扬水站(座)	备注
	条数(条)	长度(km)	条数(条)	长度(km)	条数(条)	长度(km)						
乌兰布和灌域	2	47.6	3	44.2	16	109.1	105	138	28	71	6	一、二排干沟
解放闸灌域	3	86.7	15	289.1	93	501.1	848	525	249	27	6	一、二、三排干沟
永济灌域	2	80.0	15	287.3	67	407.9	829	382	104	16	22	四、五排干沟

续表

灌域名称	干沟		分干沟		支沟		汇入口（座）	桥梁（座）	渡槽（座）	涵洞（座）	扬水站（座）	备注
	条数（条）	长度（km）	条数（条）	长度（km）	条数（条）	长度（km）						
义长灌域	5	163.5	25	318.7	94	549.7	337	499	152	67	34	五、六、皂沙、义通、七排干沟
乌拉特灌域	3	123.2	6	91.7	76	376.2	277	236	72	8	24	八、九、十排干沟
合计	15	501.0	64	1031	346	1944	2396	1780	605	189	92	

注：一排干沟、二排干沟由乌兰布和与解放闸灌域共同管辖，其中，一排干沟上游16.6km、二排干沟上游27.2km由乌兰布和灌域管理局管辖，一排干沟下游19.3km、二排干沟下游37.4km由解放闸灌域管理局管辖。五排干沟上游段25.5km由永济灌域管理局管辖，下游段17.8km由义长灌域管理局管辖。

数据来源：黄河内蒙古河套灌区续建配套与节水改造工程可行性研究报告（“十二五”）(2013年6月)。

中华人民共和国成立后，河套灌区水利工程进行了5次大规模的改造、扩建和续建配套。第一次是20世纪50年代灌水渠合并改造，平地缩块。第二次是60年代初建成了黄河三盛公枢纽和总干渠，同时对灌水渠进行改造、扩建，较大规模的开挖排水系统。第三次是70年代中期到80年代初，疏通、扩建总排干沟。第四次是从80年代初到90年代末，主要完成总排干沟主干段扩建和总干渠的部分整治。第五次为《黄河内蒙古河套灌区续建配套与节水改造规划报告》批准至今。

2000年5月水利部以水总176号文批准了《黄河内蒙古河套灌区续建配套与节水改造规划报告》。截至2011年，完成的建设内容为：衬砌杨家河、义和、永济、长济、东风分干渠等渠道16条，渠道衬砌长度155.0km；采用干砌石、混凝土模袋整治总干渠、丰济、通济、南边分干渠等骨干渠道，整治长度53.1km；疏通整治总排干沟及干、分干、支沟258条，长度2420.2km，防塌治理43.2km；配套改造各类建筑物1216座（其中骨干渠道上的直斗、农渠口闸数量占45%）。1999—2011年已实施的骨干工程项目见表3-16。

现状年河套灌区有效灌溉面积900.3万亩，节水灌溉面积504.3万亩，其中，渠道防渗面积428.3万亩，管道输水面积73.2万亩，喷灌面积2.7万亩，微灌面积0.1万亩。节水灌溉面积占有效灌溉面积比重仅为56.0%。见表3-17。

表 3-16　　1999—2011 年已批复实施的骨干工程项目

<table>
<tr><th rowspan="4">项目</th><th colspan="4">灌水系统</th><th colspan="4">排水系统</th><th rowspan="4">建筑物（座）</th><th rowspan="4">投资（亿元）</th><th rowspan="4">备注</th></tr>
<tr><th colspan="2">渠道衬砌</th><th colspan="2">渠道整治</th><th colspan="4">排水沟整治</th></tr>
<tr><th rowspan="2">条数</th><th rowspan="2">长度（km）</th><th rowspan="2">条数</th><th rowspan="2">长度（km）</th><th colspan="2">疏通整治</th><th colspan="2">防塌整治</th></tr>
<tr><th>条数</th><th>长度（km）</th><th>条数</th><th>长度（km）</th></tr>
<tr><td>总干渠</td><td>1</td><td>0.5</td><td>1</td><td>31.4</td><td></td><td></td><td></td><td></td><td>18</td><td rowspan="6">11.94</td><td rowspan="6">总干渠冲桩挂笆整治长度56.4km；渠堤加高培厚36km。总排干沟堤背整治50km。</td></tr>
<tr><td>总排干沟</td><td></td><td></td><td></td><td></td><td>1</td><td>58.7</td><td>1</td><td>32.5</td><td>81</td></tr>
<tr><td>干渠（沟）</td><td>5</td><td>87.8</td><td>12</td><td>12.7</td><td>12</td><td>415.9</td><td>1</td><td>10.7</td><td rowspan="3">1117</td></tr>
<tr><td>分干渠（沟）</td><td>6</td><td>36.2</td><td>20</td><td>9.1</td><td>58</td><td>851.9</td><td></td><td></td></tr>
<tr><td>支渠（沟）</td><td>4</td><td>30.5</td><td>8</td><td></td><td>187</td><td>1093.6</td><td></td><td></td></tr>
<tr><td>合计</td><td>16</td><td>155.0</td><td>41</td><td>53.2</td><td>258</td><td>2420.1</td><td>2</td><td>43.2</td><td>1216</td></tr>
</table>

表 3-17　　河套灌区节水灌溉工程现状

有效灌溉面积（万亩）	节水灌溉（万亩）					节水灌溉面积占灌溉面积比例（%）
	渠道防渗	管道输水	喷灌	微灌	小计	
900.3	428.3	73.2	2.7	0.1	504.3	56.0

数据来源：《全国现代灌溉发展规划》。

（2）灌区发展历程

1）灌溉面积发展

河套灌区现状土地面积 1679.3 万亩，有效灌溉面积 900.3 万亩，实灌面积 840.1 万亩，其中农田实灌面积为 789.1 万亩，占灌区实灌面积的 93.9 %，林草灌溉面积 51.0 万亩，占灌区实灌面积的 6.1%。

从河套灌区灌溉面积变化来看，有效灌溉面积由 1991 年的 781.4 万亩不断增加到 2012 年的 900.3 万亩，增加了 118.9 万亩，增加了 15.2%；实灌面积由 1991 年的 781.4 万亩不断增加到 2012 年的 840.1 万亩，增加了 58.7 万亩，增加了 7.5%。见表 3-18。

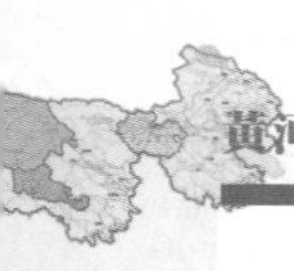

表 3-18　　　　河套灌区发展情况

年份	灌溉面积(万亩)		灌溉水量(亿 m³)					灌溉定额(m³/亩)	灌溉水利用系数
	有效	实灌	引水	耗水(引水—排水)	排水	地下水	用水合计		
1991	781.4	781.4	54.1	49.4	4.7		57.6	737	
1992	789.0	789.0	51.0	45.8	5.2		54.5	690	
1993	810.1	810.1	53.0	47.9	5.1		56.5	697	
1994	833.8	833.8	50.0	42.9	7.1		53.5	642	
1995	851.1	851.1	48.8	40.7	8.1		52.3	615	
1996	853.4	853.4	49.9	42.5	7.4	3.5	53.4	626	
1997	856.9	856.9	50.8	44.3	6.5		54.3	633	
1998	857.1	857.1	52.8	46.7	6.1		56.3	657	
1999	865.6	865.6	54.4	49.0	5.4		57.9	669	
2000	870.9	870.9	51.8	47.7	4.1		55.3	635	
2001	877.3	877.3	49.0	45.2	3.8		52.5	598	
2002	876.2	876.2	50.7	46.5	4.2	4.5	55.2	630	
2003	861.5	849.4	41.0	37.9	3.1	6.6	47.6	560	
2004	861.5	844.1	45.3	41.3	4.0	5.2	50.5	598	
2005	861.5	843.4	49.6	46.8	2.8	5.4	55.0	653	
2006	861.5	844.9	48.8	45.3	3.5	4.9	53.7	635	0.3538
2007	861.5	846.8	48.1	44.1	4.0	4.5	52.6	622	0.3564
2008	861.5	840.7	42.7	39.6	3.1	4.7	47.4	564	0.3677
2009	861.5	841.6	47.3	43.1	4.2	4.8	52.1	619	0.3812
2010	861.5	846.6	47.1	43.1	4.0	5.2	52.3	618	0.3836
2011	900.3	848.8	49.2	45.3	3.9	5.2	54.4	642	0.3872
2012	900.3	840.1	46.6	40.4	6.2	5.3	51.9	617	0.3885
多年平均	855.3	844.1	49.2	44.4	4.8		49.2	634	

注：河套灌区引水量不包括从渠首引入而从总干渠直接退到黄河的水量。2002—2012 年灌溉开采地下水量来自巴彦淖尔市水资源公报，其余年份的根据调查情况估算。

2)种植结构变化

据调查统计，河套灌区 2012 年粮食作物种植比例为 41%，其中，小麦占 15%，玉米占 24%；经济作物种植比例为 59%，其中，葵花种植比例最大为 39%，其次是蔬菜，占 8%，瓜果、其他作物种植比例分别为 7%和 5%。

从种植结构变化来看，粮食作物种植比例明显减小，经济作物种植比例明显增大。河套灌区粮食作物种植比例由1998年的67%减小到2012年的41%，减小了26%；经济作物种植比例由1998年的33%增加到2012年的59%。

粮食作物内部种植结构也有所调整，小麦种植比例减小，玉米种植比例明显增大，其他粮食作物种植比例减小。小麦种植比例由1998年的48%减少到2012年的15%，减小了33%；玉米种植比例由1998年的10%增加到2012年的24%，增加了14%。

经济作物内部种植结构也有变化，甜菜、其他种植比例减小，葵花、瓜果、蔬菜等作物种植比例增大。葵花种植比例增加最多，由1998年的17%增加到2012年的39%，增加了22%。见表3-19。

表3-19　河套灌区种植结构变化

年份	粮食作物(%)				经济作物(%)						合计
	小麦	玉米	其他	小计	葵花	甜菜	瓜果	蔬菜	其他	小计	
1998	48	10	9	67	17	6	3	0	7	33	100.0
2012	15	24	2	41	39	1	7	8	5	59	100.0

(3)用耗水及用水水平

1)用耗水

根据1991—2012年《内蒙古河套灌区供排水运行管理资料汇编》统计，河套灌区多年平均引水量为49.2亿m^3，排水量4.8亿m^3，耗水量(引水量减排水量)为44.3亿m^3。河套灌区总干渠上有2个径流式电站，其发电工作时段为每年4月中旬至10月末，与灌溉同期，发电用水经过总干进水闸引入，退水回到黄河干流，故在统计灌溉引排水量不包括发电引排水量。

从变化趋势来看，河套灌区引水量总体呈波动减少趋势，由1991—1995年的51.4亿m^3减少到2008—2012年的46.6亿m^3，减少4.8亿m^3；同期，排水量由6.1亿m^3减少到4.3亿m^3，减少1.8亿m^3；耗水量变化趋势和引水量变化趋势相似，呈波动减少趋势，同期45.3亿m^3减少到42.3亿m^3，减少3.0亿m^3。河套灌区1991—2012年引耗排水量变化见图3-11。

内蒙古河套灌区引水灌溉不仅可保证农作物生长需要，还补充地下水以满足周边自然植被与湖泊湿地用水需要，灌区地下水埋深的年际年内变化与灌区灌溉引水过程关系密切。随着引水量持续减少，多年平均地下水埋深逐年增加，根据1991年至2012年统计，多年平均年均地下水埋深由20世纪90年代初期的1.69m增加至2012年的2.01m。

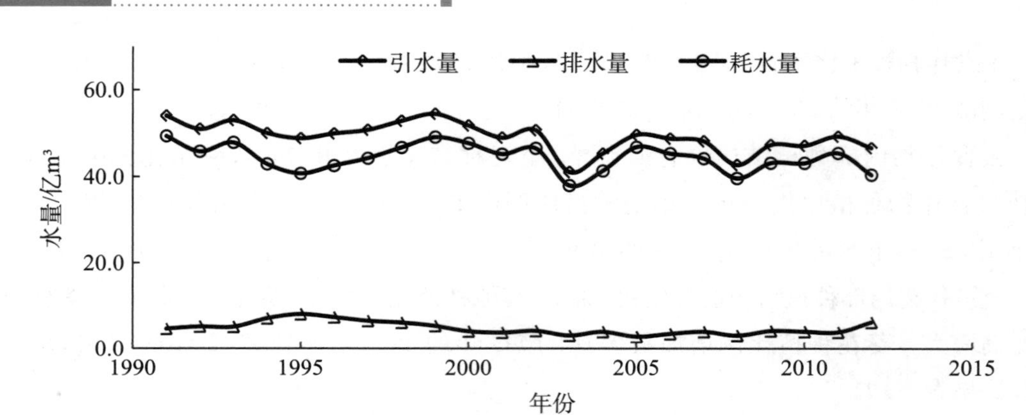

图 3-11　河套灌区 1991—2012 年引耗排水量变化

2)灌溉水利用系数

根据《2012 年内蒙古自治区农业灌溉用水有效利用系数测算分析成果报告》,现状年内蒙古河套灌区灌溉水利用系数为 0.3885,略高于内蒙古自治区大型灌区平均水平(0.3847),与内蒙古自治区中型灌区平均水平(0.4360)、小型灌区平均水平(0.4899)、纯井灌区平均水平(0.7795)和全区灌区平均水平(0.4924)相比偏低。

根据 2006—2012 年《内蒙古自治区农业灌溉用水有效利用系数测算分析成果报告》,河套灌区灌溉水利用系数为 0.37～0.39,与全国平均水平(0.516)相比,河套灌区灌溉用水效率较低。从变化趋势来看,随着灌区续建配套与节水改造实施,河套灌区近年来灌溉水利用系数持续增大,但由于灌溉引水系统复杂,斗以上渠道达到 0.7 万 km,干渠、分干渠衬砌与整治仅占其总长度 11.6%,渠系越长水量损失越大,灌溉水利用系数提高越困难,节水难度也越大。河套灌区 2006—2012 年灌溉水利用系数见图 3-12。

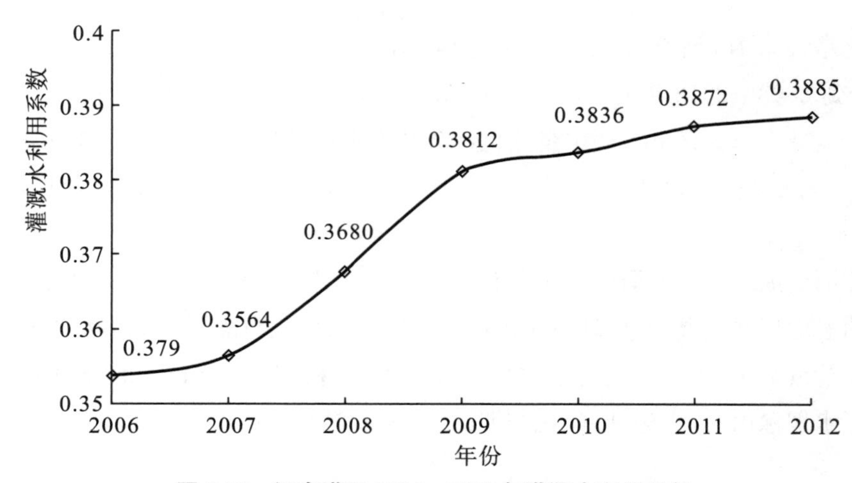

图 3-12　河套灌区 2006—2012 年灌溉水利用系数

3)灌溉定额

①实灌定额

据调查分析，现状年河套灌区实灌面积840.1万亩，灌溉用水量51.9亿m^3，实灌定额617m^3/亩。略低于西北诸河区实灌定额（619m^3/亩），与黄河流域实灌定额（385m^3/亩）和全国平均实灌定额（404m^3/亩）相比，河套灌区实灌定额偏高。

从变化趋势来看，河套灌区实灌面积1991—2002年呈增加趋势，由1991年的781.4万亩增加到2002年的876.2万亩，2003年以后基本稳定在840万亩；河套灌区灌溉用水量在1991—2012年呈波动减小趋势；实灌定额总体呈减少趋势，由1991年的737m^3/亩减少到2012年的617m^3/亩。见图3-13。

图3-13 河套灌区1991—2012年实灌定额

②设计灌溉定额

根据河套灌区2012年种植结构以及《内蒙古河套灌区续建配套与节水改造工程可行性研究报告》中设计灌溉制度，计算得到灌区毛灌溉定额见表3-20。河套灌区农田设计净灌溉定额为261m^3/亩，农田设计毛灌溉定额为672m^3/亩；林牧设计净灌溉定额为180m^3/亩，林牧设计毛灌溉定额为463m^3/亩；按照面积加权平均，河套灌区综合设计净灌溉定额为256m^3/亩，综合设计毛灌溉定额为659m^3/亩。

表3-20 河套灌区设计灌溉制度及农田灌溉定额

作物名称	作物组成(%)	灌水次数	作物全生育期	灌水时间(日/月)		灌水定额(m^3/亩)	灌溉定额(m^3/亩)
				起	止		
小麦	14.5	1	苗期	5月10日	5月21日	70	220
		2	拔节	5月22日	6月2日	50	
		3	抽穗	6月15日	6月26日	50	
		4	灌浆	6月27日	7月8日	50	

续表

作物名称	作物组成(%)	灌水次数	作物全生育期	灌水时间(日/月)		灌水定额(m^3/亩)	灌溉定额(m^3/亩)
				起	止		
玉米	23.8	1	拔节	6月20日	6月25日	65	200
		2	孕穗	7月12日	7月14日	45	
		3	抽雄	7月22日	7月24日	55	
		4	灌浆	8月14日	8月21日	35	
葵花	38.9	1	出苗后30天	6月6日	6月10日	65	180
		2	现蕾	6月19日	6月25日	45	
		3	开花	7月15日	7月21日	35	
		4	灌浆	7月24日	7月30日	35	
瓜菜及其他	22.8	1		6月9日	6月14日	50	150
		2		7月15日	7月20日	50	
		3		8月1日	8月10日	50	
合计	100.0	农田灌溉净定额261m^3/亩,农田灌溉毛定额:672m^3/亩					

③灌溉定额分析

河套灌区现状实灌定额为617m^3/亩,低于综合设计灌溉定额,主要与现状年降水量偏多有关。2012年河套灌区年降水量为287.6mm,较多年平均偏多41%。近三年(2010—2012年)河套灌区现状实灌毛定额为625m^3/亩,与综合设计定额相当。

3.3.3.3 节水发展方向

宁蒙地区青铜峡灌区和河套灌区历经多年的整修改造,灌排系统基本稳定,在农业生产中发挥着极为重要的作用,尤其是1998年以来续建配套与节水改造实施,灌区骨干工程输配水状况有了较大改观,渠道综合调控能力不断增强,灌溉用水效率不断提高。但是,与其他地区灌溉水利用系数和实灌定额对比,用水效率仍相对偏低。现状年青铜峡灌区和河套灌区灌溉水利用系数分别为0.419和0.3885,低于全国平均(0.516)水平;青铜峡灌区实灌定额为877m^3/亩,分别高于西北诸河区(619m^3/亩)、黄河流域(385m^3/亩)、全国(404m^3/亩)平均水平;河套灌区实灌定额617m^3/亩,略低于西北诸河区(619m^3/亩)灌溉定额,高于黄河流域(385m^3/亩)、全国(404m^3/亩)平均灌溉定额。

灌溉用水效率受气候因素和水资源条件、节水水平、种植结构等多种因素的影响。宁蒙地区青铜峡灌区和河套灌区灌溉水利用系数较低、用水定额偏高的原因主要包括四个方面:一是自然条件决定。青铜峡灌区地处西北内陆,是典型的大陆性气候,降水稀少,蒸发强烈,干燥度大,农业生产几乎全部依赖于灌溉。引水灌溉不仅可保证农作物生长需要,还补充地下水以满足周边自然植被与湖泊湿地用水需要,灌溉水量具有明显的生态用水功能。二是节水水平较低。青铜峡灌区现状干渠/支干渠砌护率仅30.7%，流量1.0m^3/s以上支斗渠砌护率61.9%，节水灌溉面积占有效灌溉面积比重仅为29.8%，节水工程覆盖率较低；河套灌区节水灌溉面积占有效灌溉面积比重为56.0%，节水工程覆盖率较低。三是灌溉引水系统复杂。青铜峡灌区和河套灌区灌溉引水系统极为复杂，如青铜峡灌区仅流量1m^3/s干支斗渠道达到3785.6km，河套灌区斗以上渠道达到7000km，渠系越长水量损失越大，灌溉水利用系数提高越困难，节水难度也越大；四是种植结构影响。如青铜峡灌区当地水资源紧缺，却依然大面积种植高耗水的水稻，近年来水稻种植面积已有所控制并在积极推行水稻控制灌溉制度。

未来宁蒙地区可通过续建配套、田间节水等措施可进一步提高节水水平，但宁蒙地区灌区与周边天然植被有十分紧密的联系，大规模节约用水必然改变灌区水循环过程和地下水补给规律，进而可能对灌区及其周边植被、湖泊湿地带来影响。因此，分析宁蒙地区灌区节水潜力还应考虑维持灌区及其周边绿洲生态稳定对节水程度的约束，寻找用水效率和节水影响的平衡点，才能得到合理的节水潜力。

3.3.4 晋陕地区

晋陕地区属典型的大陆性季风气候，冬季寒冷干燥，春季气温不稳定，降水较少，夏季气候炎热多雨。多年平均降雨量400～700mm，多年平均蒸发量由南向北呈递增趋势。晋陕地区是全国著名的小麦、棉花产区之一。种植的粮食作物主要有小麦、玉米、马铃薯、豆类等，经济作物以油菜和棉花为主，现状灌区大部分农田实施非充分灌溉方式。

晋陕地区大中型灌区所占比例较大，山西省大中型灌区94处，其中大型灌区8处，中型灌区86处，大中型灌区有效灌溉面积约占山西地区总有效灌溉面积的59.1%。大型灌区包括汾河灌区、潇河灌区、文峪河灌区和汾西灌区等4处自流灌区和禹门口、夹马口、尊村、大禹渡等4处提灌灌区，其中4处自流面积占大型灌区灌溉面积的57.0%。中型灌区有86处，其中45处为自流灌区，占中型灌区灌溉面积的60.1%，提灌灌区41处，占中型灌区灌溉面积的39.9%；陕西省大中型灌区157处，其中大型灌区12处，中型灌区145处，大中型灌区有效灌溉面积约占陕西省总有效灌溉面积的69.2%。大型灌区包括宝鸡峡灌区、冯家山水库灌区等8处自流灌区和有东雷一期、东雷二期、交口抽渭及泾惠渠灌区一部分等4处提灌灌区，其中自流面积占大型灌区灌溉面积的61.0%。中型灌区有145处，其中89处为自流灌区，占中型灌区灌溉面积的55.2%，提灌灌区56处，占中型灌区灌溉面积的44.8%。本次两省分别选取一处大型自流灌区和一处大型扬水灌区作为典型灌区，其中山西省选取大型自流灌区汾河灌区和大型扬水灌区尊村灌区为典型灌区，陕西省选取大型自流灌区宝鸡峡灌区和大型扬水灌区东雷一期提黄灌区为典型灌区。

3.3.4.1 汾河灌区

汾河灌区是山西省最大的自流灌区，位于太原盆地。灌区分上、中、下部分，由3个取水渠首控制4个灌排渠系相对独立的灌区，即一坝灌区、二坝的汾东、汾西灌区和三坝灌区。总土地面积205.6万亩，设计灌溉面积149.6万亩。

灌区内最大的河流是汾河，其是黄河第二大支流，也是山西省第一大河。汾河干流总长709.9km，其中流经汾河灌区河段长157.6km，该段河道平均比降为0.5‰，汾河灌区即分布于此河段两侧。汾河灌区境内沿东西部山区支流沟壑较多，均汇入汾河，较大的支流有10条。汾河灌区水资源包括三部分：一是上游汾河水库来水，二是汾河二库、一、二、三坝区间来水，三是地下水。汾河水库与区间多年平均来水量4.6亿m^3，汾河灌区地下水年可开采量0.9亿m^3。汾河灌区情况见附图5。

(1)水利工程现状

汾河灌区工程设施主要包括水源工程、引水工程、灌排渠系及建筑物配套工程、井渠双灌工程等内容。汾河灌区灌排系统分布示意图见附图5。

1)水源工程。汾河灌区水源工程包括汾河上游的汾河水库及起调蓄作用的汾河二库。汾河水库是汾河灌区主要供水水源，坝址位于太原市娄烦县下石家庄村，距一坝渠首约65km，通过汾河河道向一坝、二坝、三坝灌区供水。水库兴建于1960年，控制流域面积5268km^2，设计总库容7.0亿m^3，兴利库容3.55亿m^3，泥沙库容3.45亿m^3。1990年实测资料，水库泥沙已淤积3.3亿m^3，自运用以来，平均年供水量3.5亿m^3。汾河二库位于汾河干流上游下段，坝址位于太原市郊区悬泉寺附近。该水库是以防洪为主，兼顾城市供水、灌溉和发电综合利用的大型水库。建库后使太原市城区防洪标准从20年一遇提高到100年一遇，并与上游的汾河水库联合调度，可为太原市供水1.1亿m^3，水电站年发电量2350万kW·h。1996年11月开工，2000年1月建成投入运行，水库控制流域面积2348km^2，总库容1.3亿m^3，其中防洪库容0.2亿m^3，兴利库容0.7亿m^3。

2)引水工程。汾河灌区引水工程分别是位于汾河中游段的汾河一坝、汾河二坝、汾河三坝3个挡水枢纽闸。汾河一坝位于太原市上兰村，该工程始建于明朝初期，为堆石壅水工程，后经1950年、1953年、1970年三次维修改造成目前规模。由鱼嘴式引水浆砌石溢流坝和东、西干渠进水闸、冲沙闸组成，总设计引水能力28m^3/s，控制灌溉面积30.87万亩，同时还担负着向太原钢铁公司和太原第一热电厂工业供水任务。汾河二坝渠首引水枢纽工程位于清徐县长头村西，系一座低水头拦河引水闸坝工程，是汾西灌区、汾东灌区、墩化电灌站的渠首，灌溉太原市、晋中、吕梁地区耕地83.8万亩，东西干渠现引水能力43m^3/s。该工程始建于1930年，于1967年改造成目前规模，由拦河闸、土坝、东西干一号闸组成。汾河三坝渠首工程位于平遥县南良庄村南，是一座低水头拦河水闸坝工程，担负着平遥、介休、汾阳三县34.9万亩耕地灌溉用水任务。三坝枢纽工程由拦河闸、土坝、原泄水闸、东四支渠首、西干渠首组成。

3)灌溉渠系工程。汾河灌区现有四级固定渠道(局部地区为五级固定渠道)，即干、支、斗、农渠。全灌区共有各级灌溉渠道2756条，总长3532.9km，已有渠系建筑物10695座，但由于多年运用和年久失修，现有建筑物工程完好率较低。汾河灌区现有5条干渠，即一坝灌区东、西干渠，二坝灌区东、西干渠(含东、西引水渠)，三坝灌区西干渠(含西总干渠)，全长196.4km，沿汾河两岸布设。现有支渠19条，全长229.8km，其中一坝灌区4条，二坝灌区10条，三坝灌区5条；斗渠330条，全长868.0km(含万亩以上斗渠9条)。现有农渠2402条，总长2238.7km，其中衬砌约110km。多年来，汾河灌区用水管理一直坚持以渠首控制，按灌溉面积以亩配水的原则，干、支渠为续水灌溉，斗以下渠系为轮灌。

4)排水系统工程。全灌区有两条排退水主干河，即汾河和磁窑河。汾河从北到南贯穿整个灌区，其中一坝灌区、二坝汾东灌区、三坝汾河东部灌区各排退水干沟直接排入汾河。二坝汾西灌区各干支排退水沟直接排入磁窑河内。汾河灌区排退水工程大部分兴建于20世纪50年代末和60年代初，经过历年改造，形成了较完善的排退水系统，但存在工程老化、排水工程不配套等问题。全灌区有干、支、斗、农四级排退水沟1360条，长1899.4km。其中干排8条，总长112.6km，支排28条，总长247.4km，以上骨干工程排水沟完好率10%，配套率65%。

(2)节水工程现状

截至2011年底，按照《汾河灌区续建配套和节水改造可行性研究报告》，山西省已累计下达投资3.1亿元，全灌区干、支渠已衬砌109.2km，占干、支两级渠道总长度的25.6%，斗、农渠渠系工程建筑物配套率仅为40%，斗、农渠基本无防渗。灌区干、支渠以上工程的渠系建筑物完好率仅为50%。

现状年汾河灌区有效灌溉面积131.8万亩，节水灌溉面积66.0万亩，其中渠道防渗面积6.7万亩，管道输水面积60.3万亩，喷灌、微灌面积分别为6.4万亩和2.6万亩，节水灌溉面积占有效灌溉面积比重为57.6%。见表3-21。

表3-21　汾河灌区节水灌溉工程现状

有效灌溉面积(万亩)	节水灌溉(万亩)					节水灌溉面积占灌溉面积比例(%)
	渠道防渗	管道输水	喷灌	微灌	小计	
131.8	6.7	60.3	6.4	2.6	66.0	57.6

数据来自:《全国现代灌溉发展规划》。

(3)灌区发展历程

1)灌溉面积发展

汾河灌区现状设计灌溉面积149.6万亩，有效灌溉面积131.8万亩，其中农田有效灌溉面积123.6万亩，林果草灌溉面积8.2万亩；实灌面积74.4万亩，其中农田实灌面积66.2

万亩，林果草灌溉面积8.2万亩。从灌溉面积变化过程来看，1991—2012年汾河灌区有效灌溉面积没有变化，实灌面积呈减小趋势，各年实灌面积受当年降水量和供水水源影响。见表3-22。

表3-22 汾河灌区发展情况

年份	灌溉面积(万亩)		灌溉水量(亿 m^3)				灌溉定额(m^3/亩)	灌溉水利用系数
	有效	实灌	用水量			耗水量		
			地表水	地下水	合计			
1991	131.8	134.9	1.90	0.34	2.24	1.74	166	0.437
1992	131.8	123.9	1.46	0.44	1.90	1.48	154	0.426
1993	131.8	139.3	2.02	0.17	2.19	1.70	158	0.475
1994	131.8	137.5	1.55	0.36	1.91	1.49	139	0.472
1995	131.8	142.2	1.98	0.35	2.33	1.81	164	0.465
1996	131.8	140.5	2.02	0.17	2.19	1.70	156	0.465
1997	131.8	138.1	1.72	0.28	2.00	1.55	145	0.465
1998	131.8	142.2	2.14	0.14	2.28	1.77	160	0.479
1999	131.8	129.5	1.90	0.22	2.12	1.65	164	0.476
2000	131.8	99.4	1.48	0.26	1.74	1.35	175	0.456
2001	131.8	96.3	1.16	0.35	1.51	1.19	156	0.487
2002	131.8	92.0	0.81	0.38	1.19	0.92	128	0.486
2003	131.8	112.2	1.09	0.35	1.44	1.11	128	0.492
2004	131.8	101.3	1.20	0.27	1.47	1.14	145	0.485
2005	131.8	84.5	1.00	0.32	1.32	1.03	156	0.441
2006	131.8	78.0	0.90	0.33	1.23	0.95	157	0.511
2007	131.8	84.3	1.04	0.32	1.36	1.06	162	0.498
2008	131.8	69.4	1.04	0.20	1.24	0.97	180	0.482
2009	131.8	106.0	1.70	0.36	2.06	1.59	194	0.358
2010	131.8	88.4	1.33	0.30	1.63	1.27	185	0.472
2011	131.8	96.1	1.46	0.17	1.63	1.26	169	0.484
2012	131.8	74.4	1.10	0.12	1.22	0.95	164	0.491

2)种植结构变化

据调查统计，汾河灌区2012年粮食作物种植比例为119.0%，其中，小麦26.6%、大秋

74.0%、豆类17.8%；经济作物种植比例为12.1%；复种指数为1.31。

从汾河灌区种植结构变化来看，粮食作物种植比例略有增大，经济作物种植比例略有减小。粮食作物种植比例由1998年的113.7%增加到2012年的119.0%；经济作物种植比例由1998年的16.8%减小到2012年的12.1%。粮食作物中小麦、豆类种植比例减小，大秋种植比例明显增大。小麦种植比例由1998年的40.0%减小到2012年的26.5%，豆类种植比例由1998年的30.5%减小到2012年的17.8%，大秋种植比例由1998年的41.1%增加到2012年的74.0%。汾河灌区种植结构变化见表3-23。

表3-23 汾河灌区种植结构变化

年份	粮食作物(%)					经济作物(%)			合计
	小麦	大秋	豆类	其他	小计	棉花	蔬菜	小计	
1998	40.0	41.1	30.5	2.1	113.7	10.5	6.3	16.8	130.5
2012	26.5	74.0	17.8	0.7	119.0	9.1	3.0	12.1	131.1

3)粮食产量变化

2012年汾河灌区粮食总产量为5.02亿kg，粮食亩产为522kg/亩。1993—2012年，粮食总产量和粮食亩产均呈增加趋势。粮食总产量由1993年的4.0亿kg增加到2012年的5.02亿kg，粮食亩产由1993年的361kg/亩增加到2012年的522kg/亩。

(4)用耗水及用水水平

1)用耗水

根据汾河灌区调查数据，汾河灌区多年平均用水量为1.74亿m^3，其中地表水1.45亿m^3，地下水0.28亿m^3，耗水量为1.35亿m^3。

从变化趋势来看，汾河灌区用水量总体呈波动减小趋势，由1991年的2.24亿m^3减小到2012年的1.22亿m^3；其中地表水用水量减小趋势明显，由1991年的1.90亿m^3减小到2012年的1.10亿m^3，地下水用水量变化幅度不大。耗水量呈波动减小趋势，由1991年的1.74亿m^3减小到2012年的0.95亿m^3。汾河灌区1991—2012年用、耗水量变化见图3-14和图3-15。

2)灌溉水利用系数

根据调查，现状年汾河灌区灌溉水利用系数为0.491，略高于山西省大型灌区平均水平(0.4409)、中型灌区平均水平(0.4706)和小型灌区平均水平(0.4487)，与山西省纯井灌区平均水平(0.6084)、全省灌区平均水平(0.520)和全国平均水平(0.516)相比偏低。

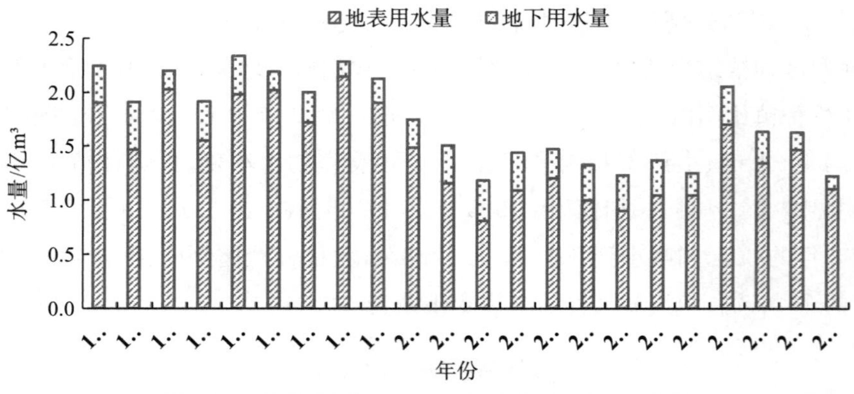

图 3-14　汾河灌区 1991—2012 年地表、地下用水量

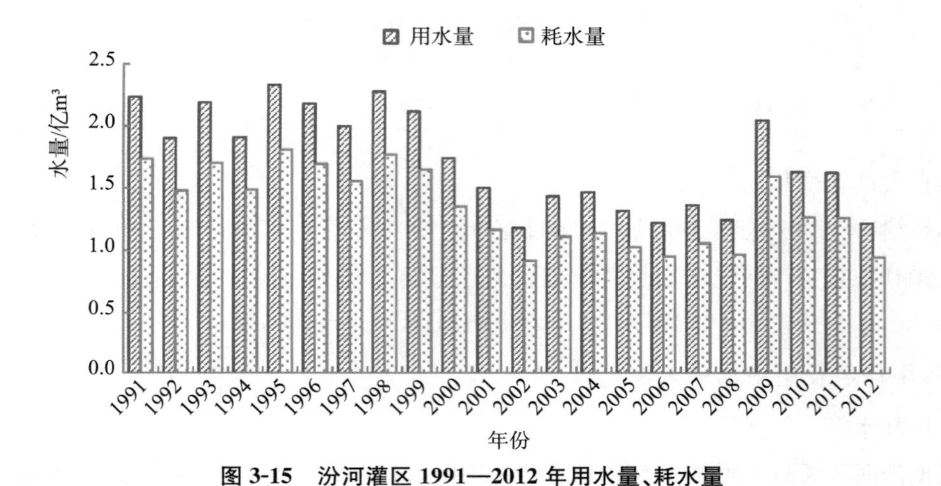

图 3-15　汾河灌区 1991—2012 年用水量、耗水量

根据 1991—2012 年灌溉用水有效利用系数调查数据分析，汾河灌区灌溉水利用系数呈波动增大趋势，从 1991 年的 0.437 逐渐增加到 2012 年的 0.491。汾河灌区 1991—2012 年灌溉水利用系数见图 3-16。

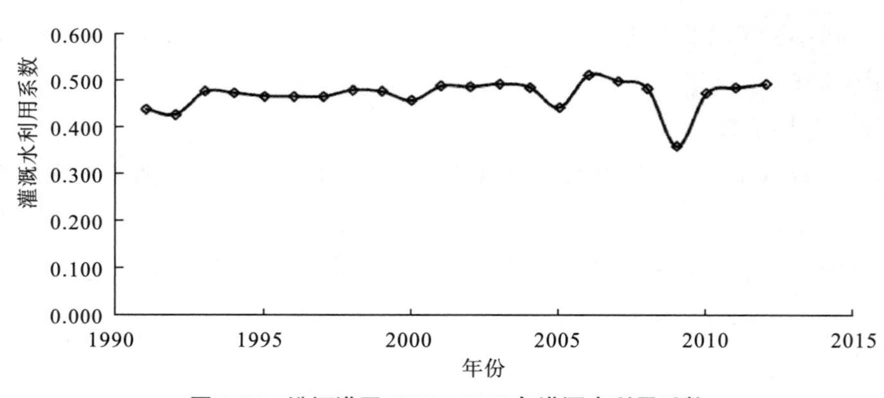

图 3-16　汾河灌区 1991—2012 年灌溉水利用系数

3)灌溉定额

①实灌定额

据调查分析,现状年汾河灌区实灌面积74.4万亩,灌溉用水量1.22亿m^3,实灌定额164m^3/亩。与西北诸河区实灌定额(619m^3/亩)、黄河流域实灌定额(385m^3/亩)和全国平均实灌定额(404m^3/亩)相比,汾河灌区实灌定额偏低。

从变化趋势来看,汾河灌区实灌面积和灌溉用水量在1991—1998年基本稳定,1998年以后呈波动减小趋势;实灌定额2000年之前相对稳定,2000—2005年有所下降,2005年以后呈增加趋势。见图3-17。

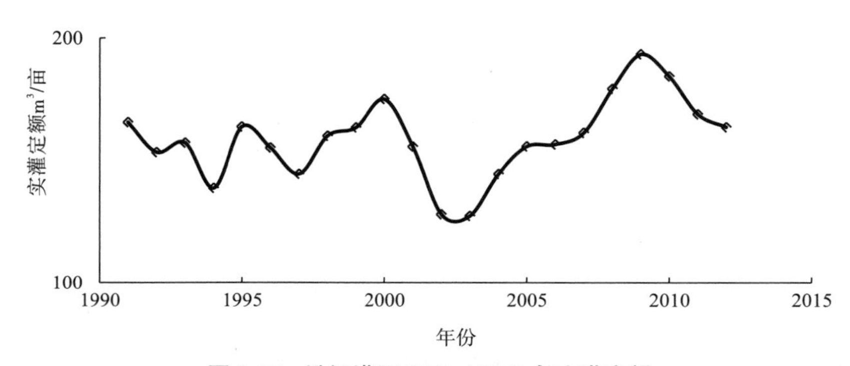

图3-17 汾河灌区1991—2012年实灌定额

②设计灌溉定额

根据汾河灌区2012年种植结构以及《汾河灌区续建配套和节水改造可行性研究报告》中设计灌溉制度,计算汾河灌区设计灌溉定额,见表3-24和表3-25。

表3-24 汾河灌区设计灌溉制度及农田灌溉定额(P=50%)

作物	作物组成(%)	灌水次数(次)	灌水定额(m^3/亩)	生育期	灌水日期(月.日—月.日)	灌溉定额(m^3/亩)
冬小麦	26.5	1	60	播前	9.11—9.20	235
		2	60	越冬	11.13—11.20	
		3	60	返青	3.20—3.30	
		4	55	抽穗	5.21—5.30	
大秋	74.0	1	50	播前	4.1—4.15	100
		2	50	抽穗	6.1—6.15	
豆类	17.8	1	55	苗期	7.1—7.10	55
其他	12.8	1	50	播前	4.5—4.20	90
		2	40	生长期	7.1—7.10	
合计	131	农田灌溉净定额157m^3/亩,农田灌溉毛定额321m^3/亩				

表 3-25 汾河灌区设计灌溉制度及农田灌溉定额(P=75%)

作物	作物组成(%)	灌水次数(次)	灌水定额(m^3/亩)	生育期	灌水日期(月.日—月.日)	灌溉定额(m^3/亩)
冬小麦	26.5	1	60	播前	9.11—9.20	260
		2	50	越冬	11.13—11.20	
		3	50	返青	3.20—3.30	
		4	50	抽穗	5.21—5.30	
		5	50	灌浆	6.5—6.15	
大秋	74.0	1	60	播前	4.1—4.15	140
		2	40	抽穗	6.1—6.15	
		3	40	灌浆	7.21—7.30	
豆类	17.8	1	50	苗期	7.1—7.10	90
		2	40	生长期	8.20—8.30	
其他	12.8	1	50	播前	4.5—4.20	120
		2	35	苗期	5.15—5.25	
		3	35	生长期	7.1—7.10	
合计	131.1	农田灌溉净定额 204m^3/亩,农田灌溉毛定额 415m^3/亩				

50%保证率水平,汾河灌区农田设计净灌溉定额为 158m^3/亩,农田设计毛灌溉定额为 321m^3/亩;林牧设计净灌溉定额为 65m^3/亩,林牧设计毛灌溉定额为 132m^3/亩;采用面积加权平均,汾河灌区综合设计净灌溉定额为 149m^3/亩,综合设计毛灌溉定额为 303m^3/亩。

75%保证率水平,汾河灌区农田设计净灌溉定额为 204m^3/亩,农田设计毛灌溉定额为 415m^3/亩;林牧设计净灌溉定额为 80m^3/亩,林牧设计毛灌溉定额为 163m^3/亩;采用面积加权平均,汾河灌区综合设计净灌溉定额为 192m^3/亩,综合设计毛灌溉定额为 391m^3/亩。

③灌溉定额分析

汾河灌区现状实灌定额为 164m^3/亩,与设计综合灌溉定额(303m^3/亩,P=50%)相当,和设计综合灌溉定额(391m^3/亩,P=75%)相比,明显偏低。1991—2012 年汾河灌区平均灌溉定额为 159m^3/亩,和设计综合灌溉定额相比明显偏低,汾河灌区为非充分灌溉。

3.3.4.2 尊村灌区

尊村灌区是山西省一座大型多级提水灌溉工程,位于山西省南部运城市的中西部,黄河小北干流东岸,地处涑水河盆地。灌区主要受益范围为涑水河流域的永济、临猗、盐湖、夏县、闻喜五县(市、区)的 44 个乡镇,596 个行政村,总耕地面积 187.1 万亩。

尊村灌区内水资源十分贫乏,黄河及其支流是灌区唯一可靠的水资源。灌区内有 3 条河流,即涑水河、青龙河和姚暹渠。灌区地下水大致分为浅层水、第一层承压水和第二层承压水。浅层水埋深5～40m，分布在中条山前洪积扇和涑水河两岸；第一层承压水埋深在50～150m，分布在涑水河河谷，即盆地北半部，由涑水河补给。第二层承压水埋深在140～290m，分布在盆地北部和南部，由中条山补给。深层水由于补给条件差，目前灌区地下水处于超采状态。尊村灌区情况见附图6。

(1)节水工程现状

尊村灌区设计规模九级三十一站，扬程156m，灌溉面积166万亩，目前已建成九级24站，修建总干和分干渠209.6km，支渠86条，长587.1km，配套面积84.19万亩，尊村灌区灌排系统分布示意图见附图6。现状年尊村灌区有效灌溉面积84.19万亩，节水灌溉面积46.38万亩，其中渠道防渗面积8.19万亩，管道输水面积37.89万亩，喷灌面积0.3万亩，节水灌溉面积占有效灌溉面积比重为55.1%。见表3-26。

表3-26 尊村灌区节水灌溉工程现状

有效灌溉面积(万亩)	节水灌溉(万亩)					节水灌溉面积占灌溉面积比例(%)
	渠道防渗	管道输水	喷灌	微灌	小计	
84.19	8.19	37.89	0.30	0	46.38	55.1

数据来自：全国现代灌溉发展规划。

(2)灌区发展历程

1)灌溉面积发展

现状年尊村灌区有效灌溉面积84.19万亩，现状实灌面积76.42万亩。从灌溉面积变化过程来看，1991—2012年尊村灌区有效灌溉面积没有变化，实灌面积呈波动上升趋势，各年实灌面积受当年降水量和供水水源影响。见表3-27。

表3-27 尊村灌区发展情况

年份	灌溉面积(万亩)		灌溉水量(亿m^3)		灌溉定额(m^3/亩)	灌溉水利用系数
	有效	实灌	引水	耗水		
1991	84.19	35.85	0.3	0.3	92	0.524
1992	84.19	19.20	0.4	0.4	206	0.655
1993	84.19	17.13	0.3	0.3	152	0.477
1994	84.19	21.60	0.4	0.4	195	0.523
1995	84.19	20.12	0.5	0.5	234	0.443
1996	84.19	26.96	0.5	0.5	181	0.554
1997	84.19	28.26	0.7	0.7	243	0.484
1998	84.19	21.89	0.4	0.4	188	0.534

续表

年份	灌溉面积(万亩)		灌溉水量(亿 m^3)		灌溉定额(m^3/亩)	灌溉水利用系数
	有效	实灌	引水	耗水		
1999	84.19	19.10	0.4	0.4	218	0.494
2000	84.19	28.27	0.6	0.6	197	0.523
2001	84.19	23.87	0.5	0.5	203	0.512
2002	84.19	27.73	0.5	0.5	170	0.513
2003	84.19	27.12	0.5	0.5	171	0.562
2004	84.19	39.59	0.7	0.7	165	0.469
2005	84.19	41.92	0.8	0.8	181	0.494
2006	84.19	44.56	0.8	0.8	179	0.538
2007	84.19	24.82	0.6	0.6	253	0.482
2008	84.19	42.44	0.7	0.7	174	0.521
2009	84.19	42.17	0.8	0.8	183	0.524
2010	84.19	48.45	0.8	0.8	165	0.509
2011	84.19	59.76	1.1	1.1	184	0.527
2012	84.19	76.42	1.3	1.3	165	0.529

2)种植结构变化

据调查统计,尊村灌区 2012 年粮食作物种植比例为 52.9%,其中小麦 29.4%、玉米 23.6%;经济作物种植比例为 70.6%,均为棉花。灌区复种指数为 123.5%。

从尊村灌区种植结构变化来看,粮食作物种植比例减小,经济作物种植比例增大。粮食作物种植比例由 1998 年的 100%减小到 2012 年的 52.9%,减少的种植作物为小麦;棉花种植比例由 1998 年的 23.5%增加到 2012 年的 70.6%。尊村灌区种植结构变化见表 3-28。

表 3-28　尊村灌区种植结构变化　　单位:%

年份	粮食作物			经济作物		合计
	小麦	玉米	小计	棉花	小计	
1998	76.5	23.5	100.0	23.5	23.5	123.5
2012	29.4	23.5	52.9	70.6	70.6	123.5

3)粮食产量变化

1993—2012 年粮食亩产呈增加趋势,由 1993 年的 314kg/亩增加到 2012 年的 400kg/亩;因种植结构调整,粮食作物播种面积减小,粮食总产量由 1993 年的 2.51 亿 kg 减少到 2012

年的0.97亿kg。

(3)用耗水及用水水平

1)用耗水

根据尊村灌区调查数据,灌区多年平均用水量为0.61亿m^3。从用水量变化来看,尊村灌区历年用水量呈波动增大趋势。尊村灌区1991—2012年用水量变化见图3-18。

图3-18 尊村灌区1991—2012年用水量

2)灌溉水利用系数

根据调查,现状年尊村灌区灌溉水利用系数为0.529,与山西省大型灌区平均水平(0.4409)、中型灌区平均水平(0.4706)、小型灌区平均水平(0.4487)、全省灌区平均水平(0.520)和全国平均水平(0.516)相比偏高,与山西省纯井灌区平均水平(0.6084)相比偏低。

根据1996—2012年灌溉水利用系数调查数据分析,尊村灌区灌溉水利用系数为0.46~0.56,相对稳定。尊村灌区1996—2012年灌溉水利用系数见图3-19。

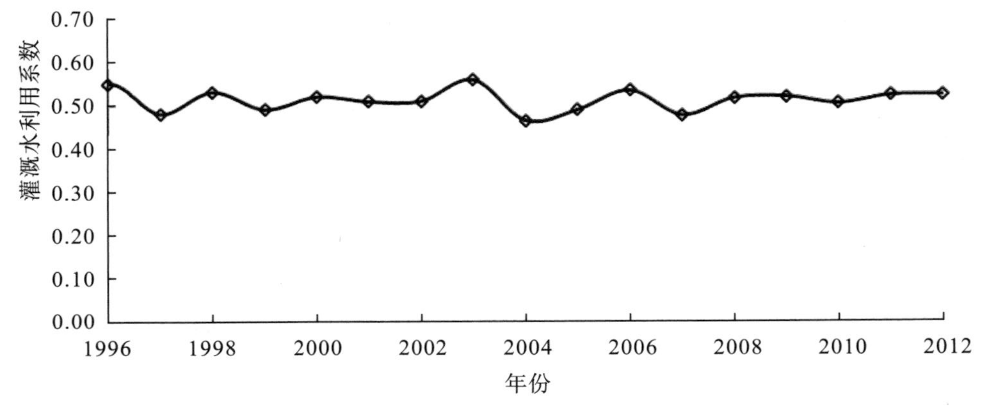

图3-19 尊村灌区1996—2012年灌溉水利用系数

3)灌溉定额

①实灌定额

据调查分析,现状年尊村灌区实灌面积 76.4 万亩,灌溉用水量 1.3 亿 m^3,实灌定额 165m^3/亩。与西北诸河区实灌定额(619m^3/亩)、黄河流域实灌定额(385m^3/亩)和全国平均实灌定额(404m^3/亩)相比,尊村灌区实灌定额明显偏低。从变化趋势来看,1999 年以前,尊村灌区实灌定额呈波动增加趋势,2000 年以后实灌定额呈波动减小趋势。见图 3-20。

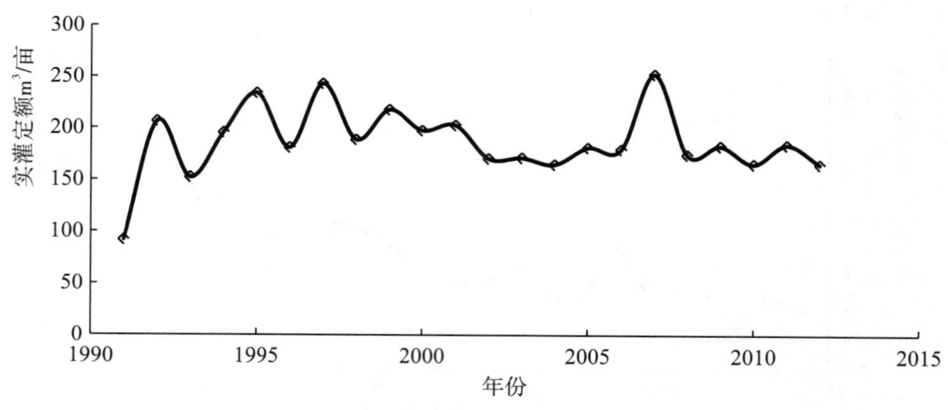

图 3-20 尊村灌区 1991—2012 年实灌定额

②设计灌溉定额

根据尊村灌区 2012 年种植结构以及设计灌溉制度,计算尊村灌区设计灌溉定额,见表 3-29 和表 3-30。

表 3-29 尊村灌区设计灌溉制度及农田灌溉定额(P=50%)

作物名称	作物组成(%)	灌水次数	灌水定额(m^3/亩次)	灌水时间(月.日)		灌水天数(d)	灌溉定额(m^3/亩)
				起	止		
小麦	29.4	1	50	11.28	12.27	30	155
		2	50	2.20	3.21	30	
		3	55	4.26	5.24	30	
棉花	70.6	1	30	3.22	3.27	6	100
		2	35	6.11	6.30	20	
		3	35	8.16	8.30	15	
玉米(复播)	23.5	1	40	6.9	6.28	20	80
		2	40	8.21	9.12	23	
合计	123.5	农田灌溉净定额 135m^3/亩,农田灌溉毛定额:255m^3/亩					

表 3-30 尊村灌区设计灌溉制度及农田灌溉定额(P=75%)

作物名称	作物组成(%)	灌水次数	灌水定额(m^3/亩次)	灌水时间(月.日) 起	止	灌水天数(d)	灌溉定额(m^3/亩)
小麦	29.4	1	60	11.28	12.27	30	185
		2	60	2.20	3.21	30	
		3	65	4.26	5.24	29	
棉花	70.6	1	35	3.22	3.27	6	125
		2	45	6.11	6.30	20	
		3	45	8.16	8.30	15	
玉米(复播)	23.5	1	45	6.9	6.28	20	90
		2	45	8.21	9.12	23	
合计	123.5	农田灌溉净定额 164m^3/亩,农田灌溉毛定额:310m^3/亩					

50%保证率水平,尊村灌区农田设计净灌溉定额为 135m^3/亩,农田设计毛灌溉定额为 255m^3/亩;林牧设计净灌溉定额为 190m^3/亩,林牧设计毛灌溉定额为 359m^3/亩;采用面积加权平均,尊村灌区综合设计净灌溉定额为 143m^3/亩,综合设计毛灌溉定额为 271m^3/亩。

75%保证率水平,尊村灌区农田设计净灌溉定额为 164m^3/亩,农田设计毛灌溉定额为 310m^3/亩;林牧设计净灌溉定额为 230m^3/亩,林牧设计毛灌溉定额为 435m^3/亩;采用面积加权平均,尊村灌区综合设计净灌溉定额为 174m^3/亩,综合设计毛灌溉定额为 328m^3/亩。

③灌溉定额分析

尊村灌区现状实灌定额为 165m^3/亩,和设计综合灌溉定额(271m^3/亩,P=50%)相当,和设计综合灌溉定额(328m^3/亩,P=75%)相比,明显偏低。1991—2012 年尊村灌区平均实灌定额为 186m^3/亩,和设计综合灌溉定额相比明显偏低,尊村灌区为非充分灌溉。

3.3.4.3 宝鸡峡灌区

宝鸡峡灌区位于陕西省关中西部,是一个多枢纽、引抽并举、渠库结合、长距离输水、大型建筑物多的特大型灌区,名列我国著名的十大灌区之一,是陕西省目前最大的灌区。灌区按自然地形和工程布局分为渭河阶地区(塬上)、黄河台塬区(塬下)两大灌溉系统。现状设计灌溉面积为 291.6 万亩,有效灌溉面积为 282.8 万亩。宝鸡峡灌区情况见附图 7。

灌区水源以渭河径流为主,辅以地下水。渭河林家村站以上多年平均年径流量 22.44 亿 m^3,多年平均多年平均径流量 34.6 亿 m^3。宝鸡峡灌区地下水以潜水为主,埋深 80~100m,含水层厚 7~12m,易于开采,适宜于灌溉和饮用,灌区地下水开采模数 8 万~12 万 m^3/km^2。

(1)节水工程现状

宝鸡峡灌区现有渠库结合中型水库 6 座,总库容 3.3 亿 m^3,其中林家村渠首水库库容

3800万m^3，沿河二库库容3613万m^3，另外4座为渠库结合中型水库，总库容2.3亿m^3。近年来淤积严重，有效库容仅剩1.8亿m^3。抽水站22座，装机容量2.69万kW总抽水能力99m^3/s，控制灌溉面积113万亩(其中抽库济渠折合43万亩)。发电站4座，机组12台，装机容量3.27万kW。灌区还有群办抽水站432座，机组673座，总装机1.67万kW；配套机井12364眼；陂塘159座，库容757.7万m^3。已形成引、蓄、抽、排具备，渠、库、井、塘互补的大型灌排体系。

现状宝鸡峡灌区有总干、干渠6条，长412.6km，已衬砌344.2km，衬砌率83.4%；支(分支)渠77条，长699.9km，已衬砌390.9km，衬砌率55.8%；干、支退水渠24条，长51.5km，已衬砌15.3km。灌区现有斗渠1956条，长2235.6km，已衬砌1521.1km，衬砌率68.0%；斗分渠10242条，长3754.8km，已衬砌1191.7km，分渠衬砌率为31.7%。斗分渠建筑物43554座，斗分渠建筑物与渠道配套相对较差。干、支、退水渠共有各类建筑物5362座，渠道与建筑物配套基本齐全。宝鸡峡灌区渠道衬砌现状见表3-31。宝鸡峡灌区灌排系统分布示意图见附图7。

表3-31　　宝鸡峡灌区渠道衬砌现状

渠道	条数(条)	长度(km)	砌护长度(km)	砌护率(%)
总干、干渠	6	412.6	344.2	83.4
支渠、分支渠	77	699.9	390.9	55.8
斗渠	1956	2235.6	1521.1	68.0
斗分渠	10242	3754.8	1191.7	31.7
干、支退水渠	24	51.5	15.3	29.7

现状年宝鸡峡灌区有效灌溉面积282.8万亩，节水灌溉面积85.6万亩，全部为渠道防渗。节水灌溉面积占有效灌溉面积比重仅为30.2%。见表3-32。

表3-32　　宝鸡峡灌区节水灌溉工程现状

有效灌溉面积(万亩)	节水灌溉(万亩)					节水灌溉面积占灌溉面积比例(%)
	渠道防渗	管道输水	喷灌	微灌	小计	
282.8	85.5	0	0	0	85.5	30.2

数据来自:《全国现代灌溉发展规划》。

(2)灌区发展历程

1)灌溉面积发展

现状年宝鸡峡灌区有效灌溉面积282.8万亩，现状实灌面积186.9万亩。从灌溉面积变化过程来看，1991—2012年宝鸡峡灌区有效灌溉面积没有变化，实灌面积呈减小趋势，各年实灌面积受当年降水量和供水水源影响。见表3-33。

表3-33 宝鸡峡灌区发展情况

年份	灌溉面积(万亩)		灌溉水量(亿 m^3)				灌溉定额(m^3/亩)	灌溉水利用系数
	有效	实灌	用水量			耗水量		
			地表水	地下水	合计			
1991	283.5	254.1	5.34	1.41	6.75	5.01	265	0.552
1992	283.5	254.5	5.86	1.81	7.67	5.76	301	0.553
1993	282.8	250.1	5.31	1.82	7.13	5.40	285	0.551
1994	282.8	267.0	8.12	2.73	10.85	8.21	406	0.553
1995	282.8	218.9	4.94	1.56	6.50	4.90	297	0.539
1996	282.8	252.8	5.36	1.92	7.28	5.53	288	0.553
1997	282.8	222.5	5.46	2.43	7.89	6.11	354	0.554
1998	282.8	226.2	3.50	1.27	4.77	3.63	211	0.554
1999	282.8	254.0	4.73	1.77	6.50	4.96	256	0.554
2000	282.8	213.3	4.18	1.74	5.92	4.56	278	0.554
2001	282.8	237.5	3.69	1.46	5.15	3.95	217	0.554
2002	282.8	245.5	4.19	1.59	5.78	4.42	235	0.552
2003	282.8	219.4	3.03	1.30	4.33	3.34	197	0.552
2004	282.8	207.4	4.20	1.98	6.18	4.82	298	0.552
2005	282.8	231.3	3.12	1.38	4.50	3.48	195	0.552
2006	282.8	198.9	2.36	1.26	3.62	2.85	182	0.533
2007	282.8	133.3	1.63	0.56	2.19	1.66	165	0.536
2008	282.8	176.8	2.58	0.87	3.45	2.61	195	0.540
2009	282.8	190.6	3.87	1.49	5.36	4.10	281	0.530
2010	282.8	179.8	2.31	1.37	3.68	2.93	205	0.535
2011	282.8	182.9	3.07	0.94	4.01	3.01	219	0.540
2012	282.8	186.9	3.54	1.18	4.72	3.57	253	0.540

2)种植结构变化

据调查统计,宝鸡峡灌区2012年粮食作物种植比例为154.6%,其中小麦种植比例最大为75.7%,其次是玉米占70.4%;经济作物种植比例为15.8%;复种指数为1.7。

从宝鸡峡灌区种植结构变化来看,粮食作物种植比例减小,经济作物种植比例增大。宝鸡峡灌区粮食种植比例由1998年的163.3%减小到2012年的154.5%;经济作物种植比例由1998年的6.7%增加到2012年的15.8%。粮食作物中小麦种植比例明显减小,玉米、其他粮食作物种植比例变化不大。小麦种植比例由 1998 年的 86.9%减小到 2012 年的 75.7%。经济作物在整个农业种植结构中所占比重最小，其内部种植结构也有变化，甜菜、油菜种植比例减小，瓜果、蔬菜等作物种植比例增大。见表 3-34。

表 3-34　　宝鸡峡灌区种植结构变化　　单位：%

年份	粮食作物				经济作物						合计
	小麦	玉米	其他	小计	棉花	油菜	瓜果	蔬菜	其他	小计	
1998	86.9	70.0	6.4	163.3	0.6	3.3	0.5	2.1	0.2	6.7	170.0
2012	75.7	70.4	8.5	154.6	0.3	3.1	2.1	5.8	4.5	15.8	170.3

3)粮食产量变化

2012 年宝鸡峡灌区粮食总产量为 12.1 亿 kg，粮食亩产为 794kg/亩。1991—2012 年，粮食亩产呈增加趋势，由 1991 年的 300kg/亩增加到 2012 年的 794kg/亩；但因粮食作物播种面积减小，粮食总产量呈减少趋势，由 1991 年的 13.7 亿 kg 减少到 2012 年的 12.1 亿 kg。

(3)用耗水及用水水平

1)用耗水

根据宝鸡峡灌区调查数据，宝鸡峡灌区多年平均用水量为 5.65 亿 m^3，其中地表水 4.11 亿 m^3，地下水 1.54 亿 m^3，耗水量为 4.31 亿 m^3。

从变化趋势来看，宝鸡峡灌区用水量总体呈波动减小趋势，由 1991 年的 6.74 亿 m^3 减小到 2000 年的 5.92 亿 m^3，进而减小至 2012 年的 4.72 亿 m^3；其中地表水用水量减小趋势明显，由 1991 年的 5.34 亿 m^3 减小到 2012 年的 3.54 亿 m^3，地下水用水量总体也呈减小趋势，但幅度相对较小，由 1991 年的 1.41 亿 m^3 减小到 2012 年的 1.18 亿 m^3。耗水量呈波动减小趋势，由 1991 年的 5.01 亿 m^3 减小到 2012 年的 3.57 亿 m^3。宝鸡峡灌区 1991—2012 年用、耗水量变化见图 3-21 和图 3-22。

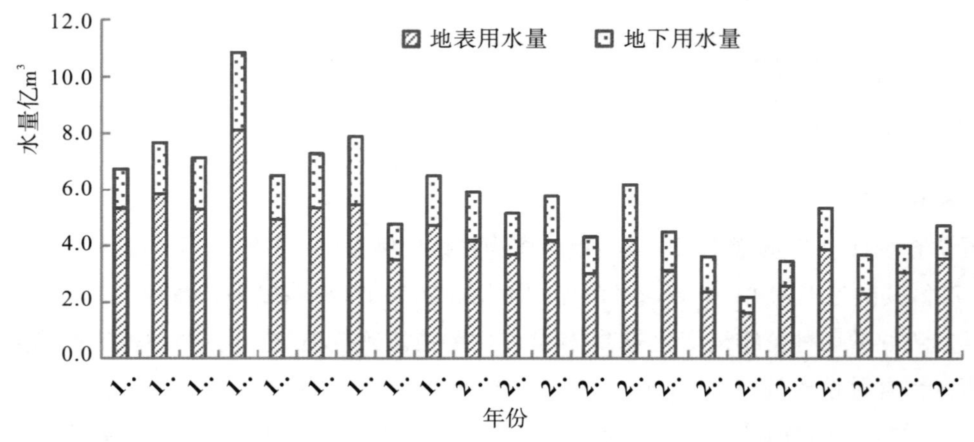

图 3-21　宝鸡峡灌区 1991—2012 年地表、地下用水量

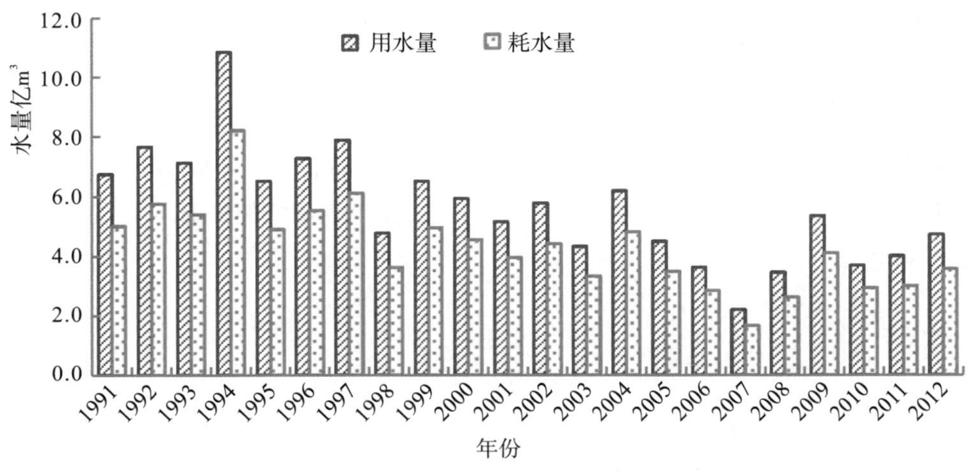

图 3-22 宝鸡峡灌区 1991—2012 年用水量、耗水量

2)灌溉水利用系数

根据调查,现状年陕西宝鸡峡灌区灌溉水利用系数为 0.5401,略高于陕西省大型灌区平均水平(0.5373)和中型灌区平均水平(0.5205),与陕西省小型灌区平均水平(0.5419)、纯井灌区平均水平(0.7800)和全区灌区平均水平(0.5452)相比偏低。

根据 1991—2012 年灌溉用水有效利用系数调查数据分析,宝鸡峡灌区灌溉水利用系数为 0.53~0.55,与全国平均水平(0.516)相比偏高。宝鸡峡灌区 1991—2012 年灌溉水利用系数见图 3-23。从变化趋势来看,宝鸡峡灌区灌溉水利用系数变化幅度不大,基本稳定在 0.54 左右。

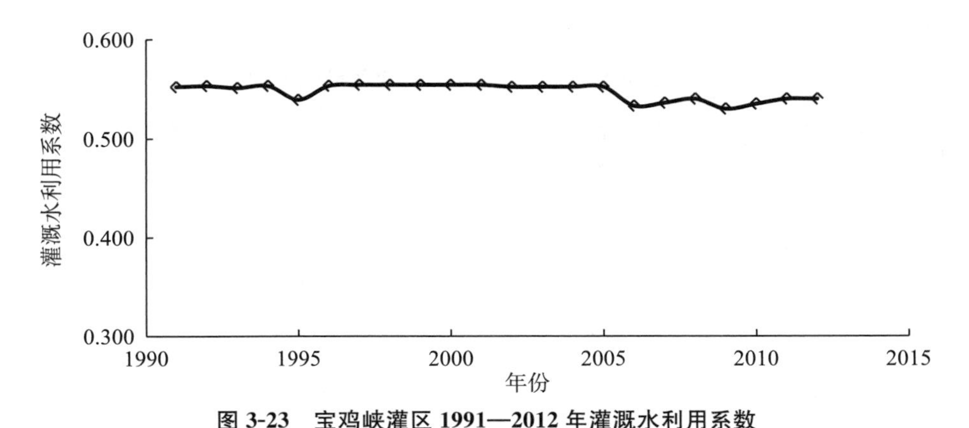

图 3-23 宝鸡峡灌区 1991—2012 年灌溉水利用系数

3)灌溉定额

①实灌定额

据调查分析,现状年宝鸡峡灌区实灌面积 186.9 万亩,灌溉用水量 4.72 亿 m^3,实灌定额 253m^3/亩。与西北诸河区实灌定额(619m^3/亩)、黄河流域实灌定额(385m^3/亩)和全国

平均实灌定额(404m^3/亩)相比,宝鸡峡灌区实灌定额偏低。

1991—2012 年宝鸡峡灌区平均灌溉定额为 259m^3/亩。从变化趋势来看,宝鸡峡灌区实灌面积 1991—2012 年呈减小趋势,灌溉用水量在 1991—2012 年呈波动减小趋势,实灌定额呈明显减小趋势。实灌面积由 1991 年的 254.1 万亩减小到 2012 年的 186.9 万亩;灌溉用水量由 1991 年的 6.74 亿 m^3 减少到 2012 年的 4.72 亿 m^3;实灌定额由 1991 年的 265m^3/亩减小到 2012 年的 253m^3/亩。见图 3-24。

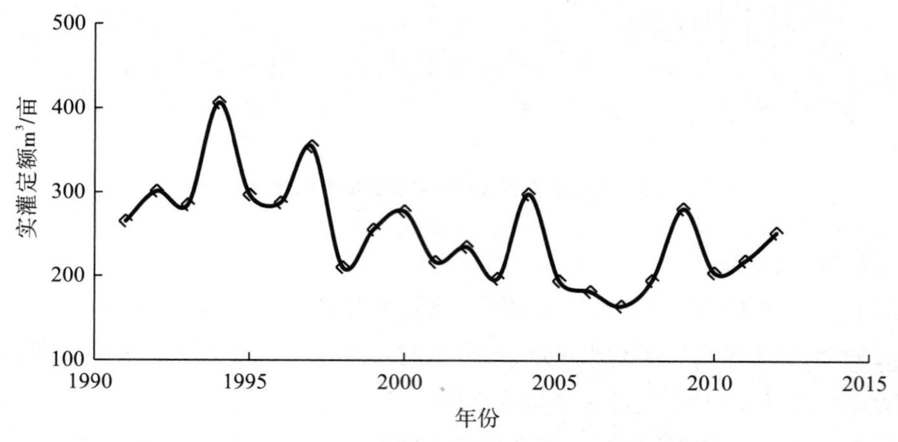

图 3-24　宝鸡峡灌区 1991—2012 年实灌定额

②设计灌溉定额

根据宝鸡峡灌区 2012 年种植结构以及设计灌溉制度,计算宝鸡峡灌区设计灌溉定额,见表 3-35 和表 3-36。

表 3-35　宝鸡峡灌区设计灌溉制度及农田灌溉定额(P=50%)

作物名称	作物组成(%)	灌水次数	灌水定额(m^3/亩次)	灌水时间(日/月)		灌水天数(d)	灌溉定额(m^3/亩)
				起	止		
小麦	75.7	1	60	11 月 11 日	12 月 30 日	50	100
		2	40	2 月 10 日	3 月 30 日	30	
		3					
夏杂	4.3	1	40	11 月 11 日	12 月 12 日	30	70
		2	30	2 月 21 日	3 月 10 日	19	
棉花	0.3	1	55	2 月 21 日	3 月 20 日	29	120
		2	35	7 月 6 日	7 月 20 日	20	
		3	30	7 月 21 日	5 月 8 日	16	
		4					

续表

作物名称	作物组成（%）	灌水次数	灌水定额（m³/亩次）	灌水时间（日/月）		灌水天数（d）	灌溉定额（m³/亩）
				起	止		
玉米	70.4	1	45	7月6日	7月25日	20	85
		2	40	7月26日	10月8日	15	
		3					
秋杂	4.3	1	35	7月11日	7月31日	21	65
		2	30	1月8日	8月20日	20	
油菜	3.1	1	50	11月11日	12月10日	30	90
		2	40	3月11日	3月30日	20	
其他	12.4	1	45	7月11日	8月10日	31	45
合计	170.5	农田灌溉净定额 150m³/亩，农田灌溉毛定额：278m³/亩					

表 3-36　宝鸡峡灌区设计灌溉制度及农田灌溉定额（*P*=75%）

作物名称	作物组成（%）	灌水次数	灌水定额（m³/亩次）	灌水时间（日/月）		灌水天数（d）	灌溉定额（m³/亩）
				起	止		
小麦	75.7	1	60	11月11日	12月30日	50	140
		2	40	1月3日	3月30日	30	
		3	40	4月21日	5月20日	30	
夏杂	4.3	1	40	11月11日	12月10日	30	70
		2	30	2月21日	3月10日	19	
棉花	0.3	1	55	2月21日	3月20日	29	155
		2	35	1月7日	7月20日	20	
		3	35	7月21日	8月5日	16	
		4	30	8月6日	8月20日	15	
玉米	70.4	1	50	6月16日	7月5日	20	125
		2	40	7月6日	7月20日	15	
		3	35	7月26日	10月8日	16	
秋杂	4.3	1	35	7月11日	7月31日	21	65
		2	30	8月1日	8月20日	20	
油菜	3.1	1	50	11月11日	12月10日	30	90
		2	40	3月11日	3月30日	20	
其他	12.4	1	45	7月8日	8月10日	31	45
合计	170.4	农田灌溉净定额 208m³/亩，农田灌溉毛定额：386m³/亩					

50%保证率水平，宝鸡峡灌区农田设计净灌溉定额为150m³/亩，农田设计毛灌溉定额为278 m³/亩；林牧设计净灌溉定额为60m³/亩，林牧设计毛灌溉定额为111m³/亩；宝鸡峡灌区综合设计净灌溉定额为136m³/亩，综合设计毛灌溉定额为251m³/亩。

75%保证率水平，宝鸡峡灌区农田设计净灌溉定额为208m³/亩，农田设计毛灌溉定额为386m³/亩；林牧设计净灌溉定额为110m³/亩，林牧设计毛灌溉定额为204m³/亩；宝鸡峡灌区综合设计净灌溉定额为193m³/亩，综合设计毛灌溉定额为357m³/亩。

③灌溉定额分析

宝鸡峡灌区现状实灌定额为253m³/亩，和设计综合灌溉定额（251m³/亩，$P=50\%$）相当，和设计综合灌溉定额（357m³/亩，$P=75\%$）相比，明显偏低。近5年平均实灌定额为231m³/亩，和设计综合灌溉定额相比明显偏低，宝鸡峡灌区为非充分灌溉。

3.3.4.4 东雷一期抽黄灌区

东雷一期抽黄灌区位于陕西省关中东部，总面积974km²。灌区是一座多级高扬程大型电力提灌工程，地势西北高东南低，海拔高程在635～349m之间，辖渭南市的合阳、澄城、大荔及蒲城4县13个乡镇，灌区总人口47.5万，其中农村人口42.1万。设计灌溉面积102万亩，有效灌溉面积83.7万亩。灌区基本情况见附图8。

灌区属干旱少雨地区，灌区境内两条小河大部分时间干涸无水，地下水埋藏深度在150m至200m之间，且储量小，无开采利用价值。黄河是灌区唯一可以利用的水源，每年除了冰、草、沙等因素影响外，东雷抽黄工程可以随时从黄河取水，保证农田灌溉。

(1)节水工程现状

1)水利工程现状

东雷一期抽黄灌溉工程是陕西省利用黄河水源修建的多级高扬程大型电力提灌工程。工程于1975年8月动工兴建，1979—1982年相继投入运行。该工程属大(Ⅱ)型灌区，总设计灌溉面积102万亩，现有效面积83.7万亩，渠首设计引水流量40m³/s。枢纽取水采用无坝引水方式，由一级站将黄河水提入35.5km长的总干渠。在总干渠西侧，根据塬上沟槽天然切割形成的耕作区分布情况，依次在东雷、新民、乌牛、加西设4个分级抽水灌溉系统，加上新民、朝邑两处滩地的淤灌工程共构成6个灌溉系统。

东雷一期抽黄灌区涉及合阳、澄城、大荔及蒲城4县13个乡镇，总土地面积146.1万亩，其中耕地面积110万亩，居民及其他占地面积26万亩，河道、湖、塘面积10.1万亩。灌区设计灌溉面积102万亩，分为塬上和塬下两大部分。其中塬上设计灌溉面积78.9万亩，其中东雷系统10.9万亩、新民系统16.3万亩、乌牛系统43.0万亩、加西系统8.8万亩；塬下设计灌溉面积23.1万亩，其中新民滩灌排系统5.6万亩，朝邑滩灌排系统17.5万亩。

灌区建成总干渠1条，长35.5km，渠首设计流量40m³/s，加大流量60m³/s，干渠8条，支渠88条。总干退水渠2条，总长3.5km，排水干沟3条，长44.8km；排水支沟14条，长

46.6km;修建各类渠道建筑物2775座。建成各级抽水泵站28座,加权平均扬程214m,最高九级提水,累计最大净扬程331.7m;安装各类抽水机组133台,总装机11.6万kW。东雷一期抽黄灌区灌排系统分布示意图见附图8。

2)节水投资与节水现状

东雷抽黄灌区1999—2011年共安排实施干、支渠道衬砌改造及除险加固212.3km,其中改造干渠6条,总长67.7km,改造支渠24条,总长144.6km;改造建筑物848座;改造生产管理设施15982m2;改造12座泵站部分设备。累计批复投资1.90亿元(含农综项目0.2亿元),占规划骨干工程总投资的20.3%,其中:中央投资1.39亿元(含农综项目0.098亿元),地方配套0.51亿元(含农综项目0.098亿元)。

随着灌区续建配套与节水改造项目的实施,灌区干、支渠多处填方渗漏、滑坡、卡脖子段和险工段得到了有效治理。现状东雷抽黄灌区干渠总长162km,已衬砌长度为126.5km,衬砌率为78.1%;支渠总长225km,已衬砌长度180km,衬砌率为80%;斗渠总长662km,已衬砌长度397.2km,衬砌率为60%,衬砌完好率15.6%;农渠2361条,总长1739km,衬砌率不足17%;斗、农渠建筑物1.4万座,建筑物完好率为20%。

现状东雷一期抽黄灌区有效灌溉面积83.7万亩,节水灌溉面积14.3万亩,全部为渠道防渗。节水灌溉面积占有效灌溉面积比重仅为17.1%。见表3-37。

表3-37　东雷一期抽黄灌区节水灌溉工程现状

有效灌溉面积(万亩)	节水灌溉(万亩)					节水灌溉面积占灌溉面积比例(%)
	渠道防渗	管道输水	喷灌	微灌	小计	
83.7	14.3	0	0	0	14.3	17.1

数据来自:《全国现代灌溉发展规划》。

(2)灌区发展历程

1)灌溉面积发展

东雷一期抽黄灌区现状有效灌溉面积83.7万亩,其中农田有效灌溉面积67.0万亩,林果灌溉面积16.7万亩。灌区现状实灌面积66.4万亩。从灌溉面积变化过程来看,1991—2012年东雷一期抽黄灌区有效灌溉面积没有变化,实灌面积受当年降水量和供水水源影响,呈波动变化。见表3-38。

2)种植结构变化

据调查统计,东雷一期抽黄灌区2012年粮食作物种植比例为127.6%,其中小麦71.9%、玉米47.4%、豆类、薯类及其他占8.3%;经济作物种植比例为23.0%,其中棉花12.5%、西瓜7.6%,其他占2.9%。复种指数为151%。

表 3-38　　东雷一期抽黄灌区发展情况

年份	灌溉面积(万亩)		灌溉水量(亿 m³)			灌溉定额(m³/亩)	灌溉水利用系数
	有效	实灌	用水	耗水	退水		
1991	83.7	60.2	1.5	1.2	0.3	254	0.469
1992	83.7	59.8	1.6	1.1	0.5	267	0.442
1993	83.7	32.8	0.8	0.6	0.2	229	0.467
1994	83.7	52.8	1.1	0.9	0.2	209	0.512
1995	83.7	60.5	1.3	1.1	0.2	216	0.538
1996	83.7	48.2	0.9	0.8	0.1	187	0.416
1997	83.7	48.5	1.1	0.9	0.2	227	0.392
1998	83.7	33.4	0.7	0.6	0.1	221	0.432
1999	83.7	42.6	1.1	0.9	0.1	248	0.424
2000	83.7	24.5	0.6	0.5	0.1	244	0.421
2001	83.7	48.8	1.2	1.0	0.2	241	0.432
2002	83.7	45.2	1.1	0.9	0.1	234	0.429
2003	83.7	30.8	0.7	0.6	0.1	224	0.437
2004	83.7	36.9	0.9	0.8	0.1	244	0.451
2005	83.7	63.6	1.3	1.2	0.1	201	0.446
2006	83.7	68.5	1.5	1.4	0.1	218	0.462
2007	83.7	51.6	1.1	0.9	0.2	204	0.446
2008	83.7	56.6	1.4	1.1	0.3	245	0.446
2009	83.7	66.8	1.5	1.4	0.1	224	0.470
2010	83.7	66.2	1.2	1.1	0.2	182	0.486
2011	83.7	70.2	1.7	1.5	0.2	235	0.486
2012	83.7	66.4	1.3	1.1	0.2	195	0.510

从东雷一期抽黄灌区种植结构变化来看，粮食作物种植比例增大，经济作物种植比例减小，复种指数由 123.1%提高到 151.0%。粮食作物种植比例由 1998 年的 89.3%增大到 2012 年的 127.6%，经济作物种植比例由 1998 年的 33.9%减小到 2012 年的 23.0%。粮食作物中主要是玉米种植比例增大，由 1998 年的 12.5%增大到 2012 年的 47.4%；经济作物中棉花种植比例增大，由 1998 年的 0.2%增加到 2012 年的 12.5%，其他经济作物种植比例均减小。东雷一期抽黄灌区种植结构变化见表 3-39。

表 3-39 东雷一期抽黄灌区种植结构变化

年份	粮食作物(%)						经济作物(%)					合计
	小麦	玉米	豆类	薯类	其他	小计	棉花	油菜	西瓜	其他	小计	
1998	62.8	12.5	3.5	4.8	5.7	89.3	0.2	0.7	17.5	15.4	33.8	123.1
2012	71.9	47.4	3.0	3.8	1.5	127.6	12.5	1.0	7.6	1.9	23.0	151.0

3)粮食产量变化

随着农业技术及灌溉条件的提高,东雷一期抽黄灌区粮食亩产呈增加趋势,由1990年的264kg/亩增加到2012年的387kg/亩。

(3)用耗水及用水水平

1)用耗水

根据东雷一期抽黄灌区调查数据,灌区多年平均用水量为1.2亿m^3,耗水量为1.0亿m^3,退水量为0.2亿m^3。从用、耗、排水量变化来看,东雷一期抽黄灌区历年用水量、耗水量在1991—2000年呈波动减小趋势,2000年以后成波动增加趋势;排水量相对稳定。东雷一期抽黄灌区1991—2012年用、耗水量变化见图3-25。

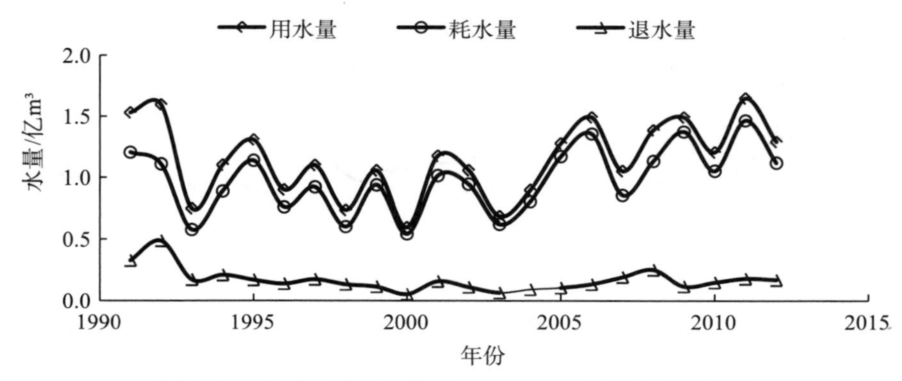

图 3-25 东雷一期抽黄灌区1991—2012年用、耗、退水量

2)灌溉水利用系数

根据调查,现状年陕西东雷一期抽黄灌区灌溉水利用系数为0.510,与陕西省大型灌区平均水平(0.5373)、中型灌区平均水平(0.5205)、小型灌区平均水平(0.5419)、纯井灌区平均水平(0.7800)和全省灌区平均水平(0.5452)相比均偏低,与全国平均水平(0.516)相比也偏低。

根据2000—2012年灌溉用水有效利用系数调查数据分析,东雷一期抽黄灌区灌溉水利用系数为0.42~0.51,呈波动增大趋势,由2000年的0.421增大到2012年的0.510。东雷一期抽黄灌区1991—2012年灌溉水利用系数见图3-26。

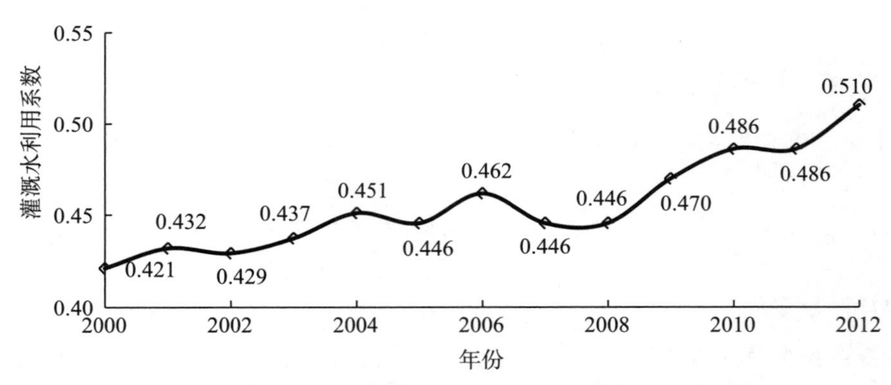

图 3-26　东雷一期抽黄灌区 1991—2012 年灌溉水利用系数

3)灌溉定额

①实灌定额

据调查分析,现状年东雷一期抽黄灌区实灌面积 66.4 万亩,灌溉用水量 1.29 亿 m^3,实灌定额 195m^3/亩。与西北诸河区实灌定额(619m^3/亩)、黄河流域实灌定额(385m^3/亩)和全国平均实灌定额(404m^3/亩)相比,东雷一期抽黄灌区实灌定额偏低。

1991—2012 年东雷一期抽黄灌区平均灌溉定额为 225m^3/亩。从变化趋势来看,东雷一期抽黄灌区实灌定额呈减小趋势,实灌定额由 1991 年的 254m^3/亩减小到 2012 年的 195m^3/亩。见图 3-27。

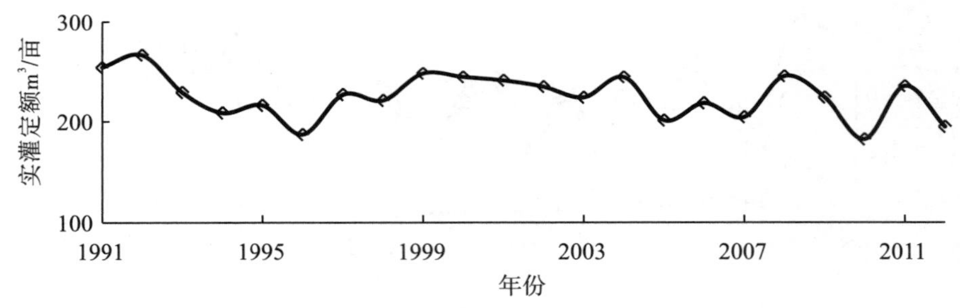

图 3-27　东雷一期抽黄灌区 1991—2012 年实灌定额

②设计灌溉定额

根据东雷一期抽黄灌区 2012 年种植结构以及灌区续建配套与节水改造中设计灌溉制度,计算东雷一期抽黄灌区设计灌溉定额,见表 3-40。75%保证率水平,东雷一期抽黄灌区农田设计净灌溉定额为 182m^3/亩,农田设计毛灌溉定额为 357m^3/亩;林牧设计净灌溉定额为 65m^3/亩,林牧设计毛灌溉定额为 127m^3/亩;采用面积加权平均,东雷一期抽黄综合设计净灌溉定额为 159m^3/亩,综合设计毛灌溉定额为 311m^3/亩。

表 3-40 东雷一期抽黄灌区设计灌溉制度及农田灌溉定额(P=75%)

作物名称	作物组成(%)	灌水次数	灌水定额(m³/亩次)	灌水时间(日/月)	灌水天数(d)	灌溉定额(m³/亩)
小麦	71.9	1	45	20/11—10/12	21	125
		2	40	10/3—5/4	27	
		3	40	5/5—20/5	20	
玉米	47.4	1	40	22/6—4/7	13	120
		2	40	20/7—31/7	12	
		3	40	7/8—24/8	18	
棉花	12.5	1	40	5/3—17/3	13	165
		2	45	20/3—5/4	17	
		3	40	10/6—25/6	16	
		4	40	25/7—5/8	12	
夏杂	9.3	1	40	20/3—11/4	23	80
		2	40	10/5—25/5	16	
秋杂	9.5	1	40	20/7—10/8	22	80
		2	40	20/8—10/9	22	
合计	151	农田灌溉净定额 182m³/亩,农田灌溉毛定额:357m³/亩				

③灌溉定额分析

东雷一期抽黄灌区现状实灌定额为 195m³/亩,和设计综合灌溉定额(311m³/亩,P=75%)相比,明显偏低。近5年平均实灌定额为 216m³/亩,与设计综合灌溉定额相比明显偏低,东雷一期灌区为非充分灌溉。

3.3.4.5 节水发展方向

综上分析可知,山西汾河灌区和尊村灌区现状节水灌溉面积占有效灌溉面积比重为55%左右,主要为管灌;陕西的宝鸡峡灌区和东雷灌区现状节水灌溉面积占有效灌溉面积比重分别为30.2%和17.1%,尚有节水空间。从灌溉定额来看,4处灌区现状实灌定额均明显低于西北诸河区、黄河流域、全国平均水平,为非充分灌溉,节水潜力有限。从节水工程角度来看,未来可进一步加强节水工程改造,扩大节水灌溉面积,挖掘节水潜力。

3.4 黄河上中游灌区高效节水适应性分析及措施规模研究

黄河流域不能照搬国外的高效节水发展模式,比如以色列是放弃了粮食自给,而大力发展可供出口的经济类作物,本质上是一条以产值最高为目标的农业模式,这与我国的国情不相符。但是高效节水灌溉已经在国内得到使用，并取得了阶段性的成效，而我国人口数量的增长速度依然居世界前列，社会对粮食产量增长的需求依旧存在较大的压力。同时，高效节水灌溉技术应用与国际先进水平相比，还存在着一定的差距。因此，黄河流域尤其上中游缺水地区发展高效节水技术具有一定潜力。

由于黄河上中游地区气候干旱，降水稀少，生态环境脆弱，是典型的灌溉农业，没有灌溉就没有农业。很多地方都是有水一片绿，无水一片沙，农业灌溉也是区域生态环境的重要支撑。因此，西北地区高效节水必须以维持区域生态环境系统稳定为前提，不能无节制地盲目追求高效节水灌溉。同时，由于不同高效节水措施各具特点，也均具有其各自的适应性。

3.4.1 不同高效节水措施适宜性分析

(1)管灌适宜性分析

低压管道输水灌溉简称管灌，是利用低耗能机泵或由地形落差所提供的自然压力水头将灌溉水加低压(一般不超过 0.2kPa)，然后通过管网输配水到农田进行灌溉，田间灌水通常采用畦、沟灌等地面灌水方法。管灌按获得压力的来源可分为加压式、自压式。按可移动程度可分为固定式、移动式、半固定式。

管灌管网水的有效利用率一般均在 0.95 以上，田间水的有效利用率可达 0.9 以上。管灌系统比明渠系统省去了明渠清淤除草、维修养护用工，同时管道输水快，供水及时，灌水效率高，故可减少田间灌水用工，节约灌水劳力。一般固定式管道灌溉效率可提高 1 倍，用工减少 50%左右。且管灌系统设备简单，技术容易掌握，使用灵活方便，适宜单户或联户农民自行管理模式。

(2)喷灌适宜性分析

喷灌是利用专门设备(喷头流量 $q \geqslant 250L/h$)将有压水送到灌溉地段，并喷射到空中散成细小水滴，均匀地散布在田间进行灌溉的灌水方法。喷灌可分为固定式、半固定式、移动式。喷灌具有节约用水、保持水土、节土地与劳力等优点，但也存在喷水不均匀、受风向影响、土壤底层湿润不足、运行成本相对较高等问题。

在西北地区是否适合发展喷灌技术，目前国内有些争论，认为不适宜的主要论点是蒸发漂移损失大。《喷灌工程技术规范》编写组在 20 世纪 80 年代初为了确定喷灌水利用系数，组织力量在全国布点实测，包括新疆在内当风速小于 3.4m/s 时，喷灌水利用系数都在 0.8 以上，比一般灌溉方法的灌溉水利用系数大得多。纵观世界干旱地区的国家，以色列 30%的灌溉面积是喷灌，沙特阿拉伯、阿曼、埃及的西奈等也在大面积上采用喷灌。但是在干旱地区如何采用更适宜的喷灌形式和技术，减少喷灌的蒸发漂移损失和降低能耗也是需要研究解决的问题。

(3)微灌适宜性分析

微灌是利用微灌设备组装成微灌系统，将有压水输送分配到田间，通过灌水器以微小的流量湿润作物根部附近土壤的一种灌水技术。微灌可分为地面固定式、地下固定式、移动式、间歇式。微灌具有喷灌技术的所有优点，而且克服了喷灌受风影响大、耗能大等缺点，同时比喷灌更省水(一般比喷灌省水15%～20%)，灌水均匀，水肥同步，可根据不同土壤入渗特性调节灌水速度，施工难度也相对较小。但是，微灌对灌溉水质要求较高，灌水器易堵塞，干旱地区常有土表反盐问题，裸露在地面上的毛管和灌水器易老化和易被破坏，给管理工作增加了一定难度。

微灌按灌水器及出流形式的不同，又可分为滴灌、微喷灌、小管出流、渗灌等。

综合以上分析，选择多个因素，对不同高效节水措施的优缺点进行了分析，详见表3-41。管灌整体表现一般，在不破坏土壤的团粒结构等等6个方面表现较差，但其能源消耗量较小、不存在灌水器堵塞问题；喷灌整体表现良好，在结合冲洗盐碱土、基建与设备投资、能源消耗量等3个方面表现较差，其他方面表现良好；微灌除在结合冲洗盐碱土、基建与设备投资等两个方面表现较差外，整体表现偏优。选择高效节水灌溉措施时，应根据地区自然条件、水资源条件、农业生产特点等，因地制宜选择科学合理的高效节水灌溉措施。

表3-41　　不同高效节水措施优缺点比较

比较因素	管灌	喷灌	微灌			
			滴灌	微喷灌	小管出流	渗灌
水的利用率	○	+	+	+	+	+
灌水均匀性	○	+	+	+	+	+
不破坏土壤的团粒结构	−	+	+	+	+	+
对土壤透水性的适应性	○	+	+	+	+	−
对地形的适应性	−	+	○	○	○	○
改变空气湿度	○	+	−	+	+	−
结合施肥	○	○	+	+	+	○
结合冲洗盐碱土	○	−	−	−	−	−
基建与设备投资	○	−	−	−	−	−
平整土地的土方工程量	−	+	○	○	○	○
田间工程占地	−	+	+	+	+	+
能源消耗量	+	−	○	○	○	○
管理用劳力	−	○	+	+	+	+
水源水量要求	−	○	+	+	+	+
灌水器抗堵塞能力	+	○	−	−	○	−

注　符号：+优，−差，○一般。

3.4.2 高效节水措施安排的原则

（1）因地制宜、合理布局。根据各省区不同地区的自然、经济社会、农业发展等特点，确定适宜的高效节水灌溉发展模式。有地形条件的地表水自流灌区，实施“管代渠”输水方案，充分利用地形条件实现自压供水；地表水提水灌区，积极推进管灌，在特色作物区优先考虑输水使用管道，田间实施微灌及喷灌；地下水井灌区，全面推广管灌，有条件的地区积极发展喷灌及微灌。

（2）突出重点、连片推进。重点选择特色类、经济林果类等优势作物区，严重缺水及生态脆弱的大田粮食作物区，优先发展高效节水技术，尤其微灌和喷灌技术。集中连片建设，规模化发展，集约化经营。

（3）技术先行，科技创新。积极采用新技术、新材料、新工艺，加快高效节水灌溉技术及设备的引进、吸收和消化，依靠现代科学技术，不断创新改造，积极探索高效节水技术在高含沙水源应用的问题，不断降低高效节水工程的使用成本。

（4）政府主导、多方参与。充分发挥各级政府的主导作用，积极调动社会力量参与高效节水工程的建设中，建立多方参与的长效投入和管理机制，保障高效节水灌溉技术的稳步推进。

（5）土地流转和规模经营是发展高效节水灌溉的前提。按照依法、自愿、有偿和确保所有权、稳定承包权、放活经营权的原则，创新土地流转方式，把农户分散的土地承包经营权集中起来，按照规划和产业发展需要，将土地向专业种植大户、农民专业合作社和龙头企业等规模经营主体流转。高效节水农业示范区需要在这些规模经营的土地上，节水灌溉工程统一规划、集中连片建设，土地流转和规模经营是发展高效节水的前提。

（6）推广高效节水技术与农业技术的有机结合，实现作物优质高产高效。把先进的滴灌技术、微喷灌技术、变频恒压供水技术与其他农技措施和技术有机结合起来，综合效果十分显著。比如，将金鹏10号番茄、欧洲大樱桃等新品种种植技术，西红柿＋西瓜、洋葱＋西瓜＋白菜等农业栽培模式，作物专用肥、水肥一体化等科学施肥模式有机结合，有效地提高了作物品质、产量和效益。

（7）整合资源是保障工程建设资金和工程效益发挥的有效途径。积极引导农业产业化龙头企业，利用其专业化、产业化、规模化的生产管理模式和资金，推广应用节水灌溉技术，促进节水技术的应用与发展。促使企业节约用水，节水调质，提高农产品品质，发展优质高效农业，达到多赢局面，有利于保障工程建设资金和工程效益的发挥。典型事例：陕西新华府现代农业有限公司、陕西竹园嘉华农产品开发有限公司推广滴灌技术。陕西杨凌汇承果业技术开发有限责任公司、陕西杨凌森淼种业有限公司、杨凌生态农业投资股份有限公司推广微喷灌技术。陕西赛德高科生物股份有限公司等龙头企业推广应用喷灌等高效节水灌溉技术。

3.4.3 黄河上中游地区高效节水发展方向及重点布局

(1)青海

根据《青海省“四区两带一线”发展规划》《青海省农业区划》《青海省“十二五”特色农牧业发展规划》和《青海省高效节水灌溉项目总体实施方案》，结合青海灌溉发展现状情况，确定湟水、龙羊峡至兰州干流区间适宜大规模发展高效节水灌溉面积，主要建设大田粮食作物和大田经济作物高效节水灌溉面积，并考虑发展少量的林果草高效节水灌溉面积。

从水资源三级区来看，湟水、龙羊峡至兰州干流区间是青海省高效节水措施增长最具潜力的地区，该地区位于青海东部，范围涉及西宁、海东、黄南、海南、海北等市(州)。该区域涵盖沿湟水发展带和沿黄河发展带等两条经济发展带，是青海打造“百里百万亩马铃薯、百里百万亩油菜、百里万棚蔬菜、百里十万亩薄皮核桃、百里十万亩大果樱桃”的主要区域。该区域是发展高效节水灌溉面积的重要区域，以大田粮食作物和大田经济作物为主，考虑少量林果草，主要发展管灌和喷灌，适量发展部分微灌。根据农业发展布局，确定4种高效节水灌溉模式：管道输水灌溉(特色林果)、渠道供水＋管道输水灌溉(大田粮食作物)、机井提水＋微灌灌溉(设施农业)、管道输水灌溉(经济作物)。结合地方规划，在青海省的湟水分区，布置管灌10.0万亩，喷灌6.8万亩，微灌3.2万亩；在龙羊峡至兰州干流区间，布置管灌2.0万亩，喷灌5.8万亩。

(2)甘肃

甘肃沿黄地区努力调整农业种植结构，引导农民减少种植高耗水粮食作物，积极种植高效节水经济作物，发展与高效节水技术相适应的特色优势产业，建立与水资源状况相适应的农业结构布局，提高水资源利用效率，增加农业产出，为大面积推广高效节水灌溉技术奠定了良好基础。甘肃省出台了《甘肃省河西走廊国家级高效节水灌溉示范区项目实施方案》，确定兰州市、白银市等沿黄提灌区为重点大规模发展高效节水技术地区。近些年甘肃大力推广膜下滴灌技术，应用于棉花、番茄、籽瓜、枸杞等作物，积极探索膜下滴灌水肥一体化物联网自动控制技术，实现了节水、节肥、节工、增产、高效等多重目标。

从水资源三级区来看，甘肃省兰州至下河沿区间是高效节水措施发展的最重要地区，主要有白银市靖会灌区、白银市兴电灌区、省景电灌区等大型灌区，涉及兰州市、白银市等，该区域沿黄提灌区人口耕地集中、区位优势明显，同时，水资源短缺、生态环境比较脆弱。根据该区域水源类型、灌溉条件和气候特点等因素，因地制宜地发展高标准管道输水灌溉、喷灌、微灌等高效节水灌溉工程。在以大田粮食作物为主的地区，积极推广高标准管灌工程，在以蔬菜、瓜类、林果、花卉等高效经济作物为主的地区，重点推广微灌工程。

在安排节水技术模式时，根据水源特点设置不同模式。在沿山或具有一定落差的河水灌区，实施“管代渠”输水方案，充分利用地形条件实现自压供水；在井灌区，可通过机井改造，按照灌溉水头需求，一次性输水到田；在沿黄灌区，可在进行水质处理的基础上，采取多种灌溉方式发展高效经济作物灌溉。甘肃工程节水技术模式有：水库＋管道＋管、喷、微灌系统；渠道＋沉淀设施（＋加压变频）＋管道＋管、喷、微灌系统；机井＋加压（变频）供水＋管、喷灌系统；机井＋调温池＋加压（变频）输水＋过滤器＋微灌系统；泵站＋沉淀设施＋加压输水＋温室滴灌。结合地方规划，在甘肃省的兰州至下河沿区间，共布置管灌 70.1 万亩，喷灌 12.1 万亩，微灌 37.8 万亩。

（3）宁夏

宁夏地处我国西北地区，在水资源条件、土地经营方式等方面具有一定的优势，近些年，宁夏大力推广高效节水灌溉技术，已具有一定成效，同时正加大力度推进农村土地流转，转变农业生产方式，为实现一定程度的土地集约化经营创造了有利条件。新发展高效节水灌溉面积主要采用微灌措施。

依据《宁夏高效节水灌溉“十二五”规划》《中国（宁夏）贺兰山东麓葡萄产业带及文化长廊发展总体规划》《宁夏南部山区库井灌区节水改造规划》《宁夏灌溉发展总体规划》《宁夏规模化高效节水灌溉项目总体实施方案（2013—2017 年）》相关规划，考虑水资源条件、种植结构、农业生产方式等因素，在经济作物区、粮食主产区、贫困区及生态脆弱地区因地制宜发展不同类型的高效节水灌溉技术，并建设一批高效节水示范区。

从水资源三级区来看，宁夏下河沿至石嘴山区间是高效节水措施发展的最重要地区，主要涉及青铜峡灌区、固海灌区、红寺堡灌区、沙坡头灌区、七星渠灌区等 5 个大型灌区。下河沿至石嘴山区间的引黄灌区水土资源相对集中，农业灌溉节水潜力最大。自流灌区主要采用渠道输水的地面小畦灌溉方式，以引黄干渠为水源的灌区边缘扬水灌区是特色产业发展的主要地区，应大力推广以滴灌为主的高效节水灌溉技术。其中，青铜峡河西扬水灌区是宁夏贺兰山东麓百万亩葡萄长廊建设的核心地带，大力推广葡萄微灌技术改造；青铜峡河东扬水灌区是灵武长枣特色产业带，重点发展枣树微灌技术改造；沙坡头灌区的河南南山台子是宁夏香山硒沙瓜的重点产区，大力推广硒沙瓜滴灌。主要的高效节水模式是黄河水蓄水沉淀工程与滴灌。结合地方规划，在宁夏的下河沿至石嘴山区间，布置管灌 24.3 万亩，喷灌 19.2 万亩，微灌 144.0 万亩。

（4）内蒙古

内蒙古现已建成了以喷灌、微灌为代表的多个高效节水典型，实践总结出了大户经营、联合经营、股份合作、集体经营、龙头企业基地化经营以及场县共建等经营管理模式，强有力地促进了农业生产的土地流转、规模经营现代化进程，为大面积推广高效节水灌溉技术提供了典型示范。

依据《内蒙古新增四个千万亩节水灌溉工程规划》《内蒙古高效节水灌溉项目“十二五”实施方案》和《内蒙古自治区中西部地区节水增效项目总体实施方案(2014—2017年)》，优先选择水源、电力有保障，地方政府和群众积极性高，土地集中连片，规模化经营程度高的区域，大规模发展高效节水技术。

从水资源三级区来看，内蒙古石嘴山至河口镇北岸区间是最适合发展高效节水技术的地区，主要有河套灌区、团结灌区、镫口灌区、大黑河灌区等大型灌区，涉及呼和浩特市、包头市、巴彦淖尔市、乌海市和阿拉善盟等市(盟)。其中呼和浩特市、包头市现状地下水资源开发程度较高，将其分为阴山北麓的低山丘陵农牧区和阴山南麓的土默川平原农区。在阴山北麓，主要种植马铃薯和葵花等，优先选择发展膜下滴灌，同时在水资源条件较好的区域发展半固定式喷灌。在阴山南麓，主要种植大田玉米和经济作物等，优先选择发展膜下滴灌，同时在水资源条件较好的区域发展半固定式喷灌，另外在包头市沿山一带主要种植果树，适宜发展小管出流。巴彦淖尔市、乌海市和阿拉善盟降水量少，是标准的没有灌溉就没有农业的地区，并且部分地区地下水出现不同程度的超采，将此地区分为巴彦淖尔市沿山农区、乌海市沿黄农区和阿拉善盟沿山牧区。在巴彦淖尔市沿山农区，重点发展大田作物的膜下滴灌；在乌海市沿黄农区，重点发展葡萄等特色经济作物的滴灌，而且灌溉水源主要采用地表水；在阿拉善盟沿山牧区，重点发展青贮玉米等饲草料作物的膜下滴灌。结合地方规划，在内蒙古石嘴山至河口镇北岸区间，共布置管灌30.7万亩，喷灌53.0万亩，微灌61.3万亩。

在内蒙古石嘴山至河口镇南岸区间，大型灌区只有黄河鄂尔多斯市达拉特旗南岸灌区。该地区部分旗县已经出现地下水超采情况，在超采区安排高效节水工程时，应注意地下水资源供需平衡，鄂尔多斯市可分为北部沿黄农区和南部农牧交错区。根据近年来高效节水灌溉的发展情况和当地群众的接受程度，优先选择发展滴灌和中心支轴式喷灌。结合地方规划，在内蒙古石嘴山至河口镇北岸区间，布置喷灌2.4万亩，微灌8.2万亩。

(5)陕西

目前陕西农业正经历传统农业向现代农业的转变，农业生产方式、农产品种类与品质、农业效益等都将发生深刻变化，而现代农业生产要求提供种类丰富、品质优良、数量充足的农产品，必须提高农业水利化、机械化和信息化水平。近年来，秦岭北麓的猕猴桃，渭北的苹果，陕北的马铃薯和红枣等发展很快，设施农业在全省发展也非常迅猛。

依据《陕西省节水型社会建设“十二五”规划》《陕西省现代农业发展规划(2011—2017年》《陕西省高效节水灌溉项目总体实施方案(2013—2017年)》等相关规划，根据自然地理、水资源条件及农业生产特点，因地制宜安排不同高效节水措施。

从水资源三级区来看，陕西省渭河宝鸡峡至咸阳、渭河咸阳至潼关区间是最适合发展高效节水技术的地区，主要有宝鸡峡灌区、泾惠渠灌区、交口抽渭灌区、桃曲坡水库灌区、石头河水库灌区、冯家山水库灌区、羊毛湾水库灌区、东雷抽黄灌区、洛惠渠灌区、黑河水库灌区等大型灌区，该地区地处秦岭以北、渭北旱塬以南，粮食作物以小麦、玉米为主，经济作物以猕猴桃、葡萄、樱桃、蔬菜等为主。在小麦、玉米等粮食种植区以“水源＋高标准低压管道灌溉”模式为主，在猕猴桃、葡萄等果树种植区以“水源＋微灌（微喷灌或滴灌）”模式为主。结合地方规划，在陕西省渭河宝鸡峡至咸阳区间，共布置管灌 87.1 万亩，喷灌 20.6 万亩，微灌 29.3 万亩；在陕西省渭河咸阳至潼关区间，共布置管灌 57.7 万亩，喷灌 28.3 万亩，微灌 26.0 万亩。

在陕西省吴堡以下右岸区间，主要是渭北旱塬及黄土丘陵沟壑区，该地区地处关中平原以北，光照充足、昼夜温差大，土层深厚，是陕西苹果种植的集中区，而该区域水资源缺乏，降水少且年内分配不均，地下水埋藏深，土壤干旱严重。在发展高效节水技术时主要以地表水为水源，重点发展管灌及微灌。在苹果等经济作物种植区以发展“水库水源＋泵站＋调蓄池＋微灌（滴灌或小管出流）”模式为主，在粮食作物种植区等以发展管灌为主。结合地方规划，在陕西省吴堡以下右岸区间，共布置管灌 23.4 万亩，微灌 5.8 万亩。

（6）山西

依据《山西省大型灌区续建配套与节水改造规划报告》《山西省现代农业发展规划》，按照自然资源条件，山西的农业生产可以分为：北部边山丘陵区、西部黄土丘陵沟壑区、东部低山丘陵区和中南部盆地边山丘陵区共四大区域，各区域的农业气候资源、水热组合类型、农作物品种、农业生产结构各不相同。

山西省北部边山丘陵区，年降雨量 370～400mm，种植制度为一年一熟，作物主要是玉米、谷子、马铃薯、杂粮。现状高效节水措施主要以管灌、喷灌为主，未来主要发展管灌。西部黄土丘陵沟壑区，年降雨量 400～560mm，种植制度以一年一熟为主，粮食作物有小麦、谷子、玉米、马铃薯、莜麦、黍类。现状高效节水面积中管灌面积最大，其次是喷灌，规划因地制宜大规模发展管灌，在部分合适地区适当发展喷灌及微灌。东部低山区丘陵区，年降雨量 500～650mm。种植作物有玉米、谷子、杂粮、小麦、为一年二熟或二年三熟。现状高效节水措施以管灌为主，未来发展以管灌为主，适量发展喷灌及微灌。中南部盆地及边山丘陵区，年降雨量 400～600mm，种植制度以一年二熟或二年三熟为主，种植作物有冬小麦、棉花、谷子、玉米、薯类。现状高效节水措施以管灌为主，未来发展以管灌为主，适量发展喷灌及微灌。

从水资源三级区来看，山西省汾河、龙门至三门峡干流区间是最适合发展高效节水的地区，汾河区间有汾河灌区、潇河灌区、禹门口电灌站、文峪河灌区、汾西灌区等大型灌区，龙门至三门峡干流区间有尊村电灌站、大禹渡灌站、夹马口电灌站等大型灌区。其中汾河灌区高效节水措施以管灌为主，新增规模达 21.4 万亩，因地制宜适量发展喷灌及微灌；尊村电灌站灌区高效节水措施以管灌为主，新增规模达 15.6 万亩，适量发展喷灌及微灌；夹马口电灌站灌区规划发展管灌 9.8 万亩，喷灌 5.7 万亩，微灌 5.7 万亩；禹门口电灌站灌区规划发展管灌 10.8 万亩，喷灌 4.6 万亩，微灌 4.6 万亩；汾西灌区高效节水措施以管灌为主，新增规模达 11.8 万亩，适量发展喷灌和微灌。山西省黄河流域共发展管灌 120.4 万亩，喷灌 35.9 万亩，微灌 37.2 万亩。

3.5 本章小结

本章初步探讨了生态节水的理念、内涵和模式，梳理了黄河上中游地区节水措施及其实践，并以青甘地区、宁蒙地区和晋陕地区为例，分析了黄河上中游大型灌区的节水特征，探究了典型灌区节水历程及节水发展的方向，明晰了不同高效节水措施的适宜条件，提出了各省区高效节水措施的方向及布局，为农业节水潜力分析奠定了良好基础。

第 4 章 河套灌区周边植被与地下水位关系研究

生态系统完整性是资源管理和环境保护中一个重要的概念。它主要反映生态系统在外来干扰下维持自然状态、稳定性和自组织能力的程度。调查并评价生态系统完整性对于保护敏感自然生态系统免受人类干扰的影响有着重要的意义。对灌区进行人工调控来维持整个流域的生态健康，是非常重要的，选取合适的生态系统标地，维持标地的生态健康，是维持灌区及其周边生态系统健康的重要评价。生态标地的选择既有动物也有植物，在生态标地的维护和选择中，植物和动物又是全生命链的，选择动物或者植物，挑某一典型植物或者动物，都是对评估生态系统完整性都是至关重要的。因此，开展生态系统的健康调查，确定其生态标的，是本次研究的一个核心内容，通过维持周边生态系统的完整性需求，来确定最终灌区节水措施，从而建立起节水生态的发展模式。

4.1 灌区周边植被生态调查方法与内容

生态系统完整性(Ecosystem Integrity)的内涵不断发展，正在逐步成为现代环境伦理和环境政策的价值基础。完整性是“未受损害的、良好的状态”，表示“全体、全部或健全”，最早使用的是 “生物完整性(Biologicalintegrity)”的概念。生态系统完整性是在生物完整性概念的基础上发展起来的，且因“系统”的特性，其内涵更加丰富。生态系统一词更全面的表述了人们对生命系统(包括人类)与非生命系统(环境)相互关系的认识，它是“一个区域所有植物、动物、土壤、水、气候、人和生命过程相互作用的整体”，且处于不断的进化和发展中。生态系统常常作为组织概念，以能量和物质流为描述工具，从整个系统的特性出发，来描述一个区域的生物地理过程。

4.1.1 灌区周边生态调查内容

地球表面丰富多彩的绿色植物，形成厚薄不等的绿色覆盖，称为植被(Vegetation)。植被是重要的自然地理要素，在任何地区，只要研究自然地理问题，就不能不研究植被。植被是动植物生存繁育的栖息地，在任何地区，只要研究动植物的分布和野外生长发育，就要涉及植被问题。植被更是重要的资源，在任何地区，只要考虑区域资源和环境问题，就不得不考虑该区域的植被。因此，在区域范围内，植被调查是一项很基础的科技工作。植被调查的理论基础和工作方法都相当成熟，这方面也有很多文献可供参考。

早期的植被调查，更多地偏重于认识植被物种组成、植被类型及分布和植被资源特征，强调以植被这一实体为核心的学术研究。随着植被科学及与之相关联学科的发展，植被调查工作已经从学术研究走向资源清查、动植物栖息地调查和生态保护调查。例如，在 20 世纪 20—30 年代，植被科学在欧洲和美洲兴起，植被调查以资源清查为基础目的，侧重调查方法的创新。到 20 世纪 80 年代末期，中国科学家在引进欧美植被调查方法基础上完成中国植被分类系统、分布规律等调查工作以后，植被调查进入补点充实阶段。进入 21 世纪，有关植被组成、类型、分布的基本特征已经相当清楚，区域性植被调查的基本任务就是资源清查、动植物栖息地调查和生态保护调查。

严格地讲，植被调查和植被研究是有差别的。前者侧重对具体地区植被基本特点的认识，后者侧重研究植被这一自然实体的生态学问题。以昆明西郊 10 余平方公里范围内的西山森林公园为例，云南大学师生曾经在 20 世纪 60—80 年代多次在此进行调查研究，对植被物种组成、植被类型及其分布有了相当清晰的认识，即昆明西山森林公园的植被调查工作已经完成，没有必要再重复。但是，昆明西山森林公园具体植被类型（例如，滇青冈群落）中物种之间的生态关系问题，各种植被类型（例如，滇青冈群落与云南油杉群落、滇青冈群落与华山松群落）之间的动态演替关系，是生态学研究的热点问题，属于植被研究范畴，需要使用新思路新方法进行深入研究。

所以，植被调查工作，已经是比较传统的科学考察工作。到 21 世纪，在一个地区开展的植被调查的目的，就基本上是了解该地区的植被现状及其作为动植物栖息地和生物及环境资源的价值。而要研究一个地区植被生态问题，在方法上和学术思想上都属于新生事物了。

在对动物种群的研究中，我们常会发现：在环境条件没有什么改变的地方，许多动物的数量年复一年地保持在相近的水平上，没有多大的改变。而且，从历史上看，环境的变动如果不大，现在的动物种类及数量与一二百年前，甚至更早时期的动物进行比较，多数种类相差不多。在历史上，数量明显减少（有些种类灭绝）和增加的多数种类，都与人类的经济活动有关，或者是有意识地捕杀，或者是由于改变环境而使某些种类濒临灭绝（如麋鹿）。

由此可以看出，许多动物种群在自然条件下（人为因素较少或无），其数量具有一定的稳定性。Nicholson 将这种稳定性称为平衡，以后被许多学者所接受。对种群大小在较长时期内保持在几乎相同水平上（平衡点）的现象称为种群平衡。然而，这种平衡是相对的，也就是说种群的稳定性是相对的。相对性主要表现在两个方面：一是在一段时期内保持平衡，而在长期情况下则是有变化的，因为，长期的气候条件变化，必然影响动物种群，使之逐渐增加或减少。二是即使是处于平衡的种群，也具有出生、死亡、迁出、迁入等。因此，种群数量永远处于变动状态，而稳定和平衡是暂时的、相对的，任何种群数量都是不停地变动的。

种群数量变动的情况较为复杂。有些种群在短期内迅速增长，数量相当庞大，达到空前的水平，这称之为种群的大发生或暴发，有时也称猖獗。暴发后，往往出现大批死亡，种群数量急剧下降，种群崩溃，崩溃后的种群往往逐渐恢复。上述现象主要在昆虫中出现。有些种群在进化过程中，逐渐走向衰落，甚至灭绝。鸟兽中有很多动物如此。大多数种群的变动是围绕着平衡点作上下不大的变动的。变动有些是周期性的或称规则性波动，如一年为一周期的季节性变动及几年为一周期的年间变动，也有周期短至几天甚至几小时的变动。有些则是不规则变动，主要是无一定规律性的多年间变动。

由于要考虑动物种群的变动，以及在调查过程中的各种不确定性，以及对动物种群的调查研究需要很长的周期，故本书讨论的主题是传统的植被调查，即在确定了一个需要调查的灌区后，使用已经成熟的方法，调查认识这个区域的植被物种组成、植被类型及分布和植被资源特征，为植被资源清查、动植物栖息地和生态保护以及各种因素对植被特征的影响提供基础资料。主要讨论的内容包括5个方面。即：

①地理信息：样方的大小、地理位置、地面高程、地貌形态；

②植被生态信息：样方内的植被类型、总体植被覆盖度、主要植被的数量；记录样方内物种的种类、高度、频度、多度和生活型，以便描述整个群丛特征；

③利用卫星遥感信息和现地核实技术制作植被分布图，以及测算各类植被面积；

④选择适宜的方法在实地进行样地调查，分析植被的层次结构、物种组成和资源价值；

⑤对样地资料进行综合分析，就调查结果进行总结归纳。

4.1.2 灌区周边植被生态调查方法

植被调查是个系统工程，在人类科学进步中日益更新发展，逐渐形成了与其适应的调查准则和方法。其中包括样地选择，样方形状的选取及大小规格，植被优势度计算和灌溉用水量估算等。

4.1.2.1 样地选择

在植被生态调查方法中，样地调查有多种方法。常用的有四种方法。

随机取样法。确定一定大小的取样面积，在植被群落中设置样方进行取样调查。随机取样法符合统计学上的取样要求，但是需要大量的取样样本。

系统取样法。在拟调查群落中，从一个边角开始，按照纵横两个方向，每隔一段距离（例如横向50m，纵向30m）设置方格网，纵横交叉处为一个取样点，进行相关记录，直到该群落的边缘为止。系统取样实际上是随机取样的发展，可以排除人为因素对确定取样点的影响，符合统计学上的取样要求，但受到地形因素的限制，在实际的植被调查中，有的地方是难以到达的，使用这种方式受到很大限制。

无样地取样。用植物个体间的距离作为测定多度的指标，取样时不使用固定的样方面积。中点四分法是最常用的无样地取样。在需要调查的植物群落里，确定一定方位的一条线，在这一方位上设置一系列的取样点，以取样点为中心做两条垂线分出四个象限，测定每个象限中距离取样点最近的一株树木的距离以及该树木的胸径和断面积。无样地取样的取样点应超过20个才能客观反映群落中的物种构成情况。

代表性样地法。具体的某一个植物群落，有其基本的物种组成和层级结构，调查中不可能涉及该群落的每个角落，为此，通常使用代表性样地来进行植被调查。选择一定数量的样地(至少3～5个)，这些样地能够代表所调查植物群落的基本特征。代表性样地法的优点是快速，能够比较全面地收集调查区的植被资料，缺点是样地的代表性取决于调查者的经验。

水生植被调查的样地选择和设置。大型水生植物是生态学范畴上的类群，包括种子植物、蕨类植物、苔藓植物中的水生类群和藻类植物中以假根着生的大型藻类，是不同分类群植物长期适应水环境而形成的趋同适应的表现型。一般可按照其在水中的生长方式分为挺水植物、漂浮植物、浮叶植物和沉水植物。大型水生植物现存量的测定由于其生境的复杂性和物种的多样性，一些常用于陆生植物现存量测定的方法，如直接收割法、挖掘法等不宜用于水生植物。要采用一些特殊的方法才能保证测定结果的准确性，如框架采集法和潜水挖取法，这些方法虽精确度较高，但较费时费力。因此，水生植物的取样技术仍在不断的发展和完善中。

受水体的限制，大型水生植物群落调查比陆生植物群落调查难度大。通常要根据调查对象来选择样地设置方法。在全面调查的基础上，根据水体特点及水生植物的分布规律，先沿水体岸边用代表性样地法选择具有代表性的地点设置调查地点，在这些调查地点上，从水体岸边开始向中心，用系统取样法，布置数条具有代表性的样带。样带数最低限度必须充分代表该群落的大部分现有物种，这一数目可以根据种—面积曲线来确定。

样地可以均匀地设置在穿过整个群落的几个相等间距的断面上。在周边范围小的水体，如小的湖泊、鱼塘、水库，取样难度小，样带上取样点间的距离可以很精确，而对于大型湖泊则需要使用船只，确定大致的样带和取样点之后再在每个取样点处设多个小的取样点。

挺水植物群落一般生长于沼泽地、洼地或湖泊、池塘、江、河、近岸的浅水处，采集人员穿下水裤就可以进行取样工作。选取2m×2m(或1m×1m)正方形样方，四周插上竹竿，可绕上绳索以区分边界。要采集较深水体中漂浮植物时，船只在水中不宜固定，随波起伏不定，确定样方较为困难且不准确。用框架采集法可解决这一困难。即用四条长为2m的木条制成框架，首尾连接，连接点固定，木条可张开、合拢，携带时合拢成“一”字状，较为方便。

就河套灌区周边植被生态调查而言，为反映地貌特征和地下水埋藏条件这两个主要环境因子对植被生态的影响，在样地的选择上，按照不同地貌单元，尽量选择地下水埋深不同区域，且兼顾空间均匀分布的方法，以便更好地反映植被同地下水水位关系特征。

4.1.2.2 样方形状和大小

确定植物群落调查样方大小的目的主要是为了能够在最小的样方中找到组成该群落的绝大部分植物种类。通常情况下，调查样方里出现群落90%的物种就可以了。群落物种组成的多少随群落所在气候区域和群落类型不同而变化。一般情况下，从热带到极地或寒冷高原，植物群落的物种逐步减少，在相同气候区域里，森林的物种较多，灌丛、草地的物种较少。因而，在不同的区域或者相同区域的不同群落中进行群落调查，使用的样方面积就应该不同。物种丰富的气候区域或群落，使用较大的样方面积才能找到绝大部分植物种类。

植被生态学中取样方法多种多样，包括样方、样圆、样点、样线等。由于方形样方易于应用，边际误差较小，在实际工作中操作简便，因此本次工作选取的是方形样方。在确定样方大小时，首先根据群落类型、优势种的生活型以及植被的均匀性等，选择群落的最小面积作为样方大小，即群落中大多数种类都能出现的最小样方面积，根据荒漠草原群落的经验值，确定本次调查中样方大小定为 10m×10m，并在大样方内分别设置 5 个 1m×1m 的小样方（图 4-1）。以便在兼顾群落最小面积的基础上，使大样方的统计结果更具有代表性。

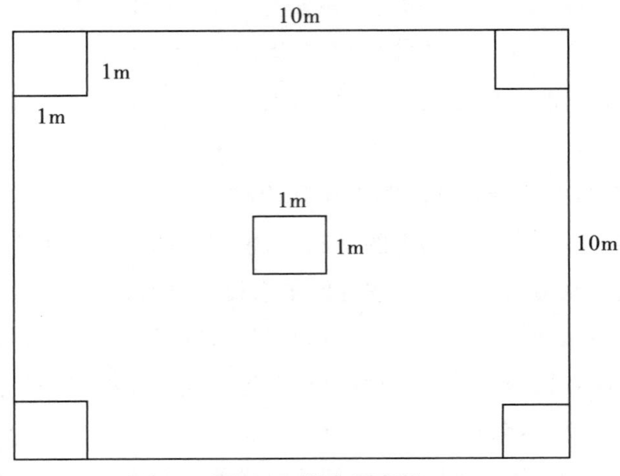

图 4-1　样方示意图

4.1.2.3　植物优势度

优势度用以表示一个种在群落中的地位与作用，通常用最大盖度、高度、多度等指标来表达。本次研究优势度的计算采用日本学者诏田真（1979）提出的优势度计算公式，在结合研究区的植被特点和数据资料基础上，对相对多度、相对高度、相对盖度和相对频度进行计算，计算公式如下：

优势度＝（相对多度＋相对盖度＋相对高度＋相对频度）×1/400

相对多度＝某个种的多度/所有种多度之和×100

相对盖度＝某个种的盖度/所有种盖度之和×100

相对高度＝某个种的平均高度/所有种平均高度之和×100

相对频度＝某个种的频度/所有种频度之和×100

4.2 周边生态标的物种识别与选取

物种的识别与选取是一项巨大的工程，通过大量人力物力全方位全系统的实地勘测，旨在对周边生态标的物种进行全面普查，并且严格按照一定的标准进行分类、分析。本节通过对灌区周边植物多样性调查分析，遴选出灌区优势物种，并分析这些优势物种的群落特征，不同地貌单元植被分布特点等。

4.2.1 周边植被多样性调查分析

以植物名称为线索，研究灌区植物物种科属多样性以及区系分布，并根据土壤盐泽化水平对这些植物进行详细的归类，从而为灌区优势物种的遴选提供物质基础。

4.2.1.1 灌区周边植被调查明细

通过实地调查，并与文献调查结果相对比，河套灌区至少有 145 种高等植物。145 种植物隶属于 36 科、100 属。物种数量大的 5 个科分别是：菊科(23 种)、禾本科(23 种)、藜科(17 种)、豆科(12 种)和杨柳科(8 种)。这 5 科植物共 83 种，占植物总数的 60%。

河套灌区物种主要有 3 种生活型。所谓生活型是指植物对生境长期适应表现出的形态或外貌，一般可分为乔木、灌木、矮灌木、半乔木、半灌木、半矮灌木、草类、苔藓和地衣等。河套灌区植被主要划分为乔木，灌木，草本 3 种类型。很多科、属仅仅包含几种植物、甚至只有一种植物。因此，珍惜这些科、属植物具有很高的保护价值。这些植物的详细属性和分布环境见表 4-1。

表 4-1 河套灌区主要植物及其生态特征

植物种	拉丁名	属	科	生活型	生活地类型
蒙古韭	*Allium mongolicum*	葱属	百合科	草本	荒漠、砂地或干旱山坡
碱韭	*Allium polyrhizum*	葱属	百合科	草本	向阳山坡或草地
海乳草	*Glaux maritima*	海乳草属	报春花科	草本	河漫滩盐碱地和沼泽草甸
车前	*Plantago asiatica*	车前属	车前科	二年生或多年生草本	多样
小车前	*Plantago minuta*	车前属	车前科	一年生活多年生小草本草本	多样
平车前	*Plantago depressa*	车前属	车前科	一年生或二年生草本	多样
短穗柽柳	*Tamarix laxa*	柽柳属	柽柳科	灌木	荒漠、湖盆、沙丘边缘或盐碱地

续表

植物种	拉丁名	属	科	生活型	生活地类型
长穗柽柳	*Tamarix elongata*	柽柳属	柽柳科	大灌木	荒漠地区河谷阶地、干河床和沙丘
柽柳	*Tamarix chinensis*	柽柳属	柽柳科	乔木或灌木	河流冲积平原,海滨、滩头、潮湿盐碱地和沙荒地
多枝柽柳（红柳）	*Tamarix ramosissima*	柽柳属	柽柳科	灌木	河漫滩、河谷阶地上,沙质和粘土质盐碱化的平原上,沙丘上
地锦	*Euphorbia humifusa*	大戟属	大戟科	一年生草本	原野荒地、路旁、田间、沙丘、海滩、山坡等地
细灯心草	*Juncus gracillimum*	灯心草属	灯心草科	多年生草本	多样
草木犀	*Melilotus officinalis*	草木犀属	豆科	二年生草本	山坡、河岸、路旁、砂质草地及林缘
甘草	*Glycyrrhiza uralensis*	甘草属	豆科	多年生草本	干旱沙地、河岸砂质地、山坡草地及盐渍化土壤
苦豆子	*Sophora alopecuroides*	槐属	豆科	草本	干旱沙漠和草原边缘地带
草木樨状黄耆	*Astragalus melilotoides*	黄耆属	豆科	多年生草本	向阳山坡、路旁草地或草甸草地
斜茎黄耆	*Astragalus adsurgens*	黄耆属	豆科	多年生草本	向阳山坡灌丛及林缘地带
背扁黄耆	*Astragalus complanatus*	黄耆属	豆科	多年生草本	路边、沟岸、草坡及干草场
小花棘豆	*Oxytropis glabra*	棘豆属	豆科	多年生草本	山坡草地、石质山坡、河谷阶地、冲积川地、草地、荒地、田边、渠旁、沼泽草甸、盐土草滩上
苦马豆	*Sphaerophysa salsula*	苦马豆属	豆科	半灌木或多年生草本	山坡、草原、荒地、沙滩、戈壁绿洲、沟渠旁及盐池周围
紫苜蓿	*Medicago sativa*	苜蓿属	豆科	多年生草本	田边、路旁、旷野、草原、河岸及沟谷
沙冬青	*Ammopiptanthus mongolicus*	沙冬青属	豆科	常绿灌木	沙丘、河滩边台

续表

植物种	拉丁名	属	科	生活型	生活地类型
细枝岩黄耆	*Hedysarum scoparium*	岩黄耆属	豆科	半灌木	半荒漠的沙丘或沙地，荒漠前山冲沟中的沙地
紫穗槐	*Amorpha fruticosa*	紫穗槐属	豆科	灌木	河岸、河堤、沙地、山坡
稗	*Echinochloa crusgalli*	稗属	禾本科	一年生草本	沼泽地、沟边及水稻田
假苇拂子茅	*Calamagrostis pseudophragmites*	拂子茅属	禾本科	多年生草本	山坡草地或河岸阴湿之处
冰草	*Agropyron cristatum*	冰草属	禾本科	多年生草本	干燥草地、山坡、丘陵以及沙地
拂子茅	*Calamagrostis epigeios*	拂子茅属	禾本科	多年生草本	潮湿地及河岸沟渠旁(分布范围广)
狗尾草	*Setaria viridis*	狗尾草属	禾本科	一年生草本	多样
黑麦草	*Lolium perenne*	黑麦草属	禾本科	多年生草本	草甸草场(分布广泛，生境多样)
虎尾草	*Chloris virgata*	虎尾草属	禾本科	一年生草本	路旁荒野，河岸沙地、土墙及房顶上
芨芨草	*Achnatherum splendens*	芨芨草属	禾本科	草本	微碱性的草滩及砂土山坡上
碱茅	*Puccinellia distans*	碱茅属	禾本科	多年生草本	轻度盐碱性湿润草地、田边、水溪、河谷、低草甸盐化沙地
羊草	*Leymus chinensis*	赖草属	禾本科	多年生草本	平原绿洲
赖草	*Leymus secalinus*	赖草属	禾本科	多年生草本	沙地、平原绿洲及山地草原带
白草	*Pennisetum centrasiaticum*	狼尾草属	禾本科	多年生草本	山坡和较干燥之处
马唐	*Digitaria sanguinalis*	马唐属	禾本科	一年生草本	路旁、田野
芦苇	*Phragmites australis*	芦苇属	禾本科	多年生草本	江河湖泽、池塘沟渠沿岸和低湿地
披碱草	*Elymus dahuricus*	披碱草属	禾本科	草本	山坡草地或路边
沙鞭	*Psammochloa villosa*	沙鞭属	禾本科	多年生草本	沙地
野燕麦	*Avena fatua*	燕麦属	禾本科	一年生草本	荒芜田野或为田间杂草

续表

植物种	拉丁名	属	科	生活型	生活地类型
隐花草	*Crypsis aculeata*	隐花草属	禾本科	一年生草本	河岸、沟旁及盐碱地
蔺状隐花草	*Crypsis schoenoides*	隐花草属	禾本科	一年生草本	沙质土上及路边草地
无芒隐子草	*Cleistogenes songorica*	隐子草属	禾本科	多年生草本	干旱草原、荒漠或半荒漠沙质地
针茅	*Stipa capillata*	针茅属	禾本科	多年生草本	山间谷地、准平原面或石质性的向阳山坡
沙生针茅	*Stipa glareosa*	针茅属	禾本科	多年生草本	石质山坡、丘间洼地、戈壁沙滩及河滩砾石地
短花针茅	*Stipa breviflora*	针茅属	禾本科	多年生草本	石质山坡、干山坡或河谷阶地
中国沙棘	*Hippophae rhamnoides*	胡颓子属	胡颓子科	灌木	河床石砾地或河漫滩
沙枣	*Elaeagnus angustifolia*	胡颓子属	胡颓子科	乔木	海拔 300～1500 米的荒坡、沙漠潮湿地方和田边
尖果沙枣	*Elaeagnus oxycarpa*	胡颓子属	胡颓子科	乔木	戈壁、沙滩或沙丘的低洼潮湿地区和田边、路旁
花蔺	*Butomus umbellatus*	花蔺属	花蔺科	多年生 水生草本	湖泊、水塘、沟渠的浅水中或沼泽里
小果白刺	*Nitraria sibirica*	白刺属	蒺藜科	灌木	湖盆边缘沙地、盐渍化沙地、沿海盐化沙地
大白刺	*Nitraria roborowskii*	白刺属	蒺藜科	灌木	湖盆边缘、绿洲外围沙地
白刺	*Nitraria tangutorum*	白刺属	蒺藜科	灌木	荒漠和半荒漠的湖盆沙地、河流阶地、山前平原积沙地、有风积沙的黏土地
骆驼蓬	*Peganum harmala*	骆驼蓬属	蒺藜科	多年生草本	荒漠地带干旱草地、绿洲边缘轻盐渍化沙地、壤质低山坡或河谷沙丘
山蒿 （骆驼蒿）	*Artemisia brachyloba*	骆驼蓬属	蒺藜科	半灌木状草本 或为小灌木状	阳坡草地、砾质坡地、半荒漠草原、戈壁及岩石缝
四合木	*Tetraena mongolica*	四合木属	蒺藜科	灌木	草原化荒漠黄河阶地、低山山坡
金鱼藻	*Ceratophyllum demersum*	金鱼藻属	金鱼藻科	多年生 沉水草本	池塘、河沟

续表

植物种	拉丁名	属	科	生活型	生活地类型
苘麻	*Abutilon theophrasti*	苘麻属	锦葵科	一年生草本	路旁、荒地和田野
苍耳	*Xanthium sibiricum*	苍耳属	菊科	一年生草本	平原、丘陵、低山、荒野路边、田边
盐地风毛菊	*Saussurea salsa*	风毛菊属	菊科	多年生草本	盐土草地、戈壁滩、湖边
碱地风毛菊	*Saussurea runcinata*	风毛菊属	菊科	多年生草本	多样
风毛菊	*Saussurea japonica*	风毛菊属	菊科	二年生草本	山坡、山谷、林下、山坡路旁、山坡灌丛、荒坡、水旁、田中
野艾蒿	*Artemisia lavandulaefolia*	蒿属	菊科	多年生草本	路旁、林缘、山坡、草地、山谷、灌丛及河湖滨草地
艾蒿	*Artemisia argyi*	蒿属	菊科	多年生草本	荒地、路旁河边及山坡地
黑沙蒿	*Artemisia ordosica*	蒿属	菊科	小灌木	荒漠与半荒漠地区，干草原与干旱的坡地上
白沙蒿	*Artemisia blepharolepis*	蒿属	菊科	一年生草本	干山坡、草地、草原、荒漠草原、荒地、路旁及河岸沙滩
圆头蒿	*Artemisia sphaerocephala*	蒿属	菊科	小灌木	沙地、荒坡
刺儿菜	*Cirsium setosum*	蓟属	菊科	多年生草本	平原、丘陵和山地
碱菀	*Tripolium vulgare*	碱菀属	菊科	一年生草本	海岸，湖滨，沼泽及盐碱地
苣荬菜	*Sonchus arvensis*	苦苣菜属	菊科	多年生草本	山坡草地、林间草地、潮湿地或近水旁、村边或河边砾石滩
苦苣菜	*Sonchus oleraceus*	苦苣菜属	菊科	一、二年生草本	山坡或山谷林缘、林下或平地田间、空旷处或近水处
蒲公英	*Taraxacum mongolicum*	蒲公英属	菊科	多年生草本	山坡草地、路边、田野、河滩
亚洲蒲公英	*Taraxacum asiaticum*	蒲公英属	菊科	多年生草本	于草甸、河滩或林地边缘
北千里光	*Senecio dubitabilis*	千里光属	菊科	一年生草本	砂石处、田边
乳苣	*Mulgedium tataricum*	乳苣属	菊科	多年生草本	河滩、湖边、草甸、田边、固定沙丘或砾石地
向日葵	*Helianthus annuus*	向日葵属	菊科	一年生草本	多样

续表

植物种	拉丁名	属	科	生活型	生活地类型
蓼子朴	*Inula salsoloides*	旋复花属	菊科	多年生草本	干旱草原、半荒漠、和荒漠地区的戈壁滩地
蒙古鸦葱	*Scorzonera mongolica*	鸦葱属	菊科	多年生草本	盐化草甸、盐化沙地、盐碱地、干湖盆、湖盆边缘、草滩及河滩地
光鸦葱	*Scorzonera parviflora*	鸦葱属	菊科	多年生草本	草甸、荒漠及草滩地
鸦葱	*Scorzonera austriaca*	鸦葱属	菊科	多年生草本	山坡、草滩及河滩地
拐轴鸦葱	*Scorzonera divaricata*	鸦葱属	菊科	多年生草本	荒漠地带干河床、沟谷中及沙地中的丘间低地、固定沙丘
滨藜	*Atriplex patens*	滨藜属	藜科	一年生草本	含轻度盐碱的湿草地、海滨、沙土地等
中亚滨藜	*Atriplex centralasiatica*	滨藜属	藜科	一年生草本	戈壁、荒地、海滨及盐土荒漠
地肤	*Kochia scoparia*	地肤属	藜科	一年生草本	田边、路旁、荒地等处
碱蓬	*Suaeda glauca*	碱蓬属	藜科	一年生草本	海滨、荒地、渠岸、田边等含盐碱的土壤上
盐地碱蓬	*Suaeda salsa*	碱蓬属	藜科	一年生草本	盐碱土，在海滩及湖边常形成单种群落
东亚市藜	*Chenopodium urbicum*	藜属	藜科	一年生草本	荒地、盐碱地、田边
灰绿藜	*Chenopodium glaucum*	藜属	藜科	一年生草本	农田、菜园、村房、水边等有轻度盐碱的土壤上
小藜	*Chenopodium serotinum*	藜属	藜科	一年生草本	荒地、道旁、垃圾堆等
藜	*Chenopodium album*	藜属	藜科	一年生草本	多样
沙蓬	*Agriophyllum squarrosum*	沙蓬属	藜科	一年生草本	多样
梭梭	*Haloxylon ammodendron*	梭梭属	藜科	小乔木	沙丘上、盐碱土荒漠、河边沙地等处
雾冰藜	*Bassia dasyphylla*	雾冰藜属	藜科	草本	戈壁、盐碱地，沙丘、草地、河滩、阶地及洪积扇上
盐角草	*Salicornia europaea*	盐角草属	藜科	一年生草本	盐碱地、盐湖旁及海边
白茎盐生草	*Halogeton arachnoideus*	盐生草属	藜科	一年生草本	干旱山坡、砂地和河滩
盐爪爪	*Kalidium foliatum*	盐爪爪属	藜科	半灌木	盐碱滩、盐湖边

续表

植物种	拉丁名	属	科	生活型	生活地类型
细枝盐爪爪	*Kalidium gracile*	盐爪爪属	藜科	小灌木	河谷碱地、芨芨草滩及盐湖边
刺沙蓬	*Salsola ruthenica*	猪毛菜属	藜科	一年生草本	河谷砂地，砾质戈壁，海边
萹蓄	*Polygonum aviculare*	蓼属	蓼科	一年生草本	田边路、沟边湿地
柳叶刺蓼	*Polygonum bungeanum*	蓼属	蓼科	一年生草本	山谷草地、田边、路旁湿地
西伯利亚蓼	*Polygonum sibiricum*	蓼属	蓼科	多年生草本	路边、湖边、河滩、山谷湿地、沙质盐碱地
鹅绒藤	*Cynanchum chinense*	鹅绒藤属	萝藦科	多年生草本	山坡向阳灌木丛中或路旁、河畔、田埂边
牛心朴子	*Cynanchum hancockianum*	鹅绒藤属	萝藦科	多年生草本	山岭旷野
长叶碱毛茛	*Halerpestes ruthenica*	碱毛茛属	毛茛科	多年生草本	盐碱沼泽地或湿草地
水葫芦苗	*Halerpestes cymbalaria*	水葫芦苗属	毛茛科	多年生草本	盐碱性沼泽地或湖边
毛柄水毛茛	*Batrachium trichophyllum*	水毛茛属	毛茛科	多年生沉水草本	河边水中或沼泽水中
朝天委陵菜	*Potentilla supina*	委陵菜属	蔷薇科	一、二年生草本	田边、荒地、河岸沙地、草甸、山坡湿地
绵刺	*Potaninia mongolica*	绵刺属	蔷薇科	小灌木	生在砂质荒漠中，强度耐旱也极耐盐碱
蒙古扁桃	*Amygdalus mongolica*	桃属	蔷薇科	灌木	荒漠区和荒漠草原区的低山丘陵坡麓石质坡地及干河床
肉苁蓉	*Cistanche deserticola*	肉苁蓉属	列当科	草本	寄生于梭梭及白梭梭
枸杞	*Lycium chinense*	枸杞属	茄科	灌木	沙地
华扁穗草	*Blysmus sinocompressus*	扁穗草属	莎草科	多年生草本	山溪边、河床、沼泽地、草地等潮湿地区
荆三棱	*Scirpus fluviatilis*	藨草属	莎草科	多年生草本	沼泽地水中
藨草	*Scirpus triqueter*	藨草属	莎草科	多年生草本	水沟、水塘、山溪边或沼泽地
褐穗莎草	*Cyperus fuscus*	莎草属	莎草科	一年生草本	沟边或水旁
苔草	*Carex tristachya*	苔草属	莎草科	多年生草本	山地的阳坡、半阳坡

续表

植物种	拉丁名	属	科	生活型	生活地类型
宽叶独行菜	*Lepidium latifolium*	独行菜属	十字花科	多年生草本	村旁、田边、山坡及盐化草甸
宽翅沙芥	*Pugionium dolabratum*	花芥属	十字花科	一年生草本	荒漠及半荒漠的沙地
反枝苋	*Amaranthus retroflexus*	苋属	苋科	一年生草本	田园内、农地旁、草地旁
水烛	*Typha angustifolia*	香蒲属	香蒲科	多年生草本	湖泊、河流、池塘浅水处、沼泽
小香蒲	*Typha minima*	香蒲属	香蒲科	多年生草本	池塘、水泡子、水沟边浅水处
狐尾藻	*Myriophyllum verticillatum*	狐尾藻属	小二仙草科	多年生沉水草本	池塘、河沟、沼泽
野胡麻	*Dodartia orientalis*	野胡麻属	玄参科	多年生草本	山坡及田野
田旋花	*Convolvulus arvensis*	旋花属	旋花科	多年生草本	耕地及荒坡草地
节节草	*Commelina diffusa*	鸭跖草属	鸭跖草科	一年生披散草本	林中、灌丛中或溪边或潮湿的旷野
水麦冬	*Triglochin palustre*	水麦冬属	眼子菜科	多年生草本	咸湿地或浅水处
海韭菜	*Triglochin maritimum*	水麦冬属	眼子菜科	多年生草本	湿砂地或海边盐滩
篦齿眼子菜	*Potamogeton pectinatus*	眼子菜属	眼子菜科	多年生草本	河沟、水渠、池塘等
菹草	*Potamogeton crispus*	眼子菜属	眼子菜科	多年生沉水草本	池塘、水沟、灌渠及缓流河水
乌柳	*Salix cheilophila*	柳属	杨柳科	灌木	海拔 750～3000 米的山河沟边
黑皮柳	*Salix limprichtii*	柳属	杨柳科	乔木	生于海拔 1500 米
旱柳	*Salix matsudana*	柳属	杨柳科	乔木	多样
北沙柳	*Salix psammophila*	柳属	杨柳科	灌木	抗风沙，不择土宜，繁殖容易，各地常作固沙造林树种
新疆杨	*Populus alba*	杨属	杨柳科	乔木	多样，湿润沙土中生长最好
小美旱杨	*Populus popularis*	杨属	杨柳科	乔木	多样，湿润沙土中生长最好
北京杨	*Populus* × *beijingensis*	杨属	杨柳科	乔木	多样，土壤水肥较好条件下生长好

续表

植物种	拉丁名	属	科	生活型	生活地类型
胡杨	*Populus euphratica*	杨属	杨柳科	乔木	多样，沙质土壤生长最好，湿热条件和黏重土壤中生长不良
马蔺	*Iris lactea*	鸢尾属	鸢尾科	多年生草本	荒地、路旁、山坡草地
慈姑	*Sagittaria trifolia*	慈姑属	泽泻科	多年水生草本	沼泽、池塘
草泽泻	*Alisma gramineum*	泽泻属	泽泻科	多年生沼生草本	湖边、水塘、沼泽、沟边及湿地
鹤虱	*Lappula myosotis*	鹤虱属	紫草科	一年生草本	草地、山坡草地等
砂引草	*Messerschmidia sibirica*	砂引草属	紫草科	多年生草本	海滨砂地、干旱荒漠及山坡道旁
角蒿	*Incarvillea sinensis*	角蒿属	紫葳科	一年生至多年生草本	山坡荒野

4.2.1.2 调查所得植物归类分析

河套灌区年降水量少，年均蒸发量高，水分补给主要来自黄河。绝大部分土壤具有不同程度的盐渍化，其面积约占土地总面积的80%以上；在耕地中以中度盐渍化为主，其表层盐量介于0.2%～0.3%之间，最高可达0.6%。未开垦的荒地土壤含盐量在0.3%以上，最高可达3.78%，盐化程度较高。河套灌区盐碱地上分布的植物种有禾本科、豆科、杨柳科、胡颓子科、藜科、蒺藜科、菊科、柽柳科、茄科、鸢尾科、香蒲科11科37属48种。其中禾本科、豆科、藜科和菊科植物的种类较多，约占整个盐碱地植物种类的65%。在干旱和漠境地区表土含盐量小于0.2%为非盐渍化土壤，0.2%～0.3(0.4)%为轻度盐渍化，0.3%～0.5(0.6)%为中度盐渍化，0.5%～1.0(2.0)%为强度盐化。因河套灌区属于干旱地区/半干旱区，所以可按这种方法进行分类，可将3类盐碱地上分布的植物归纳如下：

(1)轻度盐渍化土壤上的植物。刺蓬、玉米、苜蓿、苦苣菜、艾蒿、苦马豆、亚洲蒲公英、小香蒲、赖草、拂子茅、旱柳、苦荬菜、沙枣、甘草、新疆杨、羊草、雾冰藜、向日葵、披碱草、凤毛菊、小果白刺、盐爪爪、芨芨草、柽柳、滨藜、短穗柽柳、红柳、碱蓬、中国沙棘、沙蒿、胡杨。

(2)中度盐渍化土壤上的植物。苦苣菜、艾蒿、苦马豆、亚洲蒲公英、小香蒲、赖草、拂子茅、苦荬菜、马蔺、沙枣、沙旋覆花、甘草、新疆杨、羊草、雾冰藜、向日葵、披碱草、凤毛菊、小果白刺、盐爪爪、芨芨草、柽柳、滨藜、短穗柽柳、红柳、碱蓬、沙棘、沙蒿。

(3)重度盐渍化土壤上的植物。苦马豆、亚洲蒲公英、赖草、拂子茅、旱柳、苦荬菜、沙枣、沙旋覆花、甘草、新疆杨、碱草、雾冰藜、向日葵、披碱草、凤毛菊、小果白刺、盐爪爪、芨芨草、柽柳、滨藜、短穗柽柳、红柳、碱蓬、沙蒿。

同时，黄河水的引入，造就了河套灌区沼泽湿地、湖泊湿地、河流湿地、季节性河流湿地、人工湿地等大面积的湿地分布。在湿地内及其周边区域调查共发现 21 个科、40 个属的共计 48 种植物，包括灌木半灌木植物 4 种，多年生草本植物 37 种，一、二年生植物 7 种。天然湿地内植被构成以芦苇、水烛为主，间有赖草、拂子茅等其他植物，植被高大而茂密。在整片湿地中，纯芦苇群落为湿地植被的主体，偶有假苇拂子茅斑块。在湿地边缘较高处间有赖草、碱蓬等其他偶见种。水烛多位于湿地近水侧的边缘地带。

另外，河套地区被列入“中国珍稀濒危保护植物名录”及“中国植物红皮书——稀有植物”的植物共 7 种(表 4-2)，都是国家二级保护植物：

表 4-2　　河套灌区珍稀植物

植物种	拉丁名	属	科	生活型	保护等级	生境类型
梭梭	*Haloxylonammodendron*	梭梭属	藜科	小乔木	二	沙丘上、盐碱土荒漠、河边沙地等处
蒙古扁桃	*Amygdalusmongolica*	桃属	蔷薇科	灌木	二	荒漠区和荒漠草原区的低山丘陵坡麓、石质坡地及干河床
沙冬青	*Ammopiptanthusmongolicus*	沙冬青属	豆科	灌木	二	生于沙丘、河滩边台地，为良好的固沙植物
绵刺	*Potaniniamongolica*	绵刺属	蔷薇科	灌木	二	砂质荒漠中，强度耐旱也极耐盐碱
四合木	*Tetraena mongolica*	四合木属	蒺藜科	灌木	二	珍稀濒危种，生于草原化荒漠黄河阶地、低山山坡，常为建群种
胡杨	*Populuseuphratica*	杨属	杨柳科	乔木	二	盆地、河谷和平原
肉苁蓉	*Cistanchedeserticola*	肉苁蓉属	列当科	多年生草本	二	主要寄生梭梭与白梭梭

河套灌区具有丰富的高等植物资源。虽然面积只有 2.5 万 km^2，但至少拥有 145 种高等植物，平均每一万平方公里拥有植物 58 种，远远高于全国 31 种植物/万 km^2。因此，河套灌区是我国，尤其是干旱半干旱区重要的野外植物聚集区，非常值得保护。

4.2.2　优势物种遴选与标的物识别

在植物群落中，优势物种通常为个体数量多、投影盖度大、生物量高、体积较大或生活能力强，对群落结构和群落环境的形成具有明显主导作用的种类。伴生种是群落的常见种，与优势种相伴存在，对群落结构和群落环境不起主导作用。当外界环境发生改变时只要优势种生长不受到胁迫，植被的结构和功能就能保持相对稳定；当优势种已开始发生衰败时，说明该植物群落已经受到威胁。按照对优势种的定义，除单种或两种组成优势种的植物群落外，在很多情况下，必须通过群落内全部或至少大部分种的定量分析，才能最终确定优势种，否则难免有不同程度的臆测。

在野外调查的基础上，应用数量生态学方法，从物种和群落两个层次，对河套灌区植被进行了较为系统、全面的研究，包括群落组成结构以及物种多样性和优势物种间关系等，目的在于分析植物群落与环境的生态关系，为灌区制定生态节水目标提供科学的理论依据。

4.2.2.1 优势植物种群

应用上述公式对河套地区植被的物种优势度进行计算，结果如表4-3所示。可以看出，沼生芦苇、水烛为灌区内湿地的主要优势植被；旱生芦苇、拂子茅、芨芨草、碱蓬为灌区内草甸的主要优势植被；灌木层的主要优势植被主要是柽柳、白刺、盐爪爪；乔木未列入表4-3中。植物优势度排序见图4-2。

表4-3 植物优势度

序号	植被	优势度	序号	植被	优势度
1	沼生芦苇	18.72	16	风毛菊	1.65
2	旱生芦苇	13.15	17	盐爪爪	1.47
3	拂子茅	8.32	18	金戴戴	1.43
4	水烛	8.18	19	牛心朴子	1.28
5	芨芨草	7.06	20	角蒿	1.19
6	碱蓬	5.18	21	三棱草	1.08
7	赖草	3.93	22	西伯利亚蓼	0.94
8	海乳草	3.72	23	披碱草	0.55
9	荆三棱	3.58	24	冰草	0.53
10	柽柳	3.44	25	剪股颖	0.52
11	苔草	3.08	26	小花棘豆	0.31
12	马唐	2.57	27	雾冰藜	0.27
13	稗草	2.22	28	乳浆大戟	0.12
14	节节草	1.85	29	苍耳	0.11
15	白刺	1.74	30	杂草	1.81

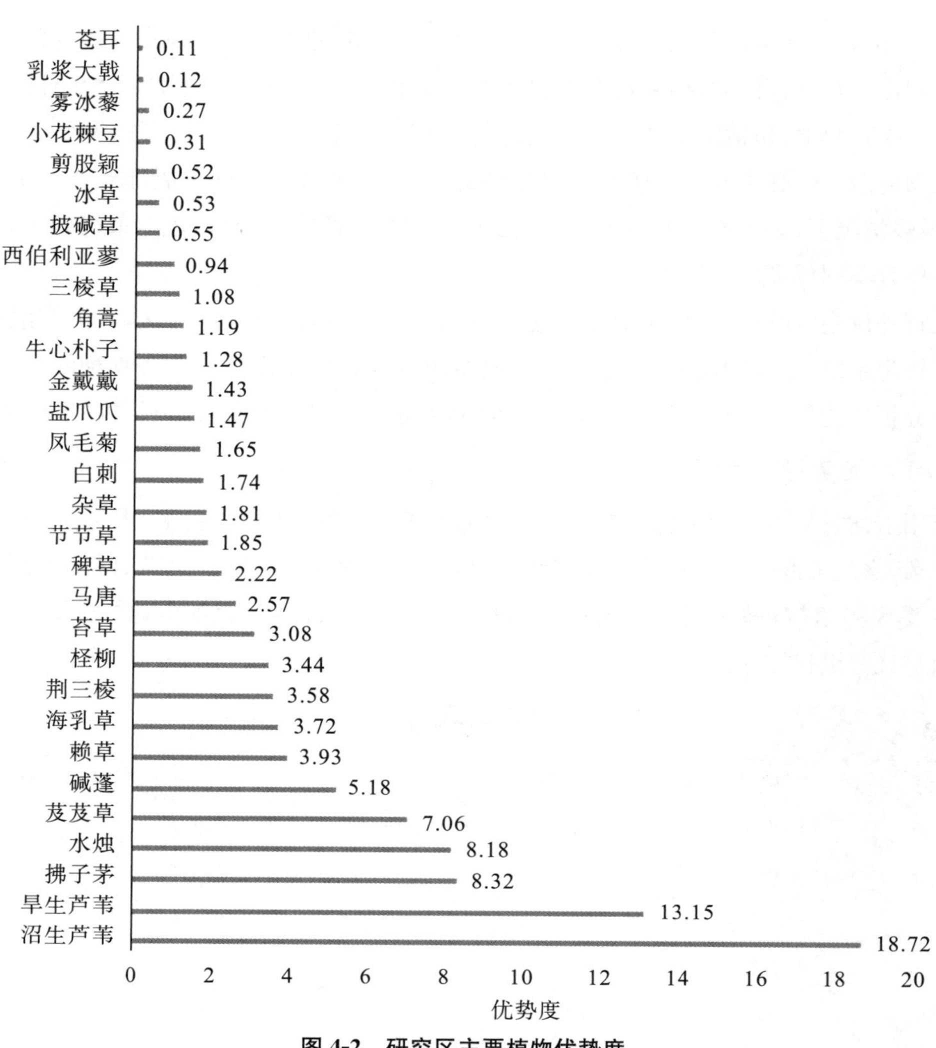

图 4-2 研究区主要植物优势度

4.2.2.2 植被类型及分布特点调查

植被是在特定空间范围内植物群落的总体。植被是过去和现在的环境因素以及人为因素影响下，经过长期历史发展演化的结果。植被既是重要的自然地理要素和自然条件，又是重要的自然资源，因此，植被具有多方面的重要意义。比如，植被是表征自然环境变化的重要指示剂，植被提供了第一性生产力，植被为人类提供了多种福祉。

灌区受气候与地形条件的影响，类型复杂。一般可分为山地植被、荒漠植被、沙地植被、农作物等。草原植被有干草原、荒漠化草原。荒漠植被有草原化荒漠和石质戈壁荒漠。其分布规律从东到西为草原—干草原—荒漠化草原—草原化荒漠—荒漠。从南到北是草甸植被—山地植被—高原干草原—荒漠。表现出明显的纬度及经度地带性，和土壤分布一致。此外尚有砂生、盐生和草甸等非带性植被。

根据降水状况、地下水补给、水位、群落外貌等特征进行分类，灌区的植被主要包括四大类型：森林、灌丛、草甸和沼泽/湿地。根据它们在研究区域的相对重要性：沼泽≈灌丛＞草甸＞森林。根据建群种特征、物种组成、群落高度等特征，每种植被类型又可分成若干亚类。具体描述如下：

(1)森林

森林植被由中生乔木为主体的植物群落，建群种具有高大的主干，群落具有庞大的林冠层，一般分布在适中的水分条件下。本地区的森林属于温带落叶阔叶林，类型相对较少，主要包括天然林和人工林两种类型。河套平原由于农业开垦，几无原生森林保存，现有乔木多为人工栽植。天然林主要分布在河谷中的一些有限的局域生境中，人工林的分布无明显规律，主要用作农田防护林。人工栽植的农田防护林的防护作用具体体现在以下5个方面：①降低风速，减轻大风、风沙、干热风等对农作物的直接危害；②夏季的降温和春、秋季的保温作用，使作物少受或免受极端高温和极端低温（霜冻和寒害）的危害；③增加空气湿度、减少土壤蒸发和作物蒸腾，提高土壤含水量，使作物在较好的水分平衡状态下生长发育，减轻土壤和大气干旱带来的不良影响；④在低湿洼地，能改变地下水的逸出途径，降低地下水位，改良盐碱土，防止发生次生盐渍化；⑤改良土壤，维持地力，增强土地的长期生产力。从数量上看，人工林显著多于天然林。

根据建群种组成，森林植被主要包括杨树林和柳树林，前者以杨树为建群种，后者以柳树为建群种。河套灌区现有农田防护林580km^2(1998年统计)，主要防护林树种为杨、柳、沙枣和榆树，其中杨树364km^2，占农田防护林总面积的63%；柳树205km^2，占总面积的35%；沙枣10km^2，占总面积的2%；榆树1km^2，占总面积的0.2%。灌区主要农田防护林树种为小美旱杨和新疆杨，占农田防护林总面积的63%，防护林带沿渠布设，属于是传统的小网格、窄林带结构，主带距100m，走向近南北方向，结构为2行一带，株距2.5m，副林带东西走向，间距1000m左右。特别需要指出的是：这里所说的杨树和柳树是指杨属(*Populus*)乔木和柳属(*Salix*)乔木。

(2)灌丛

灌丛植被是指以灌木生活型类群为主的植物所形成的植物群落综合体，群落高度一般在5m以下，盖度大于30%。灌丛与森林的区别不仅高度不同，更主要的是灌丛建群种为簇生的灌木生活型。灌丛与灌木荒漠的区别则在于灌丛具有一个较为郁闭的植被层，裸露地面不超过50%，而灌木荒漠植被稀疏，以裸露的基质为主。灌丛的生态适应幅度比森林广。

按照群落的生态特性，灌丛可分为旱生与中生灌丛、耐寒与适温灌丛、沙生与盐生灌丛等。灌丛植被是研究区的核心植被，高度随建群种变化，具有保持水体和防风固沙作用。该地区的灌丛植被主要包括白刺灌丛、柽柳灌丛、盐爪爪灌丛等。

白刺灌丛的建群种为白刺属(*Nitraria*)植物，主要分布在湖盆边缘或洪积扇缘地带的盐渍化沙地等生境中。形成群落的白刺主要有唐古特白刺和西伯利亚白刺两种，两种分别或共同形成群落，白刺生长的地方常常形成沙包。柽柳灌丛的建群种为柽柳(*Tamarix*)，主要分布在河滩地及低阶地的部分地段，土壤以沙质盐土为主，分布面积有限。盐爪爪灌丛的建群种为盐爪爪属植物(*Kalidium*)，主要分布在湖滩盐碱地带或低洼盐碱土等生境中，地表多有盐结皮或白色盐结晶。

(3)草甸

草甸植被是指以适低温或温凉气候的多年生中生草本植物为优势的一类植物群落。这里所说的中生植物包括：典型中生植物、旱中生植物、湿中生植物、适盐耐盐的盐中生植物。草甸是在土壤水分充足的中等湿度条件下发育形成的植被类型。草甸植被是隐域性的植被类型，分布广泛，不呈地带性分布，群落的植物组成比较丰富。

河套灌区的草甸植被分布于河滩地，以禾本草类为主，如小芦草、隐花草、小花棘豆、细齿草木樨、苍耳、野艾蒿、山苦菜、苦卖菜和荆三棱。冲积平原自然植被很少，仅在农田隙地等处尚能见到少量野生植物。主要植被以节节草、画眉草、虎尾草为主。此外，苦卖菜、刺蓟、马唐、阿尔泰紫苑、狗尾草也比较多。以马唐、苔草为主的野生植被，分布在地势较低湿处，茎节有时着地生根，蔓延力很强。苍耳、灰菜是农田中主要杂草，大量消耗养分。在平坦地生有马齿、稗草、菟丝子。以芦草、稗草为主的野生植被，分布在浅平洼地中，芦苇根系地下茎，再生能力很强，有压倒其他杂草的优势；共生草类有稗草、三棱草、白茅。

以白茅、旱苗蓼、节节草、芦草为主的野生植被，分布在河漫滩、河槽、地下水较高的沙质土或粗沙质草甸土并代有轻度盐化的土壤上。

河套平原草甸植被通常以以下几种植物群落出现：

1)芦苇草甸：芦苇草甸的建群种为芦苇，主要分布在河漫滩、湖滨滩地、丘间地低等生境中。芦苇是世界广泛分布的植物，生命力非常强，生态适应幅度相当广，可在湖滨浅水处生长。既能生长在非盐化的普通草甸上，又能在含盐量很高的盐土上成为建群种。是一种分布很广泛的植被类型。该群丛主要分布在公路、田埂两旁、湖盆低地周边、大的渠边等任何生境都可成片生长。其生长的地方一般含盐量较高，是难以利用的土壤，群落盖度50%～90%，盖度的大小取决于地下水分的供给或微地形的变化。主要植物除芦苇以外，还有拂子茅、赖草、碱茅、苦马豆、刺儿菜、水麦冬、海韭菜、苣乳、苦豆、小花棘豆、海乳草、蒲公英、盐生凤毛菊等，1年生草本有野稗、盐地碱蓬。亚优势种和伴生植物的种类取决于生态环境，在湖盆周边以世界种为多，在低湿地和盐土上，伴生植物以地中海和中亚成分为多，芦苇草甸土壤底层多为红黏土，中上层为沙质、沙壤质土，对盐分种类没有选择性，适宜各种盐分，pH值8左右，植被盖度增大后，土壤脱盐明显，由盐土逐步转化为盐化草甸土，这类植被中演替明显的群丛多出现在公路两旁，原以盐地碱蓬为主的群落或光板地，演替为高度为1.5m左右的芦苇草甸。

2)拂子茅草甸:拂子茅草甸的建群种为拂子茅属植物,主要分布在河漫滩、湖滨滩地、丘间地低等生境中。拂子毛属为湿生根茎型禾草,常见于渠旁、田埂、低湿滩地土壤水分比较充足的地方,组成小面积群丛或镶嵌于芦苇、赖草草甸中,草群盖度一般为60%~80%,株高1~1.3m,叶层高50cm,常见植物有碱茅、蓼子朴、赖草、蒲公英等。

3)芨芨草草甸:芨芨草草甸的建群种为芨芨草属植物,主要分布在河漫滩、干河谷、扇缘地低、湖盆洼地、丘间洼地以及其他闭合洼地等生境中。芨芨草群系在河套地区曾有过大面积的分布,有多种群丛,多数发育在地形较高的地方,黄河水利枢纽工程结束后,灌区水位普遍升高,大部分芨芨草草甸被开垦为农田,现在大面积的芨芨草群落已不见,只能在渠旁、田旁、路边、村舍附近见到芨芨草和其他盐生植物共同组成的群落,局部小面积也有单一的芨芨草群丛,芨芨草在群落中生长状况良好,株高0.7m以上,随着河套植被由根茎禾草建群的植被向密丛禾草建群植被的演替,芨芨草群丛将进一步得到恢复。

4)碱蓬草甸:碱蓬草甸的建群种为碱蓬属植物,主要分布在盐碱化生境中。碱蓬为东亚分布的植物,该群丛分布比较广泛,多呈小面积片状分布,局部可呈高密度单优群落,多见于公路旁、渠边、田埂、村舍周围,弃耕农田等地,喜生于微地形稍有起伏的地方,在平坦的地方面积较小。群丛高60~180cm,盖度50%~100%,由于群丛比较高大,抑制了其他植物的生长,丛中基本没有其他植物,在群丛外围长有赖草、盐地碱蓬、中亚滨藜、乳苣、灰绿藜、盐生凤毛菊,群丛生长的好坏,在于春季墒情,只要墒情好,该群丛可在同一地点多年保持良好的生长状况,土壤以透气性较好微带沙质的壤土为主,含盐量在1.2%~2%,土壤以氯化物硫酸盐土或氯化物盐土为主。

5)杂草类草甸:除上述常见的群落之外,在河套地区还经常可以见到下列植物组成的群丛,这些群丛面积都较小,有时可成为单优群落或镶嵌到其他群落中,建群种为中生多年生杂类草,其中大多数缺乏明显的优势种,因而用"杂类草"的名称命名植物群系。杂类草草甸分布广泛,土壤以褐土为主,与上述几种草甸镶嵌或斑块状分布。主要有如下6个群丛:

6)刺儿菜群丛:刺儿菜是中生的根蘖、拒盐高大草本植物,草群盖度可达80%以上,高度在1.3m左右,具有明显的景观。以单优势种群丛镶嵌在其他群落中,或伴生于其他群落中。其他植物有赖草、芦苇等。

7)乳苣群丛:乳苣也是根蘖真盐生草本,多生于盐渍化田地边缘,以小面积群落镶嵌在其他群落中,株高40~60cm,群落盖度一般在45%~65%之间,多生长在硫酸盐氯化物盐土或氯化物盐土上,是一种非常可口,营养高、是有开发价值的野生蔬菜。

8)野艾蒿群丛:野艾蒿群落盖度在50%~80%,主要植物还有甘草、赖草,极少可见到罗布麻,1年生草本有苍耳、滨藜、节节草等,在以其他植物建群的群落中野艾蒿分布也较普遍,成为优势种或亚建群种。

9)小花棘豆群丛:小花棘豆常见于湖盆边缘或下湿地,常与寸草苔、盐生凤毛菊、蒲公英、海乳草、碱蓬，蒙古鸦葱共生。群落低矮，高度不超过 20cm，盖度高达 70%，该群落多发育在盐化草甸土上。由于近年来生态环境的变化，造成这类群落分布面积急剧下降。

10)滨藜群从：滨藜群丛以中亚滨藜和西伯利亚滨藜为主，都是盐生 1 年生草本，生于路旁、地埂、弃耕盐荒地，可形成小面积群落，群落盖度 50%～80%，在其他群落中，滨藜属植物是优势种和伴生种，滨藜种子是家畜的粗饲料。

11)苦豆子群丛：苦豆子群落主要分布在地埂、田边、渠旁、沙丘、村镇、湖滨外围、黄河边，分布很广泛，但大面积成片的较少。苦豆子是拒盐型根蘖植物，种子发芽率低于 3%，苦豆子还可以形成单优种群落。草群高度 40～70cm，盖度 50%～80%，有时可达 100%，干草产量为 0.24～0.46kg/m^2，其中禾草占 20%～40%，苦豆子喜生于疏松沙质、沙壤质土壤上。在地下水位较浅的地方，苦豆水平根一般在表土以下 10cm 以内，土壤以氯化盐为主，其他植物有盐生凤毛菊、苣乳、苦马豆、西伯利亚蓼、芦苇，在沙丘、渠旁及地下水较深处，苦豆植株高达 80cm，水平根一般在表土以下 20cm 左右，其他植物有赖草、蓼子朴、刺儿菜、苦马豆、沙引草、芨芨草、土壤以硫酸盐氯化物盐土为主，群落有时呈明显镶嵌组合。

(4)沼泽/湿地

沼泽/湿地是指由于土壤过湿或地表季节性积水、常有泥炭积累，使沼生植物发育繁衍而形成了以沼生植物占优势的植被类型，是一种隐域性植被。由于多水的生境条件比较均一，不像一般土壤生境变幅明显，所以广布种较多。沼泽生境的水分补给来源充足，地面、水面蒸发不强，而地形平坦低洼，或因多年冻土存在，使地表、地下排水困难，常常造成地面积水。沼泽植被广泛分布，群落类型多样。

在宁蒙灌区，沼泽植被主要包括芦苇沼泽和水烛沼泽。芦苇沼泽的建群种为芦苇，是世界性广泛分布的沼泽类型。由于芦苇具有极强的生态位，适应变化生境的能力强，因此它既可以成为草甸植被的优势种，也可以成为沼泽的优势种。芦苇群落类型多出现在区内覆沙滩地，地面平坦，土壤质地多为砂质或沙壤质，无盐渍化或轻微盐渍化地区，土壤水分充足，湿润度较高。潜水埋深约 1～2m，部分地区更浅，是土壤水分的主要补给来源。伴生物种有菖蒲、假苇拂子茅、海乳草、凤毛菊等。水烛沼泽的建群种为水烛属(Typha)植物，也是广域分布的群落，主要分布在湖泊边缘、河滩泛滥地、丘间积水滩地等生境中。该群落发育在湖盆外围轻度盐化的区域，表土为沙壤质，地面平坦土地湿润，其他伴生种类组成主要有鹅绒委陵菜、金戴戴等。

4.3.2.3 不同地貌单元植被分布特点

总体来看，研究区植被类型具有如下分布特点(表 4-4)：①水生的低湿地植被除对环境适应性较强的芦苇分布广泛外，其他植被种类只在地势低洼水位埋深浅的河岸滩地区才有分布。②草甸植被多分布于河滩地，以禾本草类为主，冲积平原自然植被很少，仅在农田隙地等处尚能见到少量野生植物。③盐生植被分布于含盐较高的盐土上，主要植物有灰绿布达干碱蓬、盐爪爪、小芦草、西伯利亚蓼、碱草、碱葱、雾冰草、株状岩生草等。分布于盐渍化较轻地带有海乳草、柽柳、黄戴戴。分布在低地盐土的植物有黄须菜，为耐盐度较强而适应范围较广的植物。在盐分累积的地段，生有白刺(地枣)。在洼地边缘易于盐分累积的地方，生有盐性藜科植物。④沙生植被，在流动沙丘上有沙米，固定沙丘或沙堆上以白刺为主，白刺生长不多，但构成小面积的灌木丛层。另外还有少量芨芨草、猪毛蒿、滨藜、雾冰藜构成一年生草木丛层。在沙层不厚湿度较大的地带有苦豆子、沙蓬、沙蒿、甘草、旋复花、骆驼蒿。⑤农田杂草，河套平原为灌溉农业地区。夏田作物主要杂草有野燕麦、野豌豆、灰莱等，秋田作物主要杂草有冰草、拂子茅、芦草、大蓟、小蓟。⑥荒漠草原植被，处于荒漠植被和草原植被之间，建群种有球果白刺，植被以灌木为主，草本层很不发达。主要是一年生草本陈蒿，还有少数戈壁针茅，短叶假木贼等，一般灌丛高15～30cm。草本高10～15cm，覆盖度10%～15%。

对不同地貌类型的植被覆盖度的对比发现:河岸滩地区植被覆盖度整体较高，通常在50%～80%，此类地区地下水位埋深较浅，以喜水低湿地植被和中生植被为主，部分沼泽化地区有耐碱植被存在;盐碱地地形植被覆盖度通常在30%～40%，地下水埋深通常在2～5m，以柽柳、芨芨草、等耐旱植被为主;荒漠草原的覆盖度较低，通常在10%～20%，由于其地势最高且地下水位埋深较大，以旱生植被为主，可依靠大气降水和土壤水共同维持其生存。

表4-4　调查植物分布表

类型	物种	科	地形地貌	植被说明
乔木	杨树	杨柳科	河岸滩地、农田	干旱半干旱地区农田防护林的主要树种，以及主要路边的行道树，具有较强的适应性
	柳树	杨柳科	河岸滩地、农田	干旱半干旱地区农田防护林的主要树种，以及主要路边的行道树，具有较强的适应性
灌木	柽柳	柽柳科	河流冲积平原，潮湿盐碱地	湿润盐碱地，沙荒地造林树种，对防风固沙和维持生态有很大作用的植物，大多数种类分布在平原半荒漠及荒漠区。在盐渍化荒漠河谷平原及滨湖区生长最为繁茂
	白刺	蒺藜科	荒漠和半荒漠的湖盆沙地、河流阶地、山前平原积沙地、有风积沙的黏土地	旱生型阳性植物，不耐庇荫、不耐水湿积涝。自然生长于盐渍化土地，耐盐性能极强。多生长在干燥、多风、盐碱重、土壤贫瘠、植物稀疏的严酷环境中，往往自成群落，伴生植物较少
	盐爪爪	藜科	盐碱地、河岸边	生于潮湿盐土、盐化沙地，常常形成盐生草甸

续表

类型	物种	科	地形地貌	植被说明
草本	碱蓬	藜科	河岸、荒地、渠岸、田边等含盐碱的土壤上	喜高湿、耐盐碱、耐贫瘠，在河岸地区沙土或沙壤土中生长良好，在盐碱地上多星散或群集生长，可形成单优群落，也是其他盐生植物群落的伴生种
	芦苇	禾本科	河流沟渠沿岸和低湿地以及盐碱地	根状茎发达，除森林生境不生长外，各种有水源的空旷地带，常一起迅速扩展的繁殖能力，形成连片的芦苇群落
	拂子茅	禾本科	潮湿地及河岸沟渠旁	根茎顽强，抗盐碱土壤，耐强湿，是固定泥沙、保护河岸的良好材料
	水烛	香蒲科	沼泽、沟渠	多年生，水生或沼生草本植物，当水体干枯时可生于湿地及地表龟裂环境中
	芨芨草	禾本科	盐碱地、河岸边	可改良碱地，保护渠道及保持水土
	荆三棱	莎草科	河岸沟渠	
	苔草	莎草科	河岸、盐碱地	喜潮湿
	马唐	禾本科	河岸、盐碱地、荒漠	优良牧草
	稗草	禾本科	河岸沟渠	
	节节草	鸭跖草科	河岸沟渠	
	风毛菊	菊科	沟渠盐碱地	二年生草本
	金戴戴	毛茛科	盐碱沼泽地或湿草地	多年生草本
	牛心朴子	萝藦科	盐碱地	多年生草本
	西伯利亚蓼	蓼科	河岸、盐碱地	多年生草本
	披碱草	禾本科	盐碱地	耐旱、耐寒、耐碱、耐风沙
	小花棘豆	豆科	河岸沟渠、盐碱地	多年生草本，全草有毒
	雾冰藜	藜科	盐碱地、河岸边	
	乳浆大戟	大戟科	河沟边	多年生草本，变异幅度大
	苍耳	菊科	盐碱地、干枯河岸地	一年生草本，种子可入油，果实可入药
	牛心朴子	萝藦科	荒地	多年生草本
	金戴戴	萝藦科	荒地	多年生草本
	角蒿	紫葳科	荒地	一年生至多年生草本
	冰草	禾本科	荒地	多年生草本，优良牧草
	马唐	禾本科	荒地	一年生草本，优良牧草
	节节草	鸭跖草科	河岸沟渠	一年生披散草本

4.3 灌区生态节水调控目标制定

4.3.1 灌区及周边物种生态地下水位适宜性调查

不同的植被具有不同的适宜生态水位埋深区间，在这一区间内植被的生长可以达到最佳状态，超出这一水位区间，植被的生长受到抑制。适宜生态水位则是通过对表征植被生长状态的指标量与水位埋深进行统计分析来确定的。从以往的研究来看，多数植被种与环境之间关系通常都是符合高斯模型，采用高斯模型进行拟合比进行简单的相关分析和回归分析效果更好，能够更精确地确定环境因子的约束量，从而有利于更好地定量确定植被生态水位区间。

根据前面的研究结果可以看出宁蒙灌区植被组成的分布主要受地貌控制，各地貌分区都具有特定的植被特点，所以本次以单种植被与不同水位埋深作为研究重点。

从查阅植被资料和及文献记载的相关分析发现，部分植被如沙生针茅、沙米、角蒿、乳浆大戟、列当等，植被多度并未同水位埋深呈现出明显的相关关系，说明此类植被生存需水不依靠地下水或只部分依靠地下水。例如某些浅根生耐旱植物仅依靠大气降水和土壤水便能维持其生存，又如列当这种寄生植物，主要寄生于油蒿等蒿类的根部，靠吸取宿主的养分维持自己生存，所以其生长状况决定于宿主长势。

此外，由于本次野外调查的小样方设置主要针对草本植被的，而部分高大乔灌木如杨树、沙柳等，本身生存的植株间距就已经超出 1m 的范围，对于乔灌木来说由于样方过小难以准确统计出乔灌木的数量特征。由于野外工作具有一定的局限性，我们主要将所得到的草本和部分灌木数据带入模型中进行分析，得出一系列理论值。沙柳等乔灌木出现在样方中的数量有限，不足以进行相关分析，所以对于这此类灌木的适生水位主要参考前人在附近地区的研究成果作为其理论值，乔灌木最佳生存水位在 1.5～3m，承受水位在 3～5m，在 5～8m 时则为警戒范围，长势不良，大于 8m 时，生长差，出现枯枝枯梢现象。

4.3.1.1 基于高斯模型的植被适宜水位

(1)植被分布高斯模型

在一个相同或相近的生境中，某个物种的多度受控于某一环境因子并随该环境因子增加而增加。当环境因子增加到某一值时，植物总多度达到最大值，此时环境因子成为最适宜值；此后当环境因子继续增加时，物种多度下降，生长受到抑制，直至消失。因此，植物物种和环境要素之间的关系通常满足非线性二次曲线模型，统称为单峰模型，其中最具有代表性的是高斯模型。

高斯正态分布的模型为：

$$f(x)=\frac{1}{\sqrt{2\pi x}}\mathrm{e}^{-\frac{1}{2}(\frac{x-\mu}{\sigma})}$$

式中，x——环境因子指标，在文本中代表地下水位埋深；

$f(x)$——代表反映植物生长状态的生物量，主要指植被多度和覆盖度等；

μ、σ——正态分布的参数。

对此公式简化可得：

$$f(x)=\mathrm{e}^{\ln(\frac{1}{\sqrt{2\pi\sigma}})\cdot-\frac{1}{2}(\frac{x-\mu}{\sigma})^2}$$

$$f(x)=\mathrm{e}^{\ln(\frac{1}{\sqrt{2\pi\sigma}})\cdot-\frac{1}{2\sigma^2}(x^2-2x\mu+\mu^2)^2}$$

$$f(x)=\mathrm{e}^{-\frac{x^2}{2\sigma^2}+\frac{x\mu}{\sigma^2}-[\frac{\mu^2}{2\sigma^2}+\ln(\sqrt{2\pi\sigma})]}$$

式中，参数含义同上。

由上式可知植被同环境要素的符合形如 $f(x)=\mathrm{e}^{ax^2+bx+c}$。用文献中得到的数据，采用R软件编程对植被—地下水位埋深进行分析，通过解析所得的单峰曲线从而对植被生长适宜的水位区间进行讨论。

(2)植被与多度水位关系

尽管植被覆盖度和多度都能在一定程度上反映植被的生长状况，但由于植被覆盖度主要采用目测估算，主观因素对调查结果影响较大，统计结果产生偏差不可避免。而相比之下，植被多度的统计结果则更加准确，因此本次主要对区内优势植被的多度与地下水埋深应用R软件进行回归分析。优势植被是植物群落的主体，对植物群落具有控制作用，且样本数量多，而偶见种和伴生种由于样本数量少，不足以分析出规律。因此，本次主要对优势植被多度同地下水位埋深进行回归分析。

对文献中总结的总体植被总多度与埋深进行回归分析，建立数学模型如下：

$$f(x)=\mathrm{e}^{-0.6522x^2+2.5245x+3.5301}$$

由该模型可知，当区域地下水位埋深在1.9m时，样方植被总多度达到最大值，埋深区间在1～3m最适宜植被生长。

对宁蒙灌区内各主要优势植被进行回归分析表明，其中大部分植被多度和水位埋深符合正态分布，建立植被与水位埋深分布的数学模型如表4-5，结合上述方程计算得到各种植被的生存适宜水位区间和植被生长最佳水位。

表4-5　　植被多度与地下水埋深关系

植被	多度水位关系模型	适宜区间(m)	最佳水位(m)
芦苇沼泽	$f(x)=\mathrm{e}^{-0.6501x^2+1.0804x-0.3889}$	0.5～1.5	＜2.0
水烛湿地	$f(x)=\mathrm{e}^{-0.2287x^2+0.4973x-4.6470}$	0.5～1.0	＜1.5
拂子茅	$f(x)=\mathrm{e}^{-0.7301x^2+0.8203x+1.3237}$	0.5～1.0	＜1.5

续表

植被	多度水位关系模型	适宜区间(m)	最佳水位(m)
芦苇草甸	$f(x)=e^{-1.2339x^2+3.9315x-0.7779}$	0.8～2.0	＜2.5
芨芨草	$f(x)=e^{-4.968x^2+8.8324x-1.8763}$	0.5～1.5	＜2.0
碱蓬	$f(x)=e^{-0.6179x^2+0.9644x-0.7972}$	0.5～1.0	＜1.5
白刺	$f(x)=e^{-0.2107x^2+1.0164x-0.7162}$	2.0～3.0	＜3.5
柽柳	$f(x)=e^{-0.1194x^2+0.7164x-0.6668}$	2.0～4.0	＜4.0
盐爪爪	$f(x)=e^{-0.4591x^2+0.8925x+1.0135}$	0.8～1.0	＜1.5

从研究结果(表4-6)可看出，当地下水位埋设小于1m时，地下水位埋深浅，潜水蒸发耗水量很大，容易形成盐渍化，除适于部分耐碱植被和沼泽植被生长外对其他植被生长不利；当地下水位埋深在1～2m时，植被群落以生境为滩地的喜水和中生植被，如芦苇、水烛、赖草、芨芨草、金戴戴、海乳草、苔草等为主，且长势最好，植被覆盖度高，其他耐旱植被生长良好；当地下水位埋深在2～4m时，部分喜水和中生植被不能生长，植被覆盖度和多度明显下降，而此埋深区间最适宜耐旱植被生长，如芦苇、柽柳等；当地下水位埋深在4～8m时，仅耐旱植被能够生长，但是长势下降；当地下水位埋深大于8m时，除部分生长不受地下水埋深限制的旱生植被种类如沙生针茅、沙米、角蒿、乳浆大戟等，仍能生长其他仅能零星出现的植物。

表4-6　植被生态水位区间和植被特征

埋深区间	植被状况
小于1m	地表易发生盐渍化，以碱蓬等耐碱植被为主，不利于其他植被生长
1～2m	适宜喜水和中生植被生长，是植物群落的主体。乔灌木和耐旱植被生长良好
2～4m	适宜耐旱植被生长，喜水或中生植被生长差或不能生长，乔灌木生长良好
4～8m	仅耐旱植被能够生长，长势一般，乔灌木生长不良
大于8m	除生长不受地下水埋深限制的旱生植被种类仍能生长，其他仅能零星出现，乔灌木生长差

基于模型模拟和文献资料汇总，得到主要植被类型根系深度及其所需地下水位如表4-7所示：

表4-7　基于模型和文献的主要植被类型根系深度及其所需地下水位

植被/植被类型	根系深度(m)	最佳水位(m)	维持水位(m)	红线水位(m)
森林	2.0～3.8	＜4.3	4.3～6.8	＞6.8
柳树林	2.0～4.0	＜4.5	4.5～7.0	＞7.0
杨树林	2.0～3.5	＜4.0	4.0～6.5	＞6.5

续表

植被/植被类型	根系深度(m)	最佳水位(m)	维持水位(m)	红线水位(m)
灌丛	1.6～2.7	< 3.0	3.0～5.0	> 5.0
白刺灌丛	2.0～3.0	< 3.5	3.5～6.0	> 6.0
柽柳灌丛	2.0～4.0	< 4.0	4.0～6.5	> 6.5
盐爪爪灌丛	0.8～1.0	< 1.5	1.5～2.5	> 2.5
草甸	0.6～1.3	< 1.8	1.8～2.9	> 2.9
拂子茅草甸	0.5～1.0	< 1.5	1.5～2.5	> 2.5
芦苇草甸	0.8～2.0	< 2.5	2.5～4.0	> 4.0
芨芨草草甸	0.5～1.5	< 2.0	2.0～3.0	> 3.0
碱蓬草甸	0.5～1.0	< 1.5	1.5～2.5	> 2.5
杂类草草甸	0.5～1.0	< 1.5	1.5～2.5	> 2.5
沼泽(湿地)	0.5～1.3	< 1.8	1.8～2.8	> 2.8
芦苇沼泽	0.5～1.5	< 2.0	2.0～3.0	> 3.0
水烛沼泽	0.5～1.0	< 1.5	1.5～2.5	> 2.5

其中,根系深度:该植物为优势物种时植物群落的根系深度。

最佳水位:植被繁茂、维持高生产力时所需要的地下水位。

维持水位:植被基本维持、生产力水平很低时所需要的地下水位。

红线水位:植被几乎丧失、生产力接近零时所需要的地下水位。

就森林、灌丛、草甸和沼泽而言,以上四个指标为所含亚类的平均。

4.3.1.2 基于野外调查获得的植被与水位关系

为了对模型输出结果进行验证,探讨区内主要植被与地下水位埋深的关系,也为更加精确呈现结果,在群落调查的基础上,还选择了杨树、柳树、白刺、柽柳、拂子茅、芦苇草甸、芨芨草、芦苇沼泽、水烛这几类宁蒙灌区内分布较广、所占比重较大的代表性优势植被,分别进行了植被生长指标与地下水位埋深关系野外调查;另外在部分典型区,开挖植物根系进行根系测量,并就植被根系长度与植被分布区水位埋深进行对比;进而获得了区域主要植被与地下水位埋深关系的认识。

河套灌区的杨树是河套灌区主要的人工植被,主要分布在农田、沟渠、河岸边缘,作为农田防护林对生态环境具有重要贡献。河套灌区农田防护林主要造林树种是小美旱杨与新疆杨,基本上是20世纪90年代初营造的,目前已进入更新期。调查地点为一处农田防护林,距离黄河100m距离,选择的是杨树幼树作为对象,平均胸径为10cm,树高为4m,挖剖面3

个，根系深度为 1.8～2.4m(图 4-3)。

图 4-3　杨树人工林及根系

河套灌区柳树也多为人工林，但在荒漠区也有部分沙柳天然林分布。柳属植物喜光，耐寒，湿地、旱地皆能生长，但以湿润而排水良好的土壤上生长最好；根系发达，抗风能力强，生长快，易繁殖。调查物种为沙柳，平均高度 1.85m 左右，挖剖面 3 个，根系深度 1.6～2.4m(图 4-4)。

图 4-4　沙柳群落及根系

河套地区柽柳主要是和杂草类或者芦苇组成群丛。比如柽柳—芦苇群丛主要分布在道路旁、村镇周边，大的渠道附近、黄河岸边、农田间隙和沙区，是一组分布面积较大的群落。总盖度 50%～90%，柽柳盖度在 15%～30%之间，高度在 1.5～2m，景观明显，芦苇高度为 0.8～1.5m。除分布在黄河岸边的这类群落外，这种类型是由株高不足 lm，株丛直径小于 30cm，盖度为 10%左右的柽柳灌丛和裸地或盐地碱蓬演替而成的。在芦苇大量生长的过程中，盐地碱蓬逐渐消失，柽柳由原来不足 1m 快速生长。群落中还有赖草、拂子茅、细齿草本栖、海乳草、西伯利亚蓼等，偶尔可见到碱蓬、盐生凤毛菊，在低洼积水处还有水烛、水葱、蔗草等。植被盖度增大后，由于阻挡盐分的蒸发，土壤逐步由白盐土向盐化草甸土转变，土壤有机质增加 15%，土壤表层盐分由过去的 8%降低到 1.5%以下。这类群落冬季残留保存较好，在沙尘季节时，非常有效地阻挡了盐土粉尘向大气中飞扬。

调查柽柳群落平均高度为 1.7m，伴生种芦苇平均高度为 1.2m。挖剖面 3 个，其中分别在 1.6m、1.8m、2.2m 发现根系。土壤水埋深大致在 2.4m 左右(图 4-5)。

图 4-5 柽柳—芦苇群落及根系

白刺群落主要分布在灌区盐化沙地、沙质土壤或其他风积沙丘上。这类群落以片状带状插花分布于草甸植被中，沙丘与丘间盐化低地镶嵌分布。建群植物主要有白刺、蒿等；群落中除白刺以外，还常有柽柳、短穗柽柳、拂子茅、芦苇、赖草、苦豆、蒙古雅葱、沙引草、细枝盐爪爪，是荒漠植被与草甸植物的镶嵌体。一年生草本主要有雾滨藜、中亚滨藜、沙兰刺头等。群落盖度变化较大，从光板地到盖度60%的群落都存在。调查白刺群落建群种为白刺，白刺平均株高 1.4m 左右，群落盖度为 40%，伴生物种有芦苇、刺菜儿、柽柳等。挖剖面 3 个，剖面深度 1.0m，在 1.6m、1.8m、2.0m 处有根系发现(图 4-6)。

图 4-6 白刺群落及根系

芦苇草甸生长地一般含盐量较高，是难以利用的土壤，群落盖度 50%～90%，盖度的大小取决于地下水分的供给或微地形的变化。主要植物除芦苇以外，还有拂子茅、赖草蒲公英、盐生凤毛菊、野稗等。调查群落高度为 1.1m，盖度 90%，挖剖面 3 个，根系深度在 1.6～1.8m，地下水埋深在 2.5m(图 4-7)。

图 4-7 芦苇草甸及根系

拂子茅是河套地区常见的一种植物，生态幅度非常广泛，分布范围较广。拂子茅群落主要分布在河岸沟渠周围、盐荒地、排水渠上部、村舍、田埂、公路边等各种生境，群丛盖度60%～80%，高度0.4～1.3m。群落中还有芦苇、芨芨草、车前等伴生物种。常组成小面积群丛镶嵌于芦苇草甸中。调查处拂子茅高度在0.8m左右，盖度70%；根系深度超过1.0m，最深达到1.4m左右，地下水埋深大致在1.5m左右(图4-8)。

图4-8 拂子茅群落及根系

芨芨草主要分布于河岸沟渠四周或低洼湿地中，同时在盐碱地也有生长，目前大面积的芨芨草群落较少见，常见芨芨草和其他植物组成的群落，局部小面积也有单一的芨芨草群落。芨芨草的生长与地下水水位埋深有关，同时也与土壤特性有关。最适宜的土壤是粉土与粉砂。调查的芨芨草群落是芨芨草为优势种的单优群落。群落高度0.7m，盖度75%，挖掘剖面3个，剖面深1.0m，芨芨草根系大部分在0.7～1.1m，根系范围0.5～1.5m(图4-9)。

图 4-9　芨芨草群落及根系

芦苇沼泽主要分布于河岸沟渠等常年和生长季节积水的滩地洼地，生境积水深度为0.2～0.8m。芦苇是群落的建群种，株高在1.8～2.5m，最高可达3.0m以上，pH值7.7～8.5，盖度可达90%～100%，是一类生产力较高的草本沼泽。芦苇沼泽的群落类型分化不多，以芦苇组成群落，伴生植物有水烛、水葱、三棱藨草、小香蒲、菹草、狐尾藻。调查的芦苇平均高度2.0m。在此处挖剖面3个，在剖面深度为0.5m处有积水，大部分根系集中在0.5～0.9m处，根系范围0.7～1.3m(图4-10)。

图 4-10 芦苇湿地及根系

水烛群落主要分布在湖泊边缘，沙丘间积水滩，常年积水和生长季节性积水的低洼地，以及排水渠等处，水深 0.3～0.8m，地表无泥炭层积累，土壤为腐殖质沼泽土，pH 值为 7.0～7.5，除以水烛为单优势种群的群落外，还常可见到水烛＋芦苇群落，伴生物钟有小香蒲、三棱藨草、水生植物还有菹草、狐尾藻等，群落盖度在 60％～95％，草层高度 1.5～2.5m。调查的水烛群落处在包头小白河国家湿地公园，平均高度 1.1m 左右，盖度 80％，挖剖面 3 个，根系主要集中在 0.7m 处，根系范围在 0.5～1.0m(图 4-11)。

图 4-11 水烛群落及根系

除了以上优势植被组成的群落以外，河套地区还常有一些物种组成面积较小，有时可成为单优群落或者镶嵌到其他群落中的杂草类草甸。在此次调查中，选择了2个杂草草甸进行调查。杂草草甸平均高度为0.3～0.7m，盖度为65%，挖掘剖面2个，根系均主要集中在0.5～0.7m处，根系范围在0.5～1.0m(图4-12)。杂草类草甸虽然分布面积较小，但由于其对地下水资源依赖较小，主要依靠天然降水，因此优势种会随着降水格局的改变而发生变化，所以在不同的降水条件下，物种组成不一致，对生物多样性有一定贡献。

图4-12　杂草群落

通过野外调查实测到的优势植物根系特征汇总于表4-8。

表4-8　主要植物根系分布特征

植被	根系类型	主根系深度(m)	侧根长度(m)	根状茎	分布区水位埋深(m)
杨树(幼龄)	直根系	1.8～2.6	1.5	无	2.8
柳树	直根系	1.6～2.4	2	无	3.5
柽柳	直根系	1.6～2.2	1.2	无	2.4
白刺	直根系，侧根发达	1.6～2.0	1.5	无	3.0
拂子茅	须根系	1.2～1.5		有	1.5
芨芨草	须根系	1.0～1.4		无	1.5

续表

植被	根系类型	主根系深度(m)	侧根长度(m)	根状茎	分布区水位埋深(m)
芦苇草甸	须根系	1.4～1.8		有	2.4
芦苇沼泽	须根系	0.7～1.3		有	<2.0
水烛	须根系	0.7～1.0		有	<1.5

4.3.1.3 主要植被所需地下水位

通过实地野外调查和文献资料参考，根据土壤特性、根系分布、植冠结构、水分平衡原则，对模型模拟结果进行校正，确定研究区影响植被的地下水位，汇总于表 4-9。

表 4-9　　主要植被类型根系深度及其所需的地下水位

植被/植被类型	根系深度(m)	最佳水位(m)	维持水位(m)	红线水位(m)
森林	2.0～3.8	<4.3	4.3～6.8	>6.8
柳树林	2.0～4.0	<4.5	4.5～7.0	>7.0
杨树林	2.0～3.5	<4.0	4.0～6.5	>6.5
灌丛	1.6～2.5	<3.0	3.0～5.0	>5.0
白刺灌丛	1.5～2.5	<3.5	3.5～6.0	>6.0
柽柳灌丛	2.0～3.0	<3.5	3.5～6.0	>6.0
盐爪爪灌丛	0.8～1.0	<1.5	1.5～2.5	>2.5
草甸	0.6～1.3	<1.8	1.8～2.9	>2.9
拂子茅草甸	0.7～1.2	<1.5	1.5～2.5	>2.5
芦苇草甸	0.8～2.0	<2.5	2.5～4.0	>4.0
芨芨草草甸	0.7～1.3	<2.0	2.0～3.0	>3.0
碱蓬草甸	0.5～1.0	<1.5	1.5～2.5	>2.5
杂类草草甸	0.4～0.9	<1.5	1.5～2.5	>2.5
沼泽(湿地)	0.5～1.3	<1.8	1.8～2.8	>2.8
芦苇沼泽	0.7～1.3	<2.0	2.0～3.0	>3.0
水烛沼泽	0.5～1.0	<1.5	1.5～2.5	>2.5

通过对宁蒙灌区植物种群、植被盖度、优势植被类型及其根系深度、地下水埋深度的实际调查，并与相关文献比对，获得以下认识：

(1)通过宏观上研究优势植被根系与地下水位埋深关系以及植物种群分布可以得到如

下结果：森林、灌丛、草甸和沼泽的平均根系深度分别为 3.0m、2.0m、1.0m 和 1.0m，这四种植被对应的适宜地下水位分别为 5.0m、4.0m、2.5m 和 2.0m。

(2)从总体上看，湿地植物的适宜地下水位为 1.0～2.0m，盐碱地植物的适宜地下水位为 2.0～5.0m，其他旱生植被生长与地下水位相关性不明显。

(3)植物根系的发育程度对植物生长有着明显的影响。植物根系达到潜水面或毛细带时，植物就可以吸收地下水。反之，当地下水位埋深大于植物根系深度加上潜水面毛细上升高度后，植物就吸收不到地下水。当地下水位埋深较浅时，所有典型植被的长势都较好，而随着地下水埋深增加，植被的长势变差或无法生存，会有群落演替发生。

4.3.1.4 区域天然植被所需地下水位

区域天然植被是指在整个河套灌区及周边绿洲，对整个区域有主导性影响，能够代表区域植被特征和环境需求的植被类型。根据野外调查和文献资料，并在多次专家咨询的基础上，确定芦苇群落为该区域的代表性植被。

该区域的多年月平均降水状况如图 4-13。在植物生长初期，降水很少；在植物生长旺期，降水相对充足；在植物生长末期，降水较少。

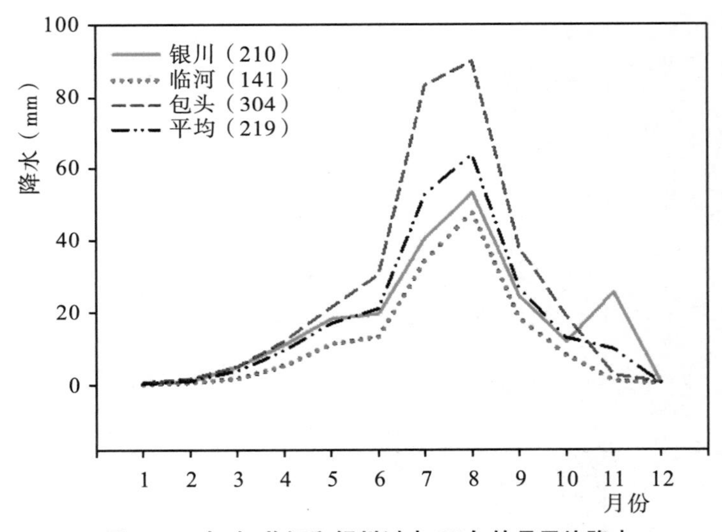

图 4-13　包头、临河和银川过去 50 年的月平均降水

基于该区域的降水状况和植物生长特性(即供给—需求关系)，我们提出了区域植被地下水位动态需求(表 4-10)。

表 4-10　区域植被所需地下水位的动态变化

	生长初期(m)	生长旺期(m)	生长末期(m)
区域植被	1.5	2.0	2.5

从表4-10可以看出，植被生长的初期(5—6月份)需要的地下水位最高，植物生长旺期(7—8月份)需要的地下水位较高，而植被生长末期(9月份)需要的地下水位最低。

4.3.2 标的物应对地下水位变化的敏感性分析

群落演替又称生态演替，是指在一定区域内，群落随时间而变化，由一种类型转变为另一种类型的生态过程。群落的发展是有顺序的过程，是有规律地向一定方向发展，因而是能预见的；演替是由群落引起物理环境改变的结果，它以形成稳定的生态系统，即以顶级群落形成的系统为其发展顶点。因此，演替过程可分为若干不同阶段，称之为演替系列群落。而根据不同的立足点，群落演替可以分为不同的类型。

水生演替是一种原生演替，发生于水体和陆地的交界环境中，如淡水湖泊和池塘的边缘。水生演替主要包括以下过程：①沉水植物期：水体较深，湖底没有根植物，水层中只生长着浮游生物和鱼类，水底有螺蚌和藻类；②浮水植物期：水体中以浮叶根生植物为主，叶子漂浮于水面，水下光照条件不利于沉水植物生长；③挺水植物期：水体变浅，芦苇等直立水生植物为主，根系发达。鱼类等水生动物减少，两栖类增加；④湿生草本植物期：水底露出水面，成为暂时性水池。原来的挺水植物被禾本科、莎草科等湿生草本植物取代，动物中蝗虫和鸟类成为群落成员，以后湿生草本群落又被中生草本群落取代。

旱生演替从环境极端恶劣的岩石或砂地开始的演替，包括以下阶段：①地衣植物阶段：裸岩上没有土壤，只能生长地衣；②苔藓植物阶段：苔藓植物能忍受极端干旱的环境，积累土壤和腐殖质，为草本植物生长创造条件；③草本植物阶段：土壤和环境条件适合草本植物生长；④灌木群落阶段：植被群落以木本的灌木占优势；⑤乔木群落阶段：高大乔木占优势的顶级群落。

同时，若按照演替的方向进行划分，演替可分为进行性演替和倒退演替。倒退演替是指植物群落进行与演替系列顺序相反的逆向变化，土壤因素的变化是倒退演替的主要原因。与倒退演替相对应的，即一般的演替为前进演替(进行性演替)。

河套灌区处于干旱、半干旱区，由于大部分植被对水位具有敏感性，根据地下水位深度变化引起植被覆盖度变化，甚至发生植物种类的更替等演替效应的程度，将研究区划分为生态敏感区和非敏感区。根据前面分析得到的研究区生态水位区间，结合各地貌类型和植被特性，将敏感区按照敏感性高低进一步划分为：一级敏感区和二级敏感区。

一级敏感区：水位发生变化对植被的影响最为明显，当水位变化较大时易发生植物种类的更替。主要分布在河岸滩地区，地下水位埋深较浅，植被覆盖度区内最高，且以喜水和中生植物为主，如芦苇、水烛、假苇拂子茅等，适宜水位区间大多集中在1～3m。当地下水位低于1m时土壤易发生盐渍化，高于3m时大多数耐碱植物不再生长，喜水植被长势不好，植物可能向中生、旱生群落演替。

二级敏感区：当地下水位下降时，植被覆盖度降低，通常不会发生植物种类的明显更替；

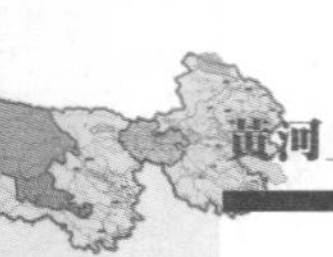

且有部分植物生长与地下水位关系不大。主要分布在盐碱地和荒漠干旱地带，以耐旱灌木和草本植物为主，如柽柳、白刺、芨芨草等，植被的适宜地下水位埋深区间在 3～5m。

非敏感区：该区域植被覆盖度较低，主要为耐旱植物，且大部分依靠降雨和土壤凝结水即可满足其生存需要，如狗尾草、苍耳等。主要分布于地下水位埋深较大的区域。

4.4 本章小结

本章首先介绍了生态系统完整性的概念，在此基础上，详细讨论了灌区周边生态调查方法与内容，并重点介绍了植物生态调查方法和内容，包括样地的选择，样方形状、大小，优势度计算等。接着讨论了周边生态标的物种识别与选取，并通过对灌区周边植被多样性进行调查分析，遴选出优势植物种群。其次着重讨论了生态节水的目标制定，对灌区及周边物种生态地下水位适宜性进行调查，并介绍了四种方法确定植被所需地下水位，就标地物应对地下水位变化的敏感性进行了分析。

第 5 章　河套灌区生态节水调控机理及其对生态影响研究

考虑到河套灌区的地理位置以及空间特征，结合国内外生态节水灌溉实例，对流域分布式水文模型的研究考量之后，利用 AquaCrop 模型，模拟草本作物产量对于耗水量变化时的响应。这种方法在国内外生态节水领域内都占有极其重要的位置，为大多数研究提供了比较有效的技术手段。

5.1　Aquacrop 模型应用

5.1.1　AquaCrop 简介

AquaCrop 模型是由联合国粮食与农业组织（FAO）土地与水资源部开发的一款水分驱动作物模型。该模型可以模拟草本作物产量对于耗水量的响应，尤其适用于当地作物生长过程中水分受到严重限制的地区。

AquaCrop 模型力图在准确，简洁与稳健之间寻求平衡。该模型使用的参数相对较少，并且简单直观，并且所需输入的变量可以通过简单的方法确定。因此，该模型的使用者主要包括咨询工程师，灌溉管理者以及经济学家等。同时，该模型也作为一种科学研究工具，供科学研究者所使用，用来研究水在作物生产环节中所扮演的角色。模型界面十分简洁，如图 5-1 所示。

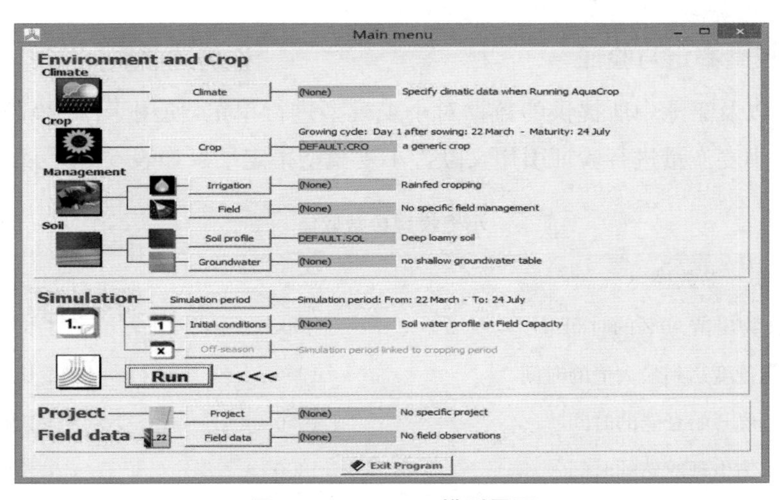

图 5-1　AquaCrop 模型界面

5.1.2 模型原理

AquaCrop 模型计算产量的核心方程如式 5-1 和式 5-2 所示。

$$B = Ks_b WP^* \sum \frac{Tr_i}{ET_{0i}} \tag{5-1}$$

$$Y = f_{HI} HI_0 B \tag{5-2}$$

式中，B 为最终积累的生物量；为温度胁迫系数；WP^* 为标准化的水分生产率；Tr_i 为第 i 天的作物腾发量；ET_{0i} 为第 i 天的参考作物腾发量，用 Penman-Monteith 公式进行计算；Y 为最终产量；HI_0 为收获指数。

模型在计算作物腾发量中，使用如式 5-3 所示公式。

$$Tr = KsKc_{Tr}ET_0 \tag{5-3}$$

式中，Kc_{Tr} 为作物滕发系数，与冠层覆盖度成比例，会随着冠层的发展持续进行调整。Ks 为水分胁迫系数，与土壤含水量有关。

在 AquaCrop 模型中，水分胁迫对作物的影响主要体现在两个方面：①水分胁迫使得作物冠层生长受到抑制；②水分胁迫直接影响作物的腾发量 Tr，从而影响产量。值得注意的是，水分胁迫造成的作物冠层生长抑制可能反而导致最终产量的提升。

5.1.3 AquaCrop 模型率定与验证

首先，进行作物冠层生长的率定。将气象资料、土壤资料、灌溉制度等输入模型后，调整作物的各项参数，模拟作物逐日冠层覆盖度，通过与实测冠层覆盖度的比较进一步调整作物参数。其次，对产量进行模拟。在保持调试好的冠层覆盖参数几乎不变的情况下，调整作物开花时间，作物收获指数等参数，进行产量模拟。

初始模型对小麦和玉米的水分胁迫描述较好，不需要再对其水分胁迫参数进行率定；对向日葵模型则需要进一步对水分胁迫参数进行率定。

(1)小麦模型率定与验证

采用刘鑫以及于泳中所提供的数据对小麦模型进行率定，使用于泳(2010)和张永平中提供的数据对小麦产量进行验证引用文献。小麦模型率定结果如表 5-1 所示。

表 5-1　小麦模型参数取值

参数描述	取值	单位或意义
作物出苗 90%的时间	150	生长度日
冠层覆盖度达到最大值的时间	1000	生长度日
冠层开始衰老的时间	1450	生长度日
作物生理成熟的时间	1800	生长度日

续表

参数描述	取值	单位或意义
作物开始开花的时间	1150	生长度日
花期的持续时间	250	生长度日
参考收获指数	57	%

为了验证小麦模型对产量的模拟效果，利用2008年和2009年曙光试验站的两组实验共10个不同的水分处理得到的实验结果对小麦产量模拟结果进行验证。选取10个不同水分处理的实验数据进行验证，以保证模型在各个不同缺水条件下均可信。不同处理的具体情况见下表5-2(如08W0中，08表示年份2008年，W表示小麦wheat，0表示田间处理序号)。

表5-2　曙光试验站某小麦田间试验水分处理　单位：m^3/亩

田间处理	一次灌溉水量	二次灌溉水量	三次灌溉水量	四次灌溉水量
08W0	60	72	60	67
08W1	30	72	60	67
08W2	60	36	60	67
08W3	60	72	30	67
08W4	60	72	60	33
09W0	73	68	68	68
09W1	37	68	68	68
09W2	73	37	68	68
09W3	73	68	37	68
09W4	73	68	68	37

用AquaCrop模型对以上10组不同的水分处理进行模拟，得到的模拟结果与实测结果比较如表5-3和图5-2所示。

表5-3　小麦模拟产量与实测产量对比分析

田间处理	产量 ton/ha		相对误差%
	模拟值	实测值	
08W0	7.45	7.46	−0.1
08W1	6.89	6.40	7.6
08W2	7.30	6.92	5.4
08W3	7.46	7.08	5.4
08W4	7.45	7.31	1.9

续表

田间处理	产量 ton/ha		相对误差%
	模拟值	实测值	
09W0	7.60	7.67	−0.9
09W1	6.86	7.01	−2.1
09W2	7.50	6.93	8.2
09W3	7.61	7.23	5.3
09W4	7.60	7.53	0.9

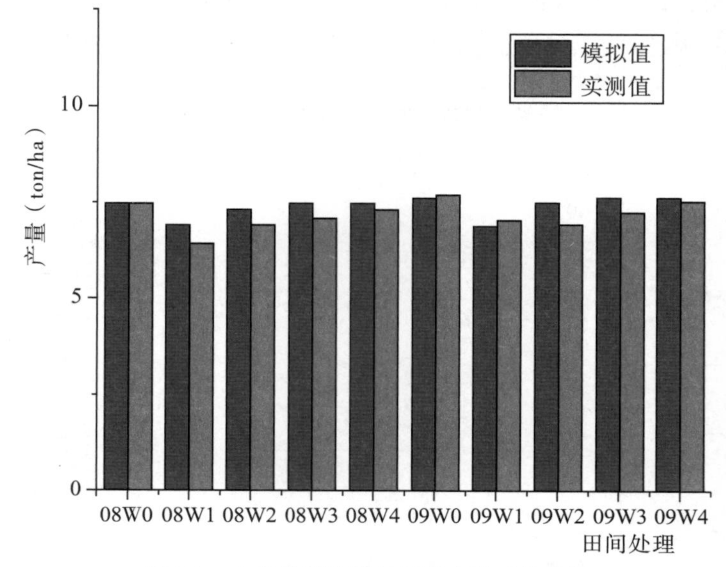

图 5-2　小麦模拟产量与实测产量对比分析

采用张永平(2013)提供的数据对小麦土壤含水量模拟进行验证。下图 5-3 是四个不同水分处理得到的模拟值与实测值的对比。

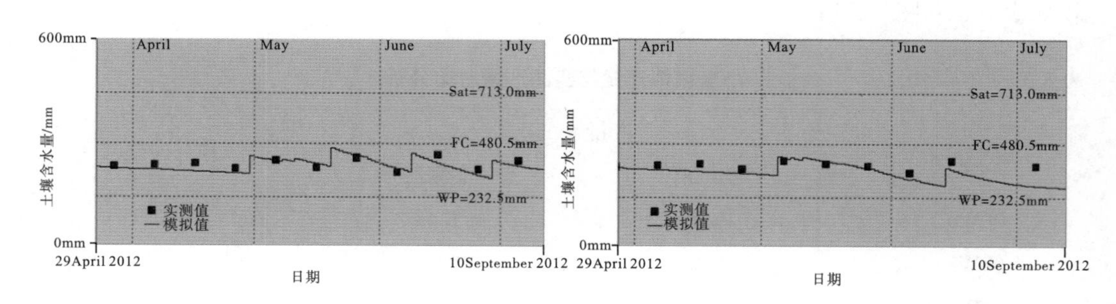

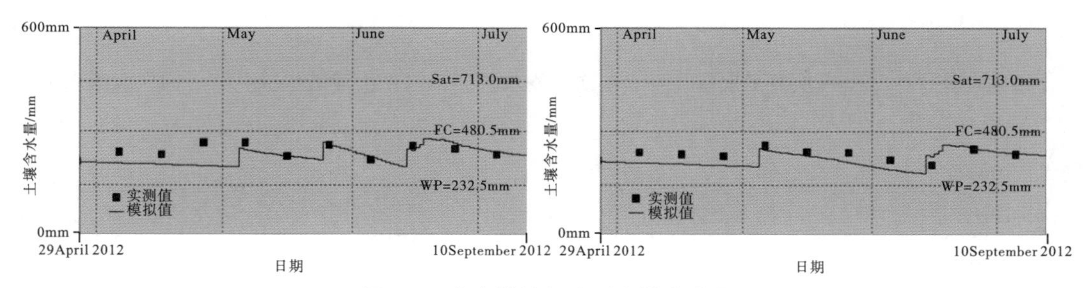

图 5-3 小麦模拟与实测土壤含水量

(2)玉米模型率定与验证

采用刘鑫(2011)以及于泳(2010)中所提供的数据对玉米模型进行率定,使用于泳(2010)和霍星中提供的数据对玉米产量进行验证。玉米模型参数率定结果见表 5-4 所示。

表 5-4 玉米模型参数取值

参数描述	取值	单位或意义
作物出苗 90%的时间	80	生长度日
冠层覆盖度达到最大值的时间	924	生长度日
冠层开始衰老的时间	1580	生长度日
作物生理成熟的时间	1876	生长度日
作物开始开花的时间	864	生长度日
花期的持续时间	192	生长度日
参考收获指数	33.7	%

为了验证模型对产量的模拟效果,利用曙光实验站的两组实验共 10 个不同的水分处理得到的实验结果对玉米产量模拟结果进行验证。为了使模型在各个不同缺水条件下的模拟结果均可信,用于验证所选的 10 个不同水分处理包括充分灌溉以及在各个不同的生育周期内减少灌水量的情形,具体情况如表 5-5 所示(如 08M0 中,08 表示年份 2008 年,M 表示玉米 maize,0 表示田间处理序号):

表 5-5 曙光试验站某玉米田间试验水分处理 单位:m^3/亩

田间处理	一次灌溉水量	二次灌溉水量	三次灌溉水量	四次灌溉水量
08M0	67	67	44	39
08M1	33	67	44	39
08M2	67	33	44	39
08M3	67	67	22	39
08M4	67	67	44	19
10M0	65	45	55	35

续表

田间处理	一次灌溉水量	二次灌溉水量	三次灌溉水量	四次灌溉水量
10M1	33	45	55	35
10M2	65	23	55	35
10M3	65	45	27	35
10M4	65	45	55	17

用 AquaCrop 模型对以上 10 组不同的水分处理进行模拟，得到的模拟结果与实测结果比较如表 5-6 和图 5-4 所示。

表 5-6　玉米模拟产量与实测产量对比分析

田间处理	产量 ton/ha		相对误差%
	模拟值	实测值	
08M0	10.45	10.41	0.4
08M1	9.98	9.91	0.7
08M2	10.03	9.60	4.5
08M3	9.97	9.18	8.6
08M4	10.45	10.20	2.4
10M0	8.87	8.83	0.5
10M1	7.79	7.82	−0.4
10M2	8.11	8.02	1.1
10M3	7.38	7.65	−3.5
10M4	8.28	7.65	8.3

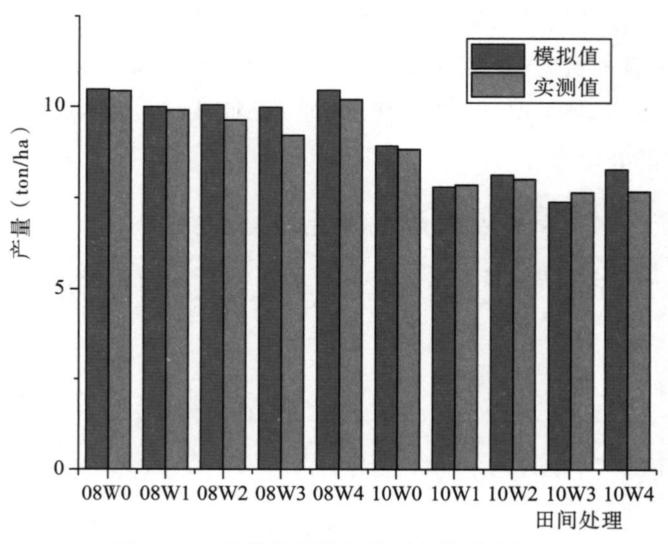

图 5-4　玉米模拟产量与实测产量对比分析

采用霍星(2012)提供的数据针对不同的水分处理对玉米土壤含水量的模拟进行验证。验证结果如图 5-5 所示。

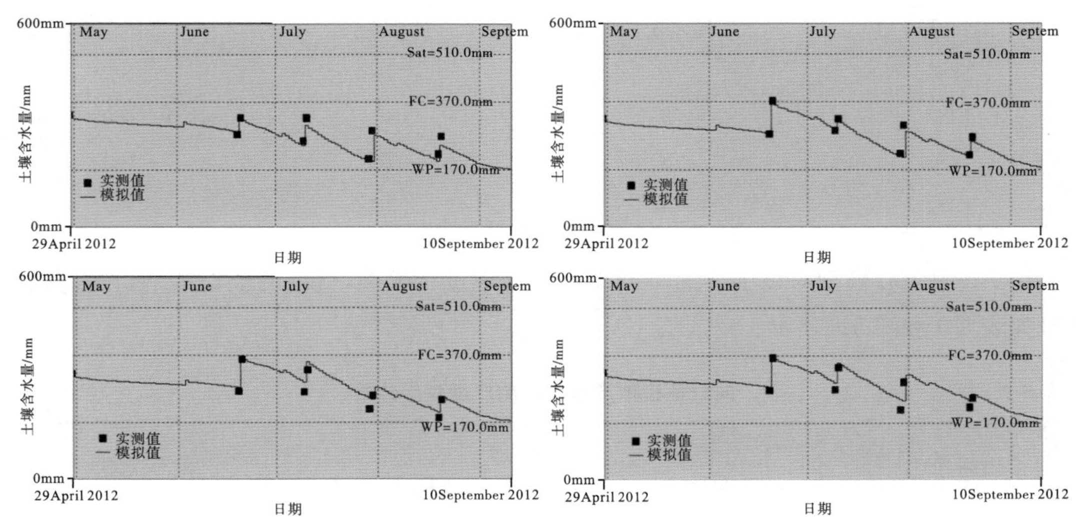

图 5-5 玉米模拟与实测土壤含水量

(3)向日葵模型验证

采用云文丽和范雅君中所提供的数据对向日葵模型进行率定,使用朱丽和范雅君(2014)中提供的数据对向日葵产量进行验证。向日葵模型参数率定结果如表 5-7 所示。

表 5-7 向日葵模型参数取值

参数描述	取值	单位或意义
作物出苗 90%的时间	150	生长度日
冠层覆盖度达到最大值的时间	1344	生长度日
冠层开始衰老的时间	1650	生长度日
作物生理成熟的时间	2000	生长度日
作物开始开花的时间	1232	生长度日
花期的持续时间	400	生长度日
参考收获指数	33.7	%
Pexp,upper	0.3	冠层生长抑制时,根区消耗上限
Psto	0.35	气孔关闭时,根区消耗上限

为了验证模型对产量的模拟效果,利用巴彦淖尔市农业气象试验站 4 个不同的水分处理得到的实验结果对玉米产量模拟结果进行验证。为了使模型在各个不同缺水条件下的模拟结果均可信,用于验证所选的 4 个不同水分处理的灌水量有一定差别,具体情况如表 5-8

所示(如 12S1 中,12 表示年份 2012 年,S 表示向日葵 sunflower,1 表示田间处理序号)。

表 5-8　　曙光试验站某玉米田间试验水分处理　　单位:m^3/亩

田间处理	灌水次数	灌水定额	灌溉定额
12S1	6	15	90
12S2	8	15	160
12S3	8	20	160
12S4	10	18	180

用 AquaCrop 模型对以上 4 组不同的水分处理进行模拟,得到的模拟结果与实测结果比较如表 5-9 和图 5-6 所示。

表 5-9　　向日葵模拟产量与实测产量对比分析

田间处理	产量 ton/ha		相对误差%
	模拟值	实测值	
12S1	3.50	3.65	−4.1
12S2	3.87	3.85	0.5
12S3	4.34	4.41	−1.6
12S4	4.48	4.43	1.1

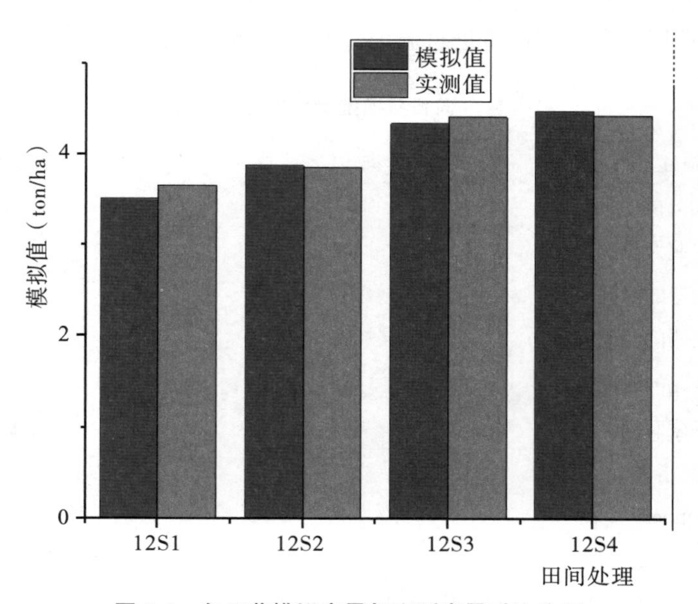

图 5-6　向日葵模拟产量与实测产量对比分析

通过以上验证结果,认为 AquaCrop 模型可以很好地对河套灌区的小麦,玉米和向日葵在不同灌溉制度下的产量进行模拟。

5.2 节水调控下的灌溉制度优化

5.2.1 灌溉制度介绍

从 20 世纪 80 年代至今，对河套灌区灌溉制度的研究有很多，从田间试验到模型模拟，研究者们给出了很多优化的灌溉制度。由于河套灌区不同灌域的气候条件相近，种植结构也相近（主要为小麦、玉米、向日葵），因此不同灌域的灌溉制度也相差不大。我们通过对前人研究的总结分析，可以得到解放闸灌域优化的灌溉制度。不同文献得出的河套灌区主要作物的优化灌溉制度如表 5-10。

表 5-10 优化节水的灌溉制度 单位：m^3/亩

作物	一次灌溉水量	二次灌溉水量	三次灌溉水量	四次灌溉水量	非生育期
小麦	70～75	50～55	60～65	60～65	
	60	50	60	50	
	45	50	50	45	
	51	46	46	46	
	60	71	60	66	
玉米	60～65	60～65	55～60	45～50	
	65	60	65	50	
	55	51	51	51	
	50	50	50	50	
向日葵	65	55	40	40	
	50	45	45	35	
	65	55	45	35	

5.2.2 AquaCrop 优化分析

用 AquaCrop 模型对表 5-10 中调研的优化灌溉制度进行模拟，分别得到各个优化灌溉制度的灌溉定额，产量以及水分生产率，认为灌溉定额越小，产量越大并且水分生产率越大的灌溉制度为最优的灌溉制度，之后，对最优的灌溉制度进行指标分析，观察在平水年内其指标低于某一阈值的概率。

AquaCrop 模型提供的作物数据中，提供了不同作物受水分胁迫影响的限值。如小麦的冠层发育在 Ar 小于 0.8 时受到抑制，气孔在 Ar 小于 0.35 时气孔导度受到抑制；玉米的冠层发育在 Ar 小于 0.86 时受到抑制，气孔在 Ar 小于 0.31 时受到抑制；向日葵的冠层发育在 Ar 小于 0.7 时受到抑制，气孔在 Ar 小于 0.65 时受到抑制。

通过文献调研与水科院的土壤调查可知,解放闸灌域内壤土较多。因此模拟过程中使用的土壤类型为壤土,其物理性质如表 5-11 所示。

表 5-11　　土壤物理性质

土壤性质	枯萎含水率%	田间持水率%	饱和含水率%	饱和导水率 mm/d
壤土	15	31	46	250

同时,模拟过程中选择 2003 年的气象数据作为平水年的气象数据。

(1)小麦优化灌溉制度评价

应用 AquaCrop 模型对小麦的优化灌溉制度进行评价,如表 5-12 所示:

表 5-12　　小麦优化灌溉制度评价

灌溉制度	灌水量/m^3/亩				产量 ton/ha	水分生产率 kg/mm
	一次灌溉水量	二次灌溉水量	三次灌溉水量	四次灌溉水量		
(郝爱枝,张晓红等.2014)	72	52	52	62	8.752	24.52
(张义强 2013)	60	50	60	50	8.752	26.52
(田德龙,郭克贞等.2013)	45	50	50	45	8.733	30.53
(石贵余,张金宏等.2003)	51	46	46	46	8.724	30.72
(于泳 2011)	60	71	60	66	8.751	22.67

用 AquaCrop 模型模拟比较以上各个优化灌溉制度的相对有效含水量如图 5-7 与表 5-13 所示。图 5-7 中两条限值线代表的是水分胁迫所造成的不同影响,其中水分胁迫对冠层生长的影响为上方直线,对气孔开闭的影响则是下方直线。水分胁迫对冠层生长的影响在作物生长发育初期较为明显,当作物冠层发育完全后不再受其影响;而对气孔开闭的影响则几乎在作物生长发育全周期内存在。因此,虽然在生长发育阶段中后期达到冠层最大盖度后,相对土壤有效含水量的模拟值在上方直线以下,但是并未加强冠层生长抑制对作物造成的影响。

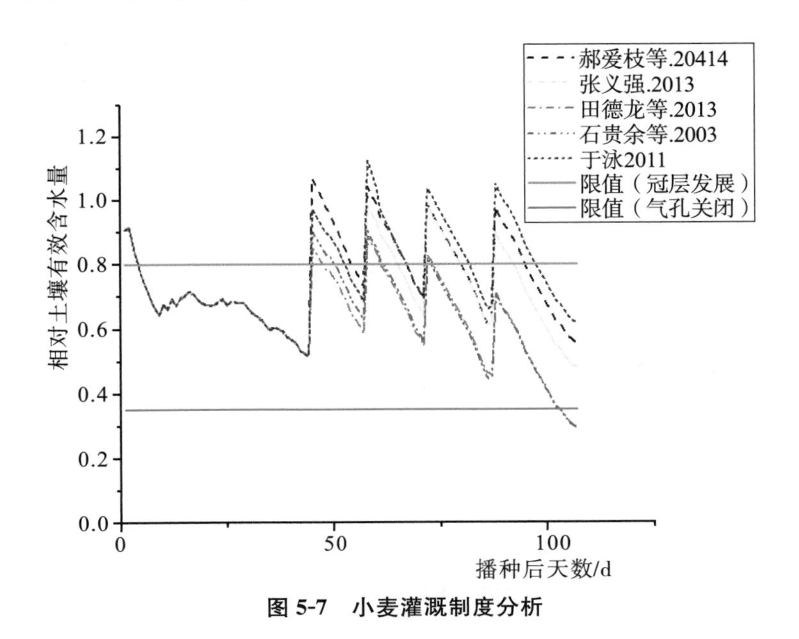

图 5-7 小麦灌溉制度分析

表 5-13 所示为水分胁迫在作物整个生育周期内的平均影响，包括对冠层生长的抑制与对气孔的影响。

表 5-13 各优化灌溉制度水分胁迫情况

灌溉制度	冠层生长抑制	气孔关闭
(Lun S 和 Xu M，1991)[5]	2%	None
(张义强 2013)[227]	2%	None
(田德龙，郭克贞等．2013)[225]	3%	None
(石贵余，张金宏等．2003)[224]	3%	None
(于泳，2011)[214]	2%	None

为了能使小麦的土壤含水量长时间的保持在限值以上，最终以上优化灌溉制度，给定的优化灌溉制度如表 5-14 所示。

表 5-14 小麦优化灌溉制度 单位：m^3/亩

作物	一次灌溉水量	二次灌溉水量	三次灌溉水量	四次灌溉水量	灌溉定额
小麦	60	55	55	60	230

用 AquaCrop 模型对以上优化灌溉制度进行模拟，得到产量 8.752 ton/ha，水分生产率为 25.295，在冠层发育时期有轻微的水分胁迫作用，对作物生长周期内的平均影响为 2%，且水分胁迫对气孔开闭并不产生影响。如图 5-8 所示。

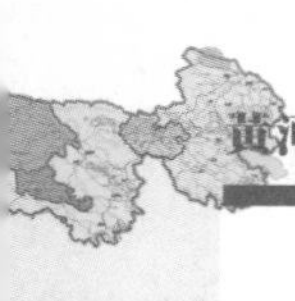

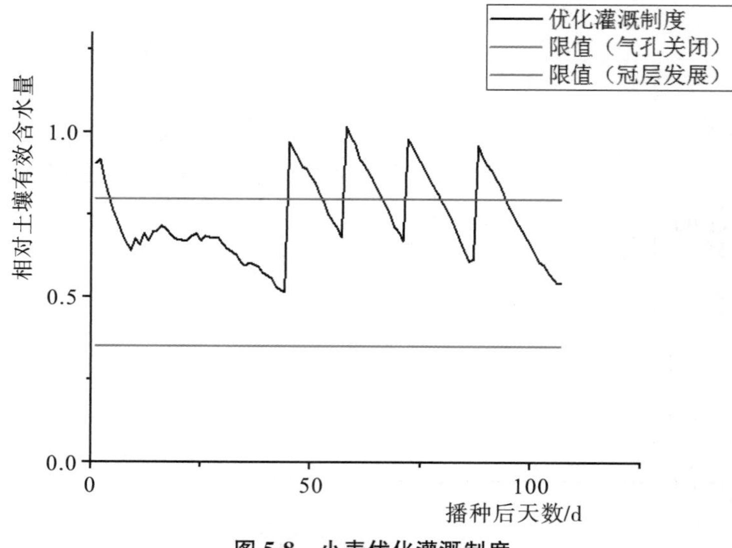

图 5-8　小麦优化灌溉制度

(2)玉米优化灌溉制度评价

应用 AquaCrop 模型对玉米的优化灌溉制度进行评价，如表 5-15 所示：

表 5-15　玉米优化灌溉制度评价

灌溉制度	灌水量(m³/亩)				产量 ton/ha	水分生产率 kg/mm
	一次灌溉水量	二次灌溉水量	三次灌溉水量	四次灌溉水量		
(郝爱枝，张晓红等．2014)	62	62	58	48	14.290	41.79
(张义强 2013)[227]	66	60	66	50	14.294	39.71
(石贵余，张金宏等．2003)[224]	56	52	52	52	14.283	45.77
(田德龙，郭克贞等．2013)[225]	50	50	50	50	14.274	47.58

用 AquaCrop 模型模拟比较以上各个优化灌溉制度的相对有效含水量如图 5-9 与表 5-16 所示。

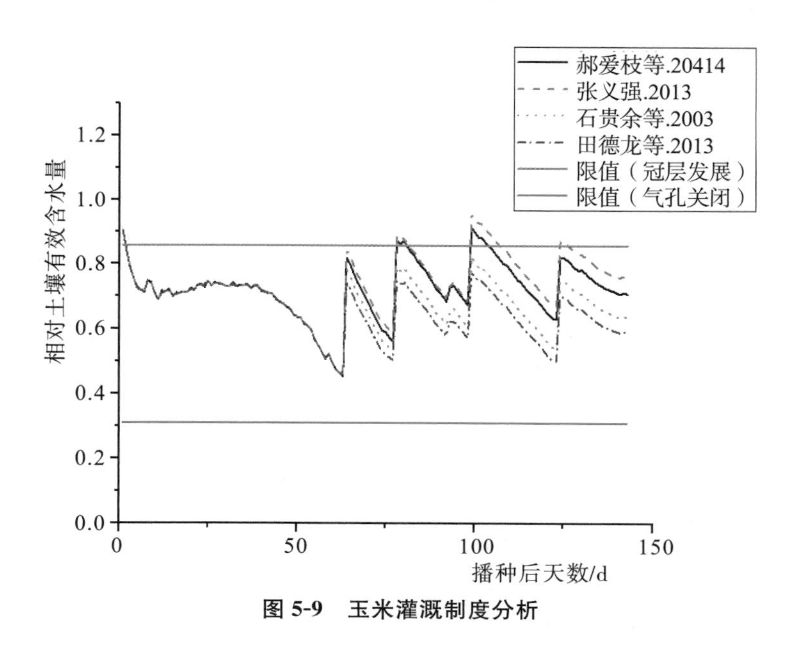

图 5-9 玉米灌溉制度分析

表 5-16 所示为水分胁迫在作物整个生育周期内的平均影响，包括对冠层生长的抑制与对气孔的影响。

表 5-16 各优化灌溉制度水分胁迫情况

灌溉制度	冠层生长抑制	气孔关闭
（郝爱枝，张晓红等．2014）[228]	9%	None
（张义强 2013）[227]	8%	None
（石贵余，张金宏等．2003）[224]	9%	None
（田德龙，郭克贞等．2013）[225]	10%	None

为了能使玉米的土壤含水量长时间的保持在限值以上，最终结合以上优化灌溉制度，给定的优化灌溉制度如表 5-17 所示。

表 5-17 玉米优化灌溉制度 单位：m^3/亩

作物	一次灌溉水量	二次灌溉水量	三次灌溉水量	四次灌溉水量	灌溉定额
玉米	50	60	60	50	220

用 AquaCrop 模型对以上优化灌溉制度进行模拟，得到产量 14.229ton/ha，水分生产率为 43.1。水分胁迫对冠层发育与气孔开闭有一定影响，平均分别占作物发育周期内的 10% 和 0%。如图 5-10 所示。

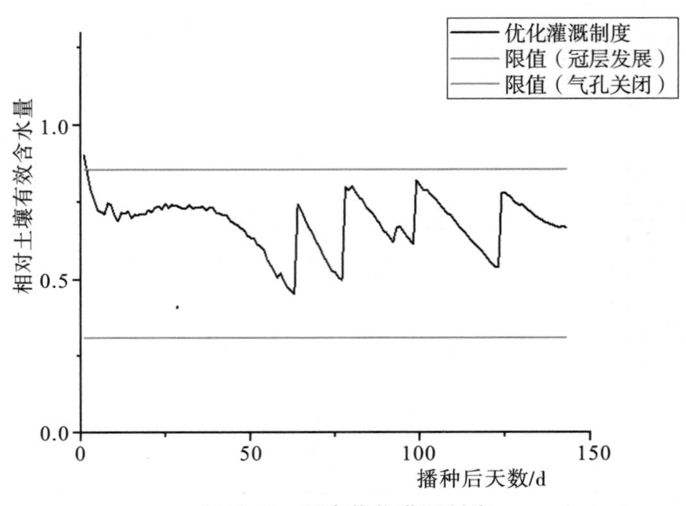

图 5-10　玉米优化灌溉制度

(3)向日葵优化灌溉制度评价

应用 AquaCrop 模型对向日葵的优化灌溉制度进行评价，如图 5-11 与表 5-18 所示：

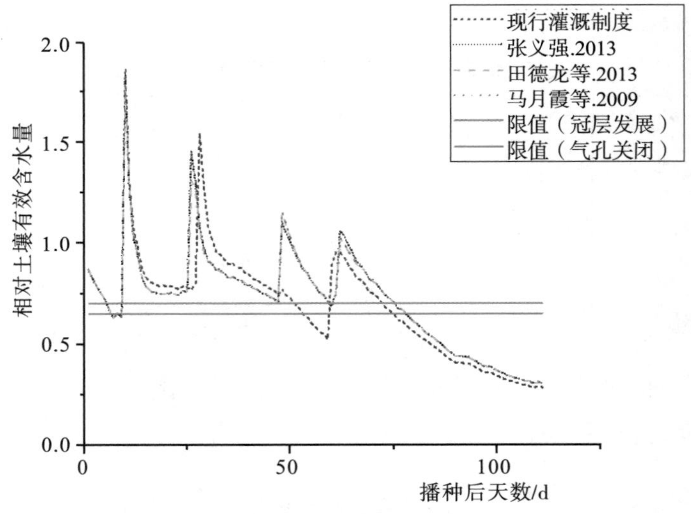

图 5-11　向日葵灌溉制度分析

表 5-18　　向日葵优化灌溉制度评价

灌溉制度	灌水量/m³/亩				产量(ton/ha)	水分生产率(kg/mm)
	一次灌溉水量	二次灌溉水量	三次灌溉水量	四次灌溉水量		
现行灌溉制度	65	60	50	—	3.777	14.39

续表

灌溉制度	灌水量/m³/亩				产量 ton/ha	水分生产率 kg/mm
	一次灌溉水量	二次灌溉水量	三次灌溉水量	四次灌溉水量		
[13]	65	55	40	40	3.945	13.15
[14]	50	45	45	35	3.945	15.03
[17]	65	55	45	35	3.945	13.15

表5-19所示为水分胁迫在作物整个生育周期内的平均影响，包括对冠层生长的抑制与对气孔的影响。

表5-19 各优化灌溉制度水分胁迫情况

灌溉制度	冠层生长抑制	气孔关闭
现行灌溉制度	1%	12%
[13]	None	10%
[14]	None	10%
[17]	None	10%

可以看出，现行的灌溉制度与文献中给出的优化灌溉制度差别不大，可以继续使用现行的向日葵灌溉制度。

5.2.3 灌溉制度优化的节水潜力

综合各项研究成果，给出解放闸灌域优化的主要作物灌溉定额如表5-20所示。

表5-20 解放闸灌域优化灌溉制度 单位：m³/亩

作物	一次灌溉水量	二次灌溉水量	三次灌溉水量	四次灌溉水量	灌溉定额
小麦	60	55	55	60	230
玉米	50	60	60	50	220
向日葵	65	60	50	—	175

采用优化的灌溉制度，计算解放闸灌域灌溉水量，可知，灌溉制度优化后，灌域用水量为10.38亿m³，可以节水0.44亿m³，见表5-21。

但是降低每一轮次作物的灌溉定额，意味着这一时期灌溉用水量减少，那么将有更多剩余水量用于灌溉更多的土地。因此，在优化灌溉制度的节水措施下，考虑灌溉保证率的提高，灌域灌溉比例将会有所上升，最终用水量如表5-22，表5-23所示。由于优化灌溉制度所节水量用于提高灌溉保证率，最终真正实现节水0.19亿m³，同时，灌溉保证率从79%提高至82%。

表 5-21　　优化灌溉制度后灌域灌溉用水量

作物	小麦	玉米	向日葵	其他	总计
种植面积(万亩)	30	50	60	30	170
渠系水利用系数	0.50	0.5	0.5	0.5	
田间水利用系数	0.84	0.84	0.84	0.84	
一次灌溉水量(m^3/亩)	60	50	65	60	
灌溉比例(%)	100	85	50	100	
二次灌溉水量(m^3/亩)	55	60	60	60	
灌溉比例(%)	100	90	70	100	
三次灌溉水量(m^3/亩)	55	60	50		
灌溉比例(%)	100	75	60		
四次灌溉水量(m^3/亩)	60	50			
灌溉比例(%)	65	80			
生育期灌溉定额(m^3/亩)	230	220	175	120	
秋浇(m^3/亩)	120	120	120	120	
秋浇比例(%)	90	90	90	90	
秋浇水量(亿 m^3)	0.77	1.29	1.54	0.77	4.37
总水量(亿 m^3)	2.26	3.45	3.04	1.63	10.38

表 5-22　　提高灌溉保证率模型—优化灌溉制度

作物	小麦	玉米	向日葵	其他	总计
种植面积(万亩)	30	50	60	30	170
渠系水利用系数	0.50	0.5	0.5	0.5	
田间水利用系数	0.84	0.84	0.84	0.84	
一次灌溉水量(m^3/亩)	60	50	65	60	
灌溉比例(%)	100	100	52	100	
二次灌溉水量(m^3/亩)	55	60	60	60	
灌溉比例(%)	100	90	70	100	
三次灌溉水量(m^3/亩)	55	60	50		
灌溉比例(%)	100	75	60	0	
四次灌溉水量(m^3/亩)	60	50			
灌溉比例(%)	100	80	0	0	
生育期灌溉定额(m^3/亩)	230	220	175	120	
秋浇(m^3/亩)	120	120	120	120	

续表

作物	小麦	玉米	向日葵	其他	总计
秋浇比例(%)	90	90	90	90	
秋浇水量(亿 m^3)	0.77	1.29	1.54	0.77	4.37
总水量(亿 m^3)	2.41	3.54	3.05	1.63	10.63

表 5-23 提高灌溉保证率模型的各灌溉时段水量

灌水时段	现状灌溉水量(亿 m^3)	节水后提高灌溉保证率的灌溉水量(亿 m^3)	节水量(亿 m^3)
5月	1.00	0.82	0.18
6月	2.51	2.50	0.01
7月	2.04	2.04	0.00
8月	0.90	0.90	0.00
非生育期	4.37	4.37	0.00
总计	10.82	10.63	0.19

灌溉制度的优化有诸多方法,也会产生很多不同的结果,但真正困难的在于如何让农民按照优化后的节水灌溉制度灌溉。在实际的灌溉中,农民们往往根据经验决定灌水量,在缺乏灌溉的精确量测和有效收费机制的情况下,他们往往会习惯多灌深浇。因此,能够保证严格的灌溉定额控制十分不易。

5.2.4 非充分灌溉

非充分灌溉,即在作物生长期不按其正常的需水要求供水,故意在需水非关键期不供水或少供水,把节省下来的水量用于更大面积上作物关键期需水要求,或用于满足经济价值比较高的作物需水要求。以求得大面积上的更高的经济价值。报告中认为非充分灌溉是在充分灌溉基础上,某一个生育期不灌水或少灌水(例如灌溉定额为原有定额 1/2)的灌溉制度。

5.2.4.1 非充分灌溉与作物产量

非充分灌溉是以提高用水效率为目标的科学节水灌溉技术,是灌区未来节水发展的选择之一。研究者们在河套灌区进行的非充分灌溉试验为我们提供了科学分析的依据。

在分析不同的非充分灌溉制度、不同的灌溉定额对产量的影响时,马月霞和张葆兰(2009)给出了田间对比试验的结果,见表 5-24。田间试验在河套灌区的灌溉试验站进行,采用了 2002—2005 年连续的多年平均数据,具有很高的可信度。从田间试验的结果可以看出,作物的减产率不仅与灌溉量有关,灌水时间的选取也至关重要。对玉米而言,作物灌溉需求高,不耐旱,非充分灌溉会造成大量的减产,因此玉米不建议采用非充分灌溉的方式。而向日葵是一种耐旱性很强的农作物,在非充分灌溉条件下,虽然仍能显现出比较顽强的生命力，但给其造成的负面影响也是存在的。但一个合理的非充分灌溉制度造成的减产是较小的，因此对向日葵来说非充分灌溉是值得尝试的。

表 5-24　河套灌区主要作物的非充分灌溉研究结果

作物	一次灌溉水量(m^3/亩)	二次灌溉水量(m^3/亩)	三次灌溉水量(m^3/亩)	四次灌溉水量(m^3/亩)	减产率(%)	文献来源
小麦	50	56.5	60		5	[15]
	50～70	50～70			—	[8]
	50	60	60		2.2	[19]
玉米	55	65	61		3	[15]
	55	60	60		3.5	[19]
向日葵	42	50	50	52	2.5	[15]
	65	55	45		5.6	[17]

5.2.4.2　非充分灌溉制度与节水潜力

综合各个文献提出的河套灌区主要作物非充分灌溉制度如表 5-25。石贵余和胡淑玲等根据河套灌区的气象、土壤、灌水等资料，利用 ISAREG 模型模拟了主要作物非充分灌溉制度方案。而张永平和马月霞则采用了田间对比试验的方法给出了非充分灌溉对作物产量影响。

表 5-25　解放闸灌域非充分灌溉制度　单位：m^3/亩

作物	一次灌溉水量	二次灌溉水量	三次灌溉水量	灌溉定额
小麦	50	60	60	170
玉米	55	60	60	170
向日葵	65	55	45	165

采用非充分灌溉制度，计算解放闸灌域灌溉用水量，如下表 5-26，表 5-27，表 5-28。可以看出，采用非充分灌溉后，解放闸灌域灌溉用水量为 9.52 亿 m^3，较现状水平节水 1.3 亿 m^3。若考虑到灌溉保证率的提升，真实节水量 0.70 亿 m^3，同时，灌溉保证率从 79%提高至 89%。

表 5-26　采用非充分灌溉后灌域灌溉用水量

作物	小麦	玉米	向日葵	其他	总计
种植面积(万亩)	30	50	60	30	170
渠系水利用系数	0.50	0.5	0.5	0.5	
田间水利用系数	0.84	0.84	0.84	0.84	

续表

作物	小麦	玉米	向日葵	其他	总计
一次灌溉水量(m^3/亩)	50	55	65	60	
灌溉比例(%)	100	85	50	100	
二次灌溉水量(m^3/亩)	60	55	50	60	
灌溉比例(%)	100	90	70	100	
三次灌溉水量(m^3/亩)	60	60	50		
灌溉比例(%)	100	75	60	0	
生育期灌溉定额(m^3/亩)	170	170	165	120	
秋浇(m^3/亩)	120	120	120	120	
秋浇比例(%)	90	90	90	90	
秋浇水量(亿 m^3)	0.77	1.29	1.54	0.77	4.37
总水量(亿 m^3)	1.99	2.97	2.94	1.63	9.52

表 5-27　　提高灌溉保证率模型—非充分灌溉

作物	小麦	玉米	向日葵	其他	总计
种植面积(万亩)	30	50	60	30	170
渠系水利用系数	0.50	0.5	0.5	0.5	
田间水利用系数	0.84	0.84	0.84	0.84	
一次灌溉水量(m^3/亩)	50	55	65	60	
灌溉比例(%)	100	100	99	100	
二次灌溉水量(m^3/亩)	60	55	50	60	
灌溉比例(%)	100	98	70	100	
三次灌溉水量(m^3/亩)	60	60	50		
灌溉比例(%)	100	75	60	0	
生育期灌溉定额(m^3/亩)	170	170	165	120	
秋浇(m^3/亩)	120	120	120	120	
秋浇比例(%)	90	90	90	90	
秋浇水量(亿 m^3)	0.77	1.29	1.54	0.77	4.37
总水量(亿 m^3)	1.99	3.12	3.39	1.63	10.12

表 5-28　　提高灌溉保证率模型的各灌溉时段水量

灌水时段	现状灌溉水量(亿 m^3)	节水后提高灌溉保证率的灌溉水量(亿 m^3)	节水量(亿 m^3)
5 月	1.00	0.79	0.21
6 月	2.51	2.50	0.01
7 月	2.04	2.04	0.00
8 月	0.90	0.42	0.48
非生育期	4.37	4.37	0.00
总计	10.82	10.12	0.70

5.2.4.3　非充分灌溉的应用前景

非充分灌溉在提高水分生产效率上具有显著的效果,但在生产实践中,其应用依然存在着诸多困难和制约因素。

首先,非充分灌溉强调的是水分生产效率的最高,而非产量。在研究试验中,少量的减产是可以接受的,但在实际生产中,农民不会接受会带来减产的灌溉方式。解决的方式可能是提高水价或供水限制。但是,目前我国的粮食价格需要维持基本稳定,提高水价的决策是需要谨慎的。

其次,在经济引导的方法外,政策上的供水限制也是非常困难的。从灌区管理的角度上看,灌区管理局通过收取水费获得运行资金,因此管理局是希望农民尽可能多用水的,更不可能主动限制农民正常的用水。

因此,在现状的河套灌区管理和用水条件下,非充分灌溉几乎不可能得到应用。而在未来,当黄河的来水形式进一步变化时,当供水进一步减少时,引水的压力也许会促使灌区管理和农民用水习惯的改变,促成非充分灌溉的应用。

5.3　节水对灌区及其周边生态影响研究

节水措施在带来巨大的节水、增产效益的同时,对生态环境的影响如何却不是很明确,对生态环境的影响存在很多不确定因素,如对动物、植物以及人群很难用定量的方法给出明确结论。只有对节水灌溉项目对生态环境的影响做出正确、客观的评价,才能做到趋利避害,才能实现节水农业的可持续发展。

5.3.1　渠系节水的生态影响分析

(1)灌区渠系节水方案

渠道衬砌及灌溉用水效率现状。渠系衬砌是大型灌区的一项主要的工程节水措施。自

1998年开展大规模的灌区节水改造工程以来，河套灌区节水改造累计完成渠道防渗衬砌410km，渠沟道整治3500km，建筑物更新改造3495座。全灌区骨干渠沟道完好率由44.7%提高到目前的61.3%，骨干建筑物完好率由53%提高到目前的75%，灌区灌溉水有效利用系数显著提高。根据内蒙古农业大学对河套的灌溉水、渠系水和田间水利用系数的测算分析结果，河套灌区现状(2012年)灌溉水有效利用系数达到0.41左右，渠系水利用系数0.496左右，田间水有效利用系数0.82左右，详见表5-29所示。

表5-29　河套灌区灌溉用水效率现状

河套灌区	灌溉水有效利用系数			渠系水有效利用系数		田间水有效利用系数
	田间实测法	水量平衡法	综合测算法	田间实测反算法	典型渠道测算法	田间实测法
系数值	0.4094	0.4092	0.3958	0.496	0.48	0.8245

渠道衬砌对渠系水利用系数的影响。通过渠道衬砌不仅可以显著提高渠系水利用系数，减少渠道水渗漏，而且渠道衬砌后的糙率将显著降低，可以提高渠道输水能力和输送效率，缩短轮水期，有利于扩大灌溉面积，促进农业生产发展。另一方面，渠道衬砌减少了渗漏量，在一定程度上可降低灌区地下水位，使盐碱地得到改良，从而改善生态环境。

在大型灌区，由多级灌溉渠系构成的灌溉网络十分复杂，随着渠系级别、输水长度、过水断面形状、来水过流情况、防渗材料的不同，其防渗效果以及对输水效率的影响也是存在较大的差异。有研究认为，通过渠道衬砌能够减少水量损失70%～90%，效果十分显著。在河套灌区，应用较为普遍的衬砌方法包括梯形断面0.3mm厚聚乙烯膜防渗、梯形断面膨润土防水毯子防渗、"U"形断面用现浇混凝土或预制混凝土U形混凝土防渗、混凝土膜袋浇筑防渗等。为掌握不同灌域的渠道衬砌防渗效果，内蒙古自治区水利科学研究院(2010)对不同灌域、不同级别渠道的单位渠长渠道水利用系数和损失率进行了测算分析，详见表5-30、表5-31、表5-32所示。可以看出，小范围渠段上，干渠的水量损失最小，支渠最大，单位渠长的渠道水利用系数普遍较高，在0.97以上，说明渠系节水的潜力是很大的。但在河套灌区现状引排水渠系条件下，这一试验数据尚不能进行大范围的推广，因而不具有普遍意义。

表5-30　干渠单位渠长渠道水利用系数与损失率对比

灌域名称	渠段名称	单位渠长渠道水利用系数(1/km)	单位渠长损失率(1/km)
乌兰布和	一干渠	0.9939	0.0061
解放闸	杨家河干渠	0.998	0.002
永济	永济干渠	0.9979	0.0021
义长	通济干渠	0.9953	0.0047
乌拉特	长济干渠	0.9952	0.0048

表 5-31　　分干渠单位渠长渠道水利用系数与损失率对比

灌域名称	渠段名称	单位渠长渠道水利用系数(1/km)	单位渠长损失率(1/km)
乌兰布和	二分干渠	0.9882	0.0118
解放闸	机缘渠分干	0.988	0.012
	沙壕渠分干	0.986	0.014
永济	新华分干渠	0.9945	0.0055
义长	什巴分干渠	0.9934	0.0066
乌拉特	北稍分干渠	0.9737	0.0263

表 5-32　　支渠单位渠长渠道水利用系数与损失率对比

灌域名称	渠段名称	单位渠长渠道水利用系数(1/km)	单位渠长损失率(1/km)
解放闸灌域	永八支渠	0.9896	0.0104
永济灌域	甜菜支渠	0.9827	0.0173
义长灌域	右六支渠	0.9772	0.0228
乌拉特灌域	德恒永支渠	0.9767	0.0233

在示范区尺度上，内蒙古河套灌区永济灌域管理局试验站对隆盛节水示范区渠道衬砌前后的渠系水利用系数进行测定，结果见表 5-33 所示，衬砌后的 4 级渠道渠系水利用系数达到 0.884，较衬砌前 0.571 提高 31.1%。在麻地壕灌区的试验结果显示，分干渠衬砌后较衬砌前损失率减少了 2%。支渠衬砌后较衬砌前损失率减少了 4.9%。另外，不同的输水流量下，渠道衬砌前后的防渗效果也有较大的差异，流量越大，渗漏量减小幅度越大，干渠按 5～20m^3/s 输水条件下，其减少渗漏达到 69%～79%。

表 5-33　　隆盛示范区各级渠道衬砌前后的渠道水有效利用系数

渠别	分干渠	支渠	斗渠	农渠	渠系
未衬砌	0.859	0.909	0.850	0.860	0.571
衬砌	0.968	0.983	0.958	0.970	0.884

渠道衬砌节水方案制定。参考已有的不同渠道衬砌前后的渠系水利用系数测算成果，结合《巴彦淖尔市水资源规划》中对 2020 年、2030 年灌区发展目标，考虑重点对干渠、分干渠、支渠在内的骨干渠系进行防渗衬砌，同时兼顾对斗、农、毛渠等末级渠系的整治，估算河套灌区未来不同衬砌比例对应的渠系水利用系数，以此为依据制定灌区渠系节水方案，详见表 5-34。设定 B1～B5 共 5 个渠系节水情景方案，对应的渠系水利用系数分别为 0.53、0.55、0.58、0.61、0.66，较基准年(0.497)分别提高 0.034、0.054、0.084、0.114、0.164。

表 5-34 渠系节水改造情景方案

编号	干渠衬砌长度(km)	分干衬砌长度(km)	衬砌比例(%)	全灌区渠系水利用系数	总干渠渠道水利用系数	干渠渠道水利用系数	分干渠渠道水利用系数	支渠渠道水利用系数	末级渠道水利用系数
B1	210.53	267.25	24%	0.53	0.941	0.853	0.827	0.923	0.873
B2	257.31	320.7	30%	0.55	0.941	0.864	0.840	0.931	0.873
B3	327.49	438.29	39%	0.58	0.941	0.879	0.864	0.941	0.893
B4	397.67	534.5	46%	0.61	0.941	0.895	0.884	0.950	0.893
B5	514.63	662.78	59%	0.66	0.941	0.921	0.910	0.963	0.903

(2)对灌区灌溉取水量的影响

根据设定的灌区渠系节水方案,渠系水利用系数从现状的0.496分别达到0.53、0.55、0.58、0.61、0.66,保持进入田间水量不变,则直接减少引黄取水量3.03亿m^3、4.63亿m^3、6.83亿m^3、8.81亿m^3、11.72亿m^3,见表5-35所示。年内逐月引黄水量也相应同比例减少,见图5-12所示。

表 5-35 不同渠系节水方案下年均引黄取水量

方案	渠系水利用系数	引水量(亿m^3)	变化量(亿m^3)
基准方案	0.496	47.16	0.00
B1	0.53	44.14	−3.03
B2	0.55	42.53	−4.63
B3	0.58	40.33	−6.83
B4	0.61	38.35	−8.81
B5	0.66	35.44	−11.72

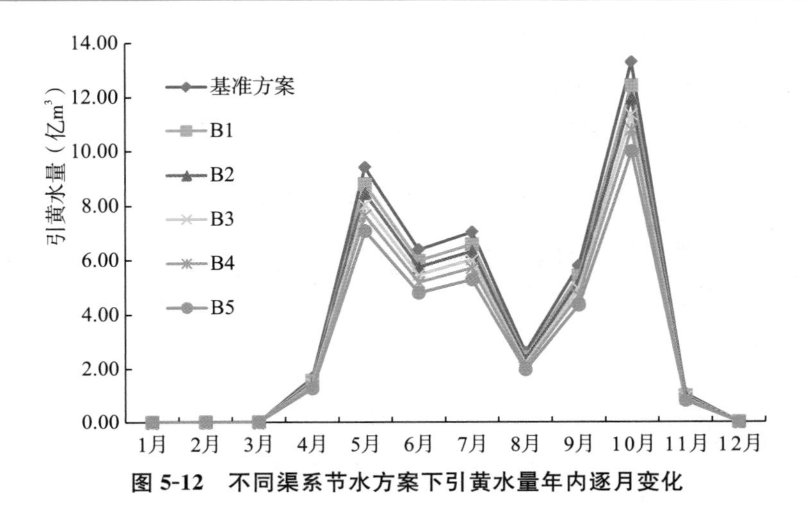

图 5-12 不同渠系节水方案下引黄水量年内逐月变化

(3)对灌区资源耗水量的影响

由于灌区引黄水量的减少,入渗补给、潜水蒸发以及地下水位均发生显著变化,达到新的水量平衡状态。其中,通过蒸散发消耗的水量也产生了显著的变化。表 5-36 是对不同渠系节水方案条件下,灌区农田不同作物的资源耗水量的变化及对比结果,可以看出,随着渠系水利用系数的提高,农田作物的耗水量呈不断减小的趋势,但减少的幅度在不断变小,当渠系水利用系数达到 0.66 时,农田资源耗水量节水量达到 2.91 亿 m^3,其中小麦的资源耗水节水量最大,约为 1.12 亿 m^3,其次为葵花和玉米。

表 5-36　渠系节水对农田不同作物耗水量的影响　单位:亿 m^3

方案	小麦	油料	夏杂	瓜类	蔬菜	番茄	玉米	甜菜	葵花	秋杂	农田耗水量	耗水节水量
基准	13.81	2.14	1.35	2.53	0.45	1.08	4.35	1.47	6.98	1.37	35.53	—
B1	13.50	2.08	1.31	2.47	0.44	1.05	4.26	1.43	6.83	1.34	34.72	−0.80
B2	13.34	2.06	1.29	2.44	0.44	1.03	4.22	1.42	6.76	1.33	34.31	−1.21
B3	13.11	2.02	1.27	2.40	0.43	1.01	4.15	1.39	6.66	1.30	33.75	−1.78
B4	12.93	1.99	1.24	2.37	0.42	1.00	4.09	1.37	6.56	1.28	33.27	−2.26
B5	12.69	1.95	1.21	2.32	0.41	0.98	4.02	1.35	6.44	1.26	32.62	−2.91

表 5-37 是不同渠系水利用系数情景方案下,河套灌区不同土地利用的资源耗水量及其变化情况。可以看出,整个灌区的资源耗水节水量也是随着渠系水利用系数的提高而增加,但增幅趋缓。从不同土地利用类型的耗水节水效果来看,农田的资源耗水节水量最大,B5 方案下资源耗水节水量达到 2.91 亿 m^3;其次为草地、湖泊湿地,资源耗水节水量分别达到 2.72 亿 m^3、1.68 亿 m^3。但是从单位面积上的资源耗水节水量来看,湖库湿地与天然河道的资源耗水减少量最大,主要是补给水量减少、水面面积萎缩导致的蒸发量减小;其次为草地、林地和农田,说明渠系节水对河套灌区非农田生态系统的耗水量影响十分显著,这也从另一方面反映出河套灌区自然生态对于灌溉引水的严重依赖性。

表 5-37　渠系节水对不同土地利用资源耗水量的影响　单位:亿 m^3

方案	引水渠系	居工地	未利用地	湖库湿地	排水渠系	天然河道	林地	草地	农田	乌梁素海	引黄消耗量	引黄水量	消耗率
基准	3.12	2.59	4.54	4.05	1.14	0.45	0.78	11.03	35.53	4.57	67.8		—
B1	3.1	2.52	4.43	3.44	1.14	0.38	0.77	10.3	34.72	4.57	65.38		−2.42
B2	3.09	2.48	4.34	3.21	1.14	0.36	0.76	9.95	34.31	4.57	64.21		−3.58

续表

方案	引水渠系	居工地	未利用地	湖库湿地	排水渠系	天然河道	林地	草地	农田	乌梁素海	引黄消耗量	引黄水量	消耗率
B3	3.07	2.43	4.23	2.92	1.14	0.32	0.74	9.45	33.75	4.57	62.61		−5.19
B4	3.05	2.38	4.12	2.68	1.14	0.3	0.72	8.99	33.27	4.57	61.22		−6.58
B5	3	2.31	3.97	2.37	1.14	0.26	0.69	8.31	32.62	4.57	59.25		−8.55

需要说明的是，本次研究基于维持乌梁素海的生态用水平衡，假定乌梁素海的排黄水量随着入乌水量的减少而减少，最大程度减少乌梁素海水量及水面面积，在此基础上计算乌梁素海的耗水量。可以看出，随着节水力度的加大，灌区排入乌梁素海的水量逐步减少，排黄水量也同步减少，但整个湖泊水面保持稳定。

前面已经分析提到，随着渠系水利用系数的提高，农田及灌区整体的资源耗水节水量都是不断增大的，但增幅趋缓，这一点从图5-13、图5-14可以很好地反映出来。分析灌区资源耗水节水量与取水节水量的关系发现，二者呈很好的线性相关关系，说明河套灌区取水量是影响其耗水量的关键要素，灌溉引黄水量减少意味着灌区耗水量的同步大幅减少，且数量相当，这与河套灌区“大引微排”的灌溉特征密不可分，由此可能会给区域生态系统带来显著的影响。

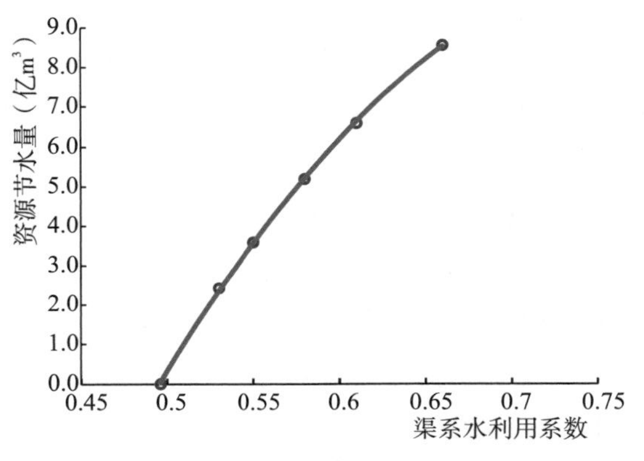

图5-13 不同渠系水利用系数与灌区资源节水量的相关关系

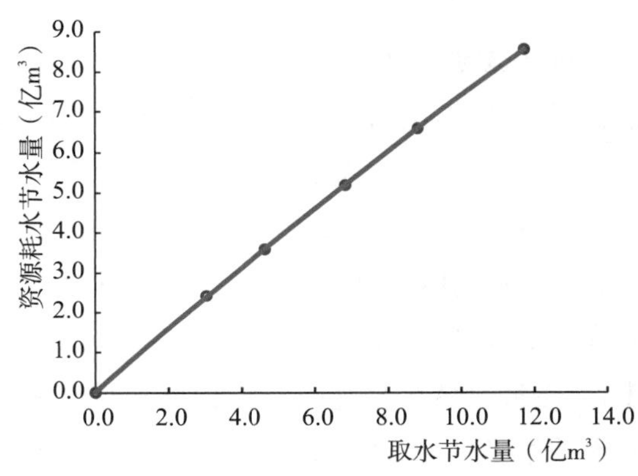

图5-14 灌区取水节水量与资源耗水节水量的相关关系

(4)对灌区引黄消耗量的影响

基于开发的河套灌区分布式水循环模型，对不同渠系水利用条件下灌区水循环过程进行了模拟分析，基于灌区排水量及排黄水量的模拟结果，采用引排差法计算河套灌区的耗黄水量，结果见表5-38所示。

表 5-38　　渠系节水对不同土地利用引黄消耗量的影响　　单位:亿 m³

方案	引水渠系	居工地	未利用地	湖库湿地	排水渠系	天然河道	林地	草地	农田	乌梁素海	引黄消耗量	引黄水量	消耗率
基准	2.69	0.51	0.99	3.56	0.99	0.40	0.53	6.22	26.02	3.50	45.39	47.16	96.2%
B1	2.67	0.44	0.88	2.95	0.99	0.33	0.52	5.40	25.07	3.50	42.75	44.14	96.8%
B2	2.66	0.40	0.79	2.72	0.99	0.30	0.50	4.95	24.52	3.50	41.33	42.53	97.2%
B3	2.63	0.35	0.68	2.42	0.99	0.27	0.49	4.32	23.76	3.50	39.41	40.33	97.7%
B4	2.61	0.30	0.57	2.19	0.99	0.24	0.47	3.73	23.07	3.50	37.68	38.35	98.2%
B5	2.56	0.23	0.42	1.88	0.99	0.21	0.43	2.82	22.09	3.50	35.14	35.44	99.1%

可以看出,随着灌区引黄水量的减少,通过蒸发消耗的引黄水量也同步锐减。现状年均引黄水量 47.16 亿 m³,耗黄水量约 45.39 亿 m³,消耗率达到 96.2%,消耗比例非常高。与基准年相比,渠系水利用系数从 0.496 提高至 0.66,引黄水量降至 35.44 亿 m³,耗黄水量降至 35.14 亿 m³;B1～B5 方案耗黄水量依次减少 2.65 亿 m³、4.06 亿 m³、5.98 亿 m³、7.72 亿 m³、10.25 亿 m³,降幅依次为 5.8%、8.9%、13.2%、17.0%、22.6%,虽然引黄水量和耗黄水量均大幅减少,但耗水率却逐步增加,分别达到 96.8%、97.2%、97.7%、98.2%、99.1%。

(5)对灌区地下水的影响

对灌区地下水的影响,首先考虑对入渗补给的影响。河套灌区浅层地下水的补给主要依赖引黄灌溉,随着渠系水利用系数的提高,渠系渗漏水量逐渐减少,即入渗补给地下水量会显著减少,从而影响灌区地下水埋深的时空分布情况,并带来相应的生态环境效应。

表 5-39 为不同渠系节水条件下河套灌区入渗补给地下水量的年内变化情况。可以看出,随着渠系水利用系数的提高,全年入渗补给地下水量从 29.13 亿 m³ 下降到 15.70 亿 m³,B5 方案降幅最大,减少了 13.43 亿 m³,降幅达 46%;从年内分布看,入渗补给减少与灌溉时间同步,入渗补给减少量与引水减少量呈线性相关关系(图 5-15),主要集中于 5—10 月,占全年入渗补给变化量的 92%以上,12 月至次年 3 月入渗补给也有所减小,但幅度较小,变化不大。

表 5-39　　渠系节水对灌区入渗量的影响

方案	地下水入渗量(亿 m³)						变化量(亿 m³)				
	基准	B1	B2	B3	B4	B5	B1	B2	B3	B4	B5
1 月	0.09	0.08	0.08	0.07	0.07	0.06	−0.01	−0.01	−0.02	−0.02	−0.03
2 月	0.08	0.07	0.07	0.07	0.06	0.05	−0.01	−0.01	−0.02	−0.02	−0.03
3 月	0.09	0.08	0.08	0.07	0.07	0.06	−0.01	−0.01	−0.02	−0.02	−0.03

续表

方案	地下水入渗量(亿 m³)						变化量(亿 m³)				
	基准	B1	B2	B3	B4	B5	B1	B2	B3	B4	B5
4 月	1.28	1.14	1.07	0.97	0.88	0.75	−0.13	−0.20	−0.30	−0.39	−0.53
5 月	6.13	5.45	5.08	4.56	4.09	3.38	−0.69	−1.05	−1.57	−2.04	−2.76
6 月	4.25	3.79	3.54	3.19	2.86	2.37	−0.46	−0.71	−1.07	−1.39	−1.88
7 月	4.29	3.78	3.52	3.15	2.81	2.30	−0.50	−0.77	−1.14	−1.48	−1.99
8 月	1.77	1.56	1.45	1.30	1.16	0.95	−0.21	−0.32	−0.47	−0.61	−0.81
9 月	3.14	2.75	2.54	2.25	1.99	1.60	−0.39	−0.60	−0.89	−1.15	−1.54
10 月	6.83	5.97	5.51	4.88	4.31	3.48	−0.86	−1.32	−1.95	−2.51	−3.35
11 月	0.94	0.83	0.78	0.70	0.63	0.53	−0.11	−0.16	−0.24	−0.31	−0.41
12 月	0.24	0.22	0.21	0.20	0.19	0.17	−0.02	−0.02	−0.03	−0.04	−0.06
全年	29.13	25.73	23.94	21.42	19.12	15.70	−3.40	−5.19	−7.71	−10.00	−13.43

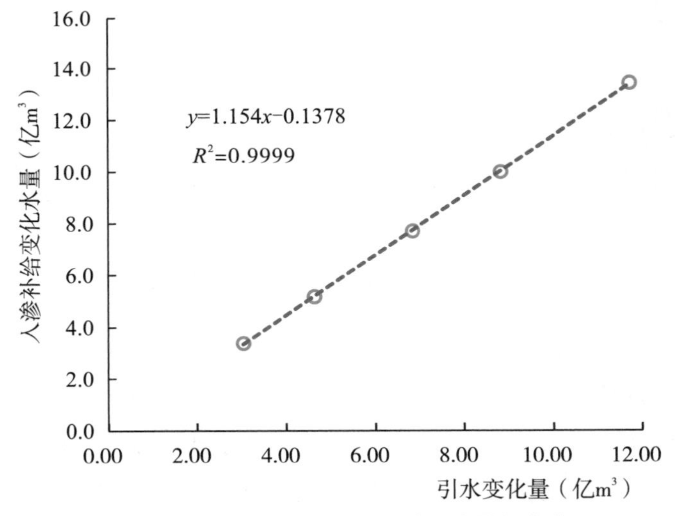

图 5-15 引水变化与入渗补给地下水量相关关系

表 5-40 为不同渠系节水条件下各土地利用入渗补给地下水的变化情况。可以看出，渠系渗漏补给是灌区地下水补给的主要途径，占总补给量的 60%～72%；其次是农田，占总补给量的 22%～32%；而林地草地等天然生态地表入渗量很小，仅占 6%～8%，详见图 5-16 所示。从不同节水方案来看，随着渠系水利用系数的提高，渠系入渗补给地下水量大幅减少，B5 方案减少比例达到 55%，占总入渗补给量的份额也在不断降低，从基准的 72%下降到 60%；与此同时，农田的入渗补给量虽然也呈逐步减少的趋势，但幅度明显比渠系部分缓慢，且其占总入渗补给量的份额是不断增大的，从基准的 22%升高到 32%；其他类型土地利用的入渗补给量也有减少，但占比有所增加。

表 5-40　　渠系节水对各土地利用入渗量的影响　　单位：亿 m³

方案	引水渠系	居工地	未利用地	湖库湿地	排水渠系	天然河道	林地	草地	农田	全灌区	变化量
基准	21.05	0.20	0.67	0.00	0.00	0.00	0.03	0.68	6.50	29.13	—
B1	18.04	0.20	0.65	0.00	0.00	0.00	0.03	0.63	6.18	25.73	−3.40
B2	16.45	0.20	0.63	0.00	0.00	0.00	0.03	0.61	6.02	23.94	−5.19
B3	14.27	0.20	0.61	0.00	0.00	0.00	0.03	0.56	5.74	21.42	−7.71
B4	12.30	0.20	0.59	0.00	0.00	0.00	0.03	0.51	5.48	19.12	−10.00
B5	9.45	0.20	0.56	0.00	0.00	0.00	0.03	0.41	5.06	15.70	−13.43

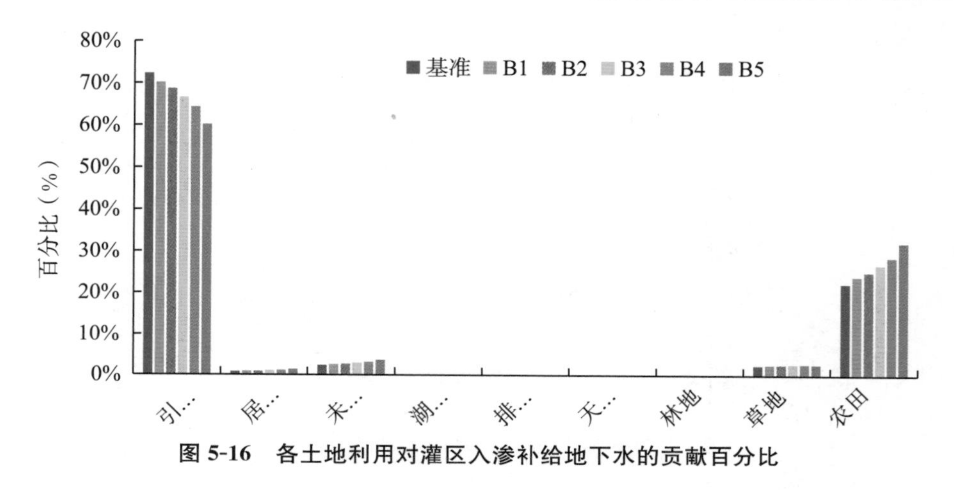

图 5-16　各土地利用对灌区入渗补给地下水的贡献百分比

农田不同作物由于生长期、灌溉期及灌溉制度的差异，对地下水的入渗补给也会存在明显的差别。表 5-41 为不同渠系节水条件下灌区农田不同作物入渗补给地下水的变化情况，可以看出，尽管农田灌溉用水量没有变化，由于灌区地下水位下降，明显改变了土壤水与地下水的转化关系，更多的灌溉用水消耗或赋存在于土壤层之中，减少了入渗补给地下水量，小麦、葵花和玉米对农田入渗补给量贡献最大，三者之和占农田总入渗补给量的 65%；不同节水条件下，不同作物入渗量均有所下降，各类作物的贡献也只有微弱的调整，但总体幅度变化不大。

表 5-41　　渠系节水对农田不同作物入渗量的影响　　单位：亿 m³

方案	小麦	油料	夏杂	瓜类	蔬菜	番茄	玉米	甜菜	葵花	秋杂	农田	变化量
基准	2.31	0.37	0.15	0.35	0.07	0.14	0.90	0.31	1.60	0.31	6.50	—
B1	2.18	0.34	0.12	0.32	0.06	0.12	0.88	0.29	1.56	0.30	6.18	−0.32
B2	2.13	0.32	0.11	0.31	0.06	0.12	0.86	0.29	1.53	0.29	6.02	−0.48

续表

方案	小麦	油料	夏杂	瓜类	蔬菜	番茄	玉米	甜菜	葵花	秋杂	农田	变化量
B3	2.02	0.30	0.09	0.29	0.05	0.11	0.84	0.27	1.49	0.28	5.74	−0.76
B4	1.93	0.27	0.08	0.27	0.05	0.09	0.82	0.26	1.44	0.27	5.48	−1.02
B5	1.77	0.23	0.06	0.24	0.04	0.08	0.78	0.24	1.36	0.25	5.06	−1.44

对潜水蒸发的影响。河套灌区浅层地下水埋深平均在2.0m，埋深较浅，给灌区植被吸收利用地下水提供了有利的条件。试验研究表明，有作物或植被覆盖的区域，其潜水蒸发量明显高于裸地，随着埋深的增加潜水蒸发量也迅速衰减，当埋深达到3.0m以下时潜水蒸发强度就已经很微弱了。

表5-42为不同渠系节水条件下河套灌区潜水蒸发量的年内变化情况。可以看出，随着渠系水利用系数的提高，全年潜水蒸发量从17.20亿m^3下降到8.57亿m^3，B5方案降幅最大，减少了8.62亿m^3，降幅超过50%；从年内分布看，潜水蒸发量减少与灌溉时间基本同步，与引水减少量呈线性相关关系（图5-17），但具有一定的延后效应，且受到冻土冻融的影响，主要集中于5—10月，占全年潜水蒸发量的75%以上，12月至次年3月潜水蒸发量也有所减小，但幅度较小。

表5-42　渠系节水对灌区潜水蒸发量的影响

方案	潜水蒸发量（亿m^3）						变化量（亿m^3）				
	基准	B1	B2	B3	B4	B5	B1	B2	B3	B4	B5
1月	0.77	0.69	0.65	0.58	0.52	0.42	−0.08	−0.13	−0.19	−0.25	−0.35
2月	0.88	0.79	0.74	0.67	0.59	0.49	−0.09	−0.14	−0.22	−0.29	−0.40
3月	1.01	0.92	0.86	0.78	0.71	0.59	−0.09	−0.14	−0.22	−0.30	−0.42
4月	0.14	0.13	0.12	0.11	0.10	0.08	−0.01	−0.02	−0.03	−0.05	−0.06
5月	0.34	0.29	0.26	0.23	0.20	0.15	−0.05	−0.07	−0.11	−0.14	−0.18
6月	3.04	2.59	2.35	2.02	1.74	1.34	−0.45	−0.69	−1.02	−1.30	−1.70
7月	4.29	3.76	3.47	3.07	2.70	2.15	−0.53	−0.81	−1.22	−1.58	−2.13
8月	2.28	2.04	1.91	1.72	1.54	1.26	−0.24	−0.37	−0.56	−0.74	−1.02
9月	1.71	1.53	1.44	1.30	1.17	0.97	−0.18	−0.27	−0.41	−0.54	−0.74
10月	1.20	1.02	0.92	0.80	0.68	0.53	−0.18	−0.28	−0.41	−0.52	−0.68
11月	1.12	0.93	0.83	0.69	0.57	0.41	−0.19	−0.29	−0.43	−0.55	−0.71
12月	0.41	0.35	0.32	0.28	0.24	0.18	−0.06	−0.09	−0.13	−0.17	−0.23
全年	17.20	15.04	13.88	12.24	10.76	8.57	−2.15	−3.31	−4.95	−6.44	−8.62

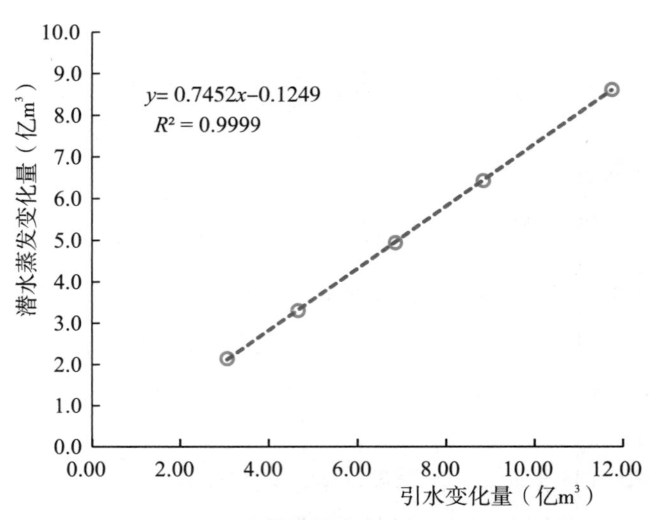

图 5-17　引水变化与潜水蒸发量相关关系

不同下垫面状态对潜水蒸发量也有较大的影响。一般来看，有植被地表的潜水蒸发量要大于裸地，农田潜水蒸发量要大于非农田区域，有植被覆盖且根系较深的区域潜水蒸发量也相对较大(如林地)。表 5-43 为不同渠系节水条件下各土地利用潜水蒸发量的变化情况，可以看出，潜水蒸发主要集中在农田、草地和未利用地，且随着渠系水利用系数的提高，农田潜水蒸发量减少最为显著，从基准年的 7.72 亿 m^3 减少到 3.17 亿 m^3，减少 59%；草地潜水蒸发量从 6.56 亿 m^3 减少到 3.65 亿 m^3，减少 44%；未利用地潜水蒸发量从 1.81 亿 m^3 减少到 1.08 亿 m^3，减少 40%。

表 5-43　　渠系节水对各土地利用潜水蒸发量的影响　　单位：亿 m^3

方案	引水渠系	居工地	未利用地	湖库湿地	排水渠系	天然河道	林地	草地	农田	全灌区	变化量
基准	0.06	0.45	1.81	0.00	0.00	0.00	0.58	6.56	7.72	17.20	—
B1	0.05	0.38	1.63	0.00	0.00	0.00	0.56	5.87	6.55	15.04	−2.15
B2	0.05	0.34	1.53	0.00	0.00	0.00	0.54	5.49	5.92	13.88	−3.31
B3	0.04	0.29	1.40	0.00	0.00	0.00	0.52	4.95	5.04	12.24	−4.95
B4	0.04	0.24	1.27	0.00	0.00	0.00	0.50	4.43	4.27	10.76	−6.44
B5	0.03	0.18	1.08	0.00	0.00	0.00	0.47	3.65	3.17	8.57	−8.62

表 5-44 为不同渠系节水条件下灌区农田不同作物潜水蒸发量变化情况，随着渠系水利用系数的提高，小麦、葵花、玉米依然是潜水变化量最大的三种作物。

表 5-44 渠系节水对农田不同作物潜水蒸发量的影响 单位:亿 m^3

方案	小麦	油料	夏杂	瓜类	蔬菜	番茄	玉米	甜菜	葵花	秋杂	农田	变化量
基准	2.74	0.52	0.24	0.41	0.09	0.19	1.01	0.31	1.91	0.31	7.72	—
B1	2.34	0.43	0.20	0.35	0.07	0.16	0.85	0.26	1.61	0.26	6.55	0.05
B2	2.12	0.39	0.18	0.31	0.06	0.14	0.77	0.24	1.46	0.24	5.92	−0.58
B3	1.82	0.33	0.16	0.26	0.05	0.12	0.65	0.21	1.24	0.20	5.04	−1.46
B4	1.56	0.28	0.13	0.22	0.04	0.10	0.55	0.17	1.04	0.17	4.27	−2.23
B5	1.17	0.21	0.10	0.16	0.03	0.07	0.40	0.13	0.76	0.13	3.17	−3.33

对地下水埋深的影响。通过上述分析看出，随着渠系水利用系数的提高，河套灌区地下水最大的地下水补给项(入渗补给量)和最大的排泄项(潜水蒸发量)均大幅度减小，B5方案下通量值降幅接近50%，两项的净变化量见表5-45。可以看出，渠道入渗是地下水补给的主要通道；农田在B1方案下还具有较大的潜水蒸发量，表现为向上运动的水通量特征，但是随着地下水位的下降，潜水蒸发快速衰减，但自上而下仍有一部分入渗补给量，因而又表现出向下运动的水通量特征；草地、林地、未利用地的入渗补给主要依靠本地降水，补给量很小，但是潜水蒸发量远大于入渗量，表现出水分向上运动的水通量特征。水分运动的净通量变化直接作用于地下水，是影响灌区地下水位变化的关键因素，由于持续的净补给减少，从基准的11.93亿 m^3 减少到7.13亿 m^3，减少了40%，导致地下水埋深的持续加大。

表 5-45 不同渠系节水条件下(入渗—潜水蒸发)净变化量 单位:亿 m^3

方案	引水渠系	居工地	未利用地	湖库湿地	排水渠系	天然河道	林地	草地	农田	全灌区	变化量
基准	20.99	−0.25	−1.15	0.00	0.00	0.00	−0.55	−5.89	−1.22	11.93	—
B1	17.99	−0.18	−0.99	0.00	0.00	0.00	−0.52	−5.24	−0.37	10.68	−6.51
B2	16.40	−0.14	−0.90	0.00	0.00	0.00	−0.51	−4.89	0.10	10.05	−7.14
B3	14.22	−0.09	−0.78	0.00	0.00	0.00	−0.49	−4.39	0.70	9.17	−8.02
B4	12.27	−0.04	−0.68	0.00	0.00	0.00	−0.47	−3.93	1.22	8.36	−8.83
B5	9.41	0.02	−0.52	0.00	0.00	0.00	−0.44	−3.24	1.89	7.13	−10.07

随着渠系水利用系数的提高，灌区地下水补给量的持续减少，反映到地下水位上，即地下水位的持续下降，结果见表5-46所示。根据模拟结果，当渠系水利用系数分别达到0.53、0.55、0.58、0.61、0.66时，灌区年均地下水埋深较基准年依次增加0.16m、0.25m、0.42m、0.62m、0.96m。枯水期(3月)地下水埋深自2.43m开始依次下降0.10m、0.17m、0.30m、0.45m、0.73m，丰水期(11月)地下水埋深自1.62m开始依次下降0.20m、0.32m、0.54m、0.77m、1.18m，渠系节水对灌区丰水期的下水埋深影响更大。

表 5-46　　不同渠系水利用方案下灌区平均地下水埋深变化

方案	地下水埋深(m)					变化量(m)				
	全年	3月	6月	9月	11月	全年	3月	6月	9月	11月
基准	2.06	2.43	1.73	2.23	1.62	0	0	0	0	0
B1	2.21	2.53	1.94	2.39	1.82	0.16	0.10	0.21	0.16	0.20
B2	2.31	2.59	2.06	2.48	1.94	0.25	0.17	0.33	0.25	0.32
B3	2.48	2.72	2.27	2.65	2.15	0.42	0.30	0.54	0.42	0.54
B4	2.67	2.88	2.50	2.84	2.39	0.62	0.45	0.78	0.60	0.77
B5	3.01	3.16	2.90	3.16	2.80	0.96	0.73	1.17	0.93	1.18

空间上看(见图 5-18,图 5-19),枯水期和丰水期地下水埋深的空间变化存在显著差异。枯水期(3 月份与 9 月份)地下水埋深较大区域(超过 3.0m)主要分布在灌区西部、山前、临河市等周边区域,且随着渠系节水强度加大,地下水埋深高值区从上述区域逐步扩散,并形成灌区西南部乌兰布和、磴口、临河、杭锦后旗、五原等连片的埋深高值区,西北部自山前延伸至乌拉特前旗、乌梁素海东部的连片埋深高值区。丰水期(6 月份与 11 月份)地下水埋深在春灌过后明显回升,埋深高值区范围显著缩小;基准年在灌区杭锦后旗周边的解放闸灌域形成较大片的埋深低值区(小于 1.5m),但是当渠系水利用系数提高到 0.58(B3 方案)时埋深低值区范围就出现明显萎缩,高值区呈扩大之势,到渠系水利用系数提高到 0.66(B5 方案)时,埋深低于 1.5m 的低值区大幅度减少,只剩下零星的几个小区域存在。可见,渠系节水强度的提升对灌区地下水埋深的影响十分显著,改变了灌区水的循环转化特征,可能会对灌区农业生产及区域生态带来不利影响。

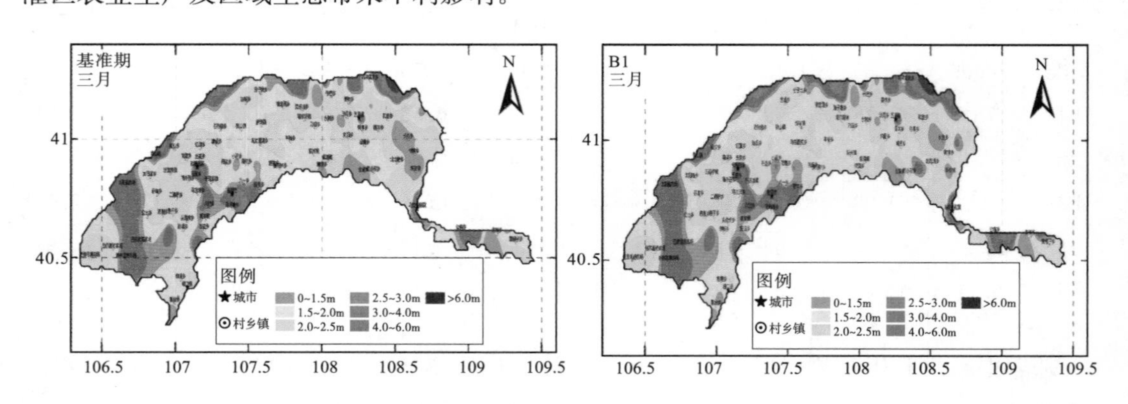

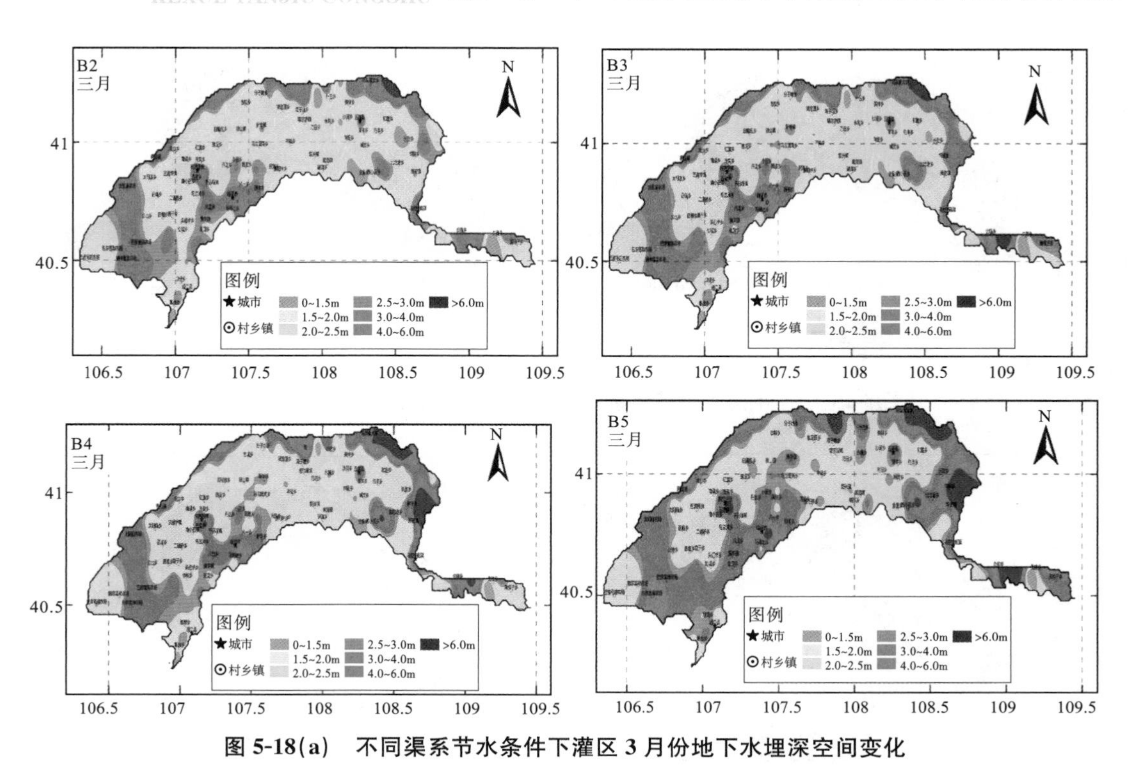

图 5-18(a)　不同渠系节水条件下灌区 3 月份地下水埋深空间变化

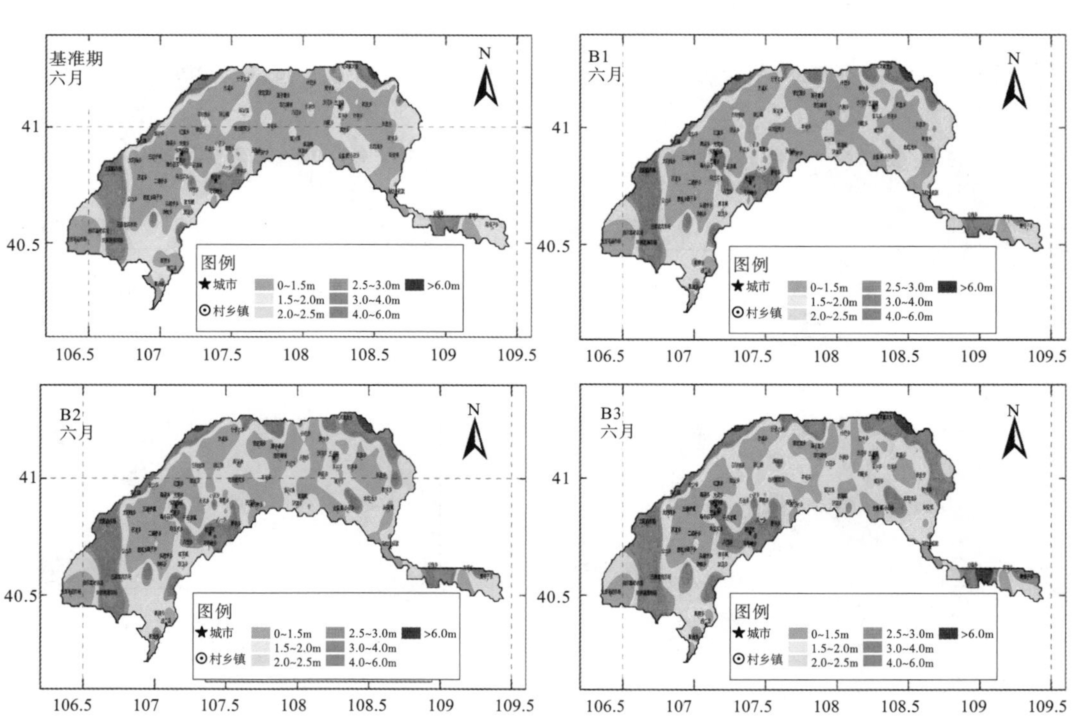

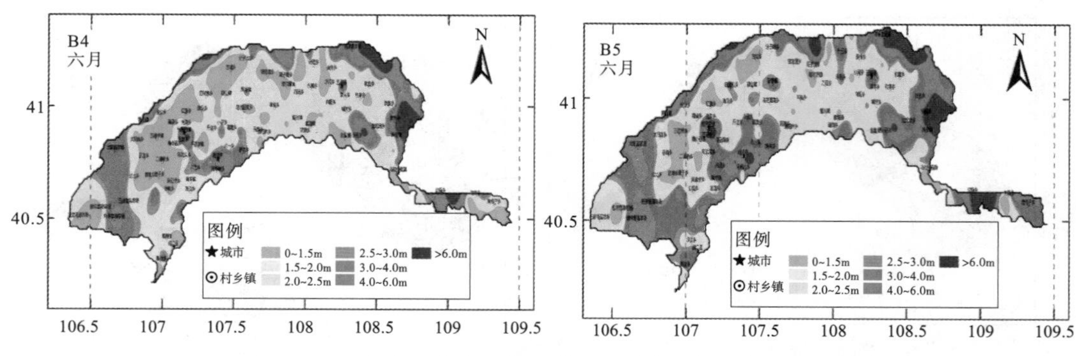

图 5-18(b) 不同渠系节水条件下灌区 6 月份地下水埋深空间变化

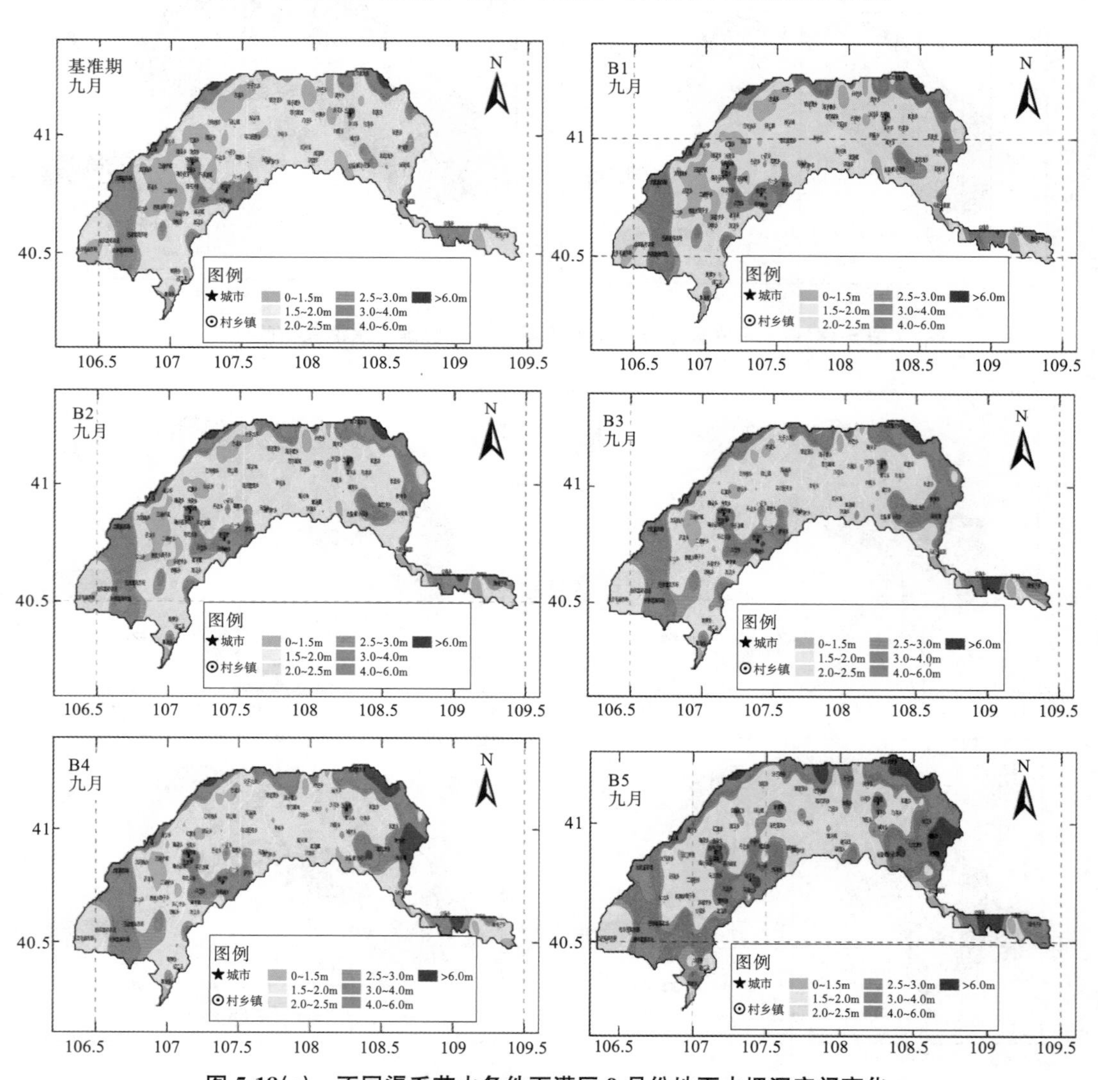

图 5-18(c) 不同渠系节水条件下灌区 9 月份地下水埋深空间变化

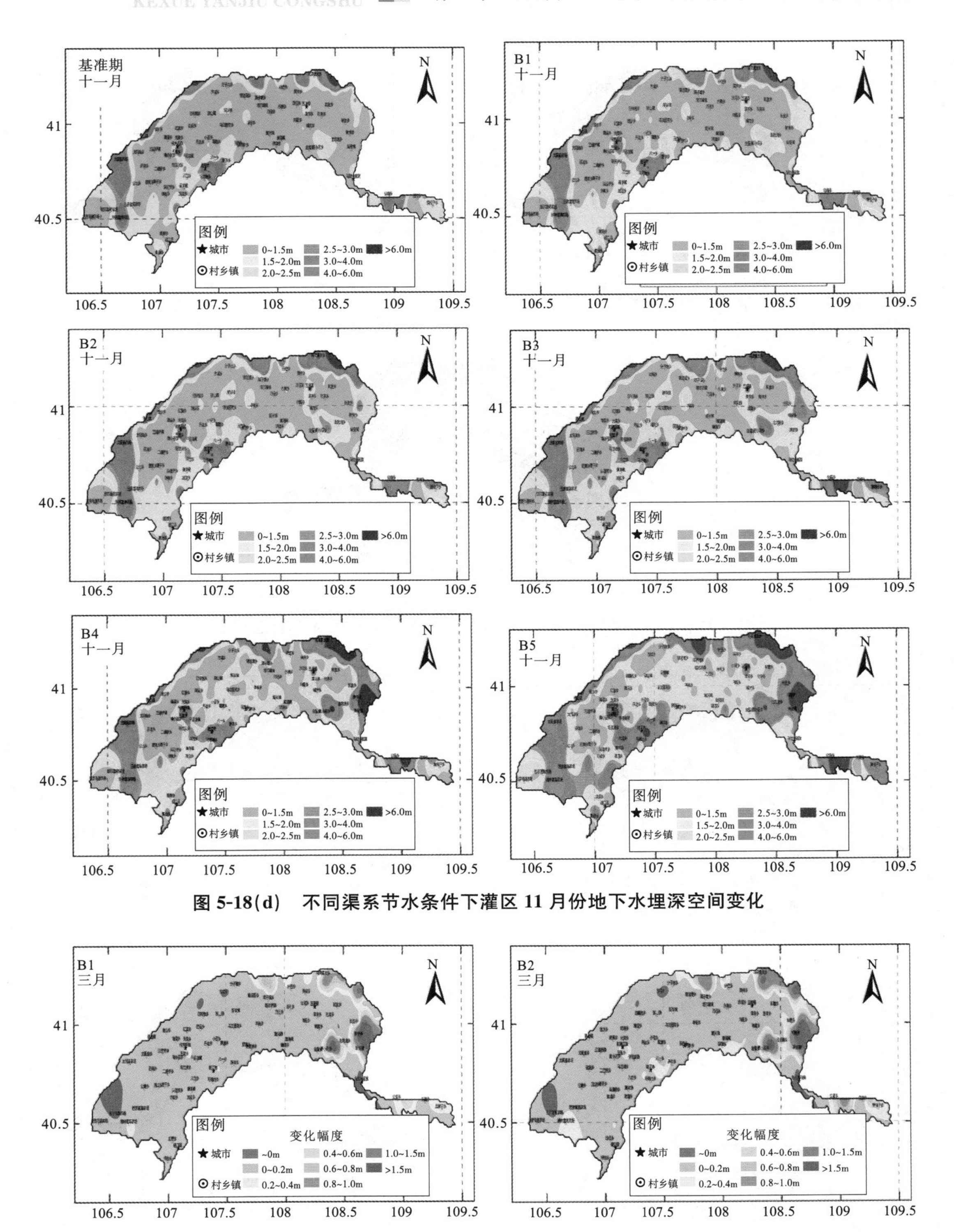

图 5-18(d) 不同渠系节水条件下灌区11月份地下水埋深空间变化

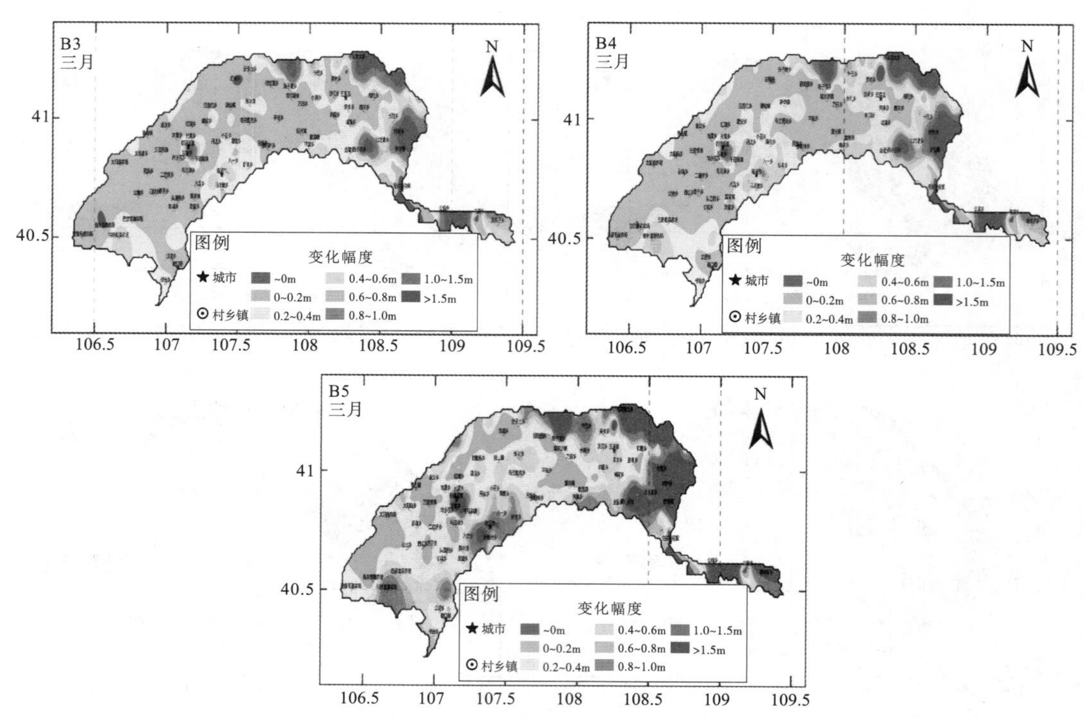

图 5-19(a) 不同渠系节水下灌区 3 月份地下水埋深变幅空间变化

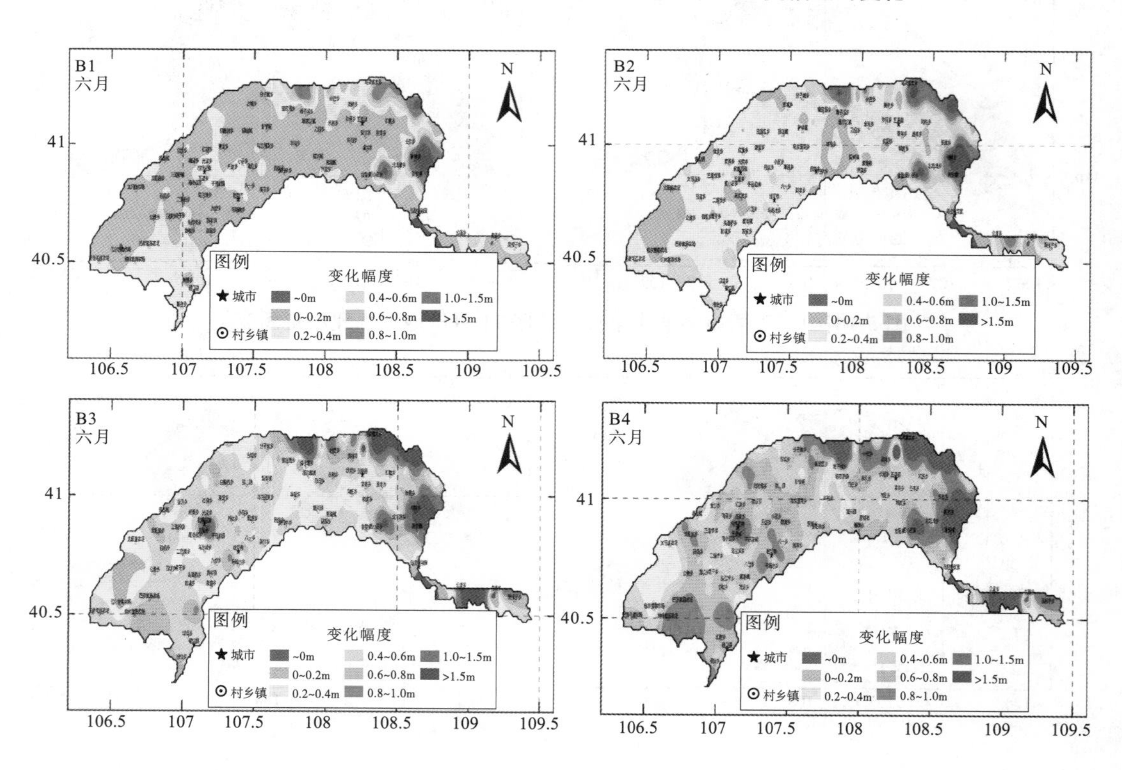

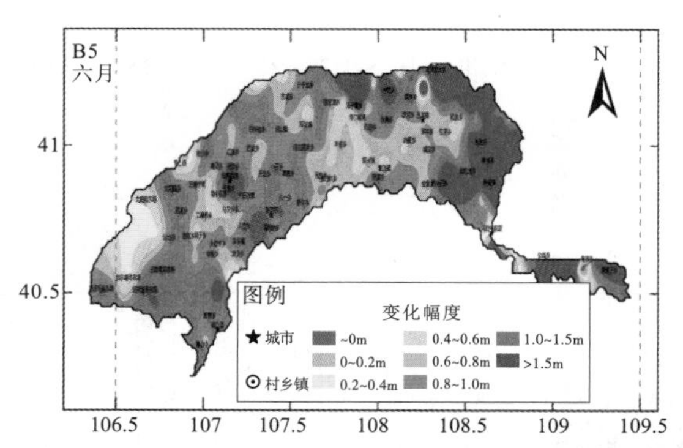

图 5-19(b) 不同渠系节水下灌区 6 月份地下水埋深变幅空间变化

地下水埋深变化的陆面生态效应。地下水埋深的过大变化，尤其是生育期(5—9 月)地下水埋深过大必然会给灌区农田及自然草地、林地等陆面生态系统带来不利影响。根据调研分析总结，对于河套灌区农作物，生育期所需农田地下水位应控制在 1.2～1.5m，非生育期农田地下水位应控制在 2.5m 以上，在此区间内，大部分作物的正常需水可以得到满足。而对于自然植被，地下水埋深值在林地应控制在 7.0m 以内，灌木林地控制在 5.0m 以内，草地控制在 2.5～3.0m 以内，超出上述限值将会导致生态加速退化，不利于区域生态安全。

根据农田作物及自然植被的特征地下水埋深，对灌区的地下水埋深进行分区统计，即 0～0.5m、0.5～1.0m、1.0～1.5m、1.5～2.0m、2.0～2.5m、2.5～3.0m、3.0m 以上共 7 个分区，结果见表 5-47 所示。

对于农田作物，1.5m 左右是其生育期内较适宜的地下水埋深，但超过 2.0m 就会给作物生长及粮食生产带来不利影响。经统计分析(见图 5-20 所示)，以生长期 6 月份为例，地下水埋深超过 2.0m 的灌区面积从基准年的 3440km^2(占比 29%)依次增加至 3869km^2(占比 33%)、4138km^2(占比 35%)、4583km^2(占比 39%)、5096km^2(占比 43%)、6005km^2(占比 51%)，说明随着节水强度的不断加大，在其他条件不变的前提下，作物生长及粮食产量将会面临的风险也是不断加大的，例如 B5 方案下受影响的面积占比超过一半，这样的情况估计是不能接受的。而且从结果来看，6 月份受影响范围占比是整个生长期内相对较小月份，意味着整个生育期受地下水影响的风险可能会更大。更进一步来看，生育期地下水埋深超过 2.5m 肯定会对农业生产造成显著的不利影响，经统计(见图 5-21)，仍以 6 月份为例，地下水埋深超过 2.5m 的灌区面积从基准年的 2302km^2(占比 19.5%)依次增加至 2598km^2(占比 22.1%)、2801km^2(占比 23.8%)、3115km^2(占比 26.5%)、29.3km^2(占比 43%)、4027km^2(占比 34.2%)。其中，B5 方案地下水埋深超过 2.5m 的区域面积较基准年扩大了 75%。

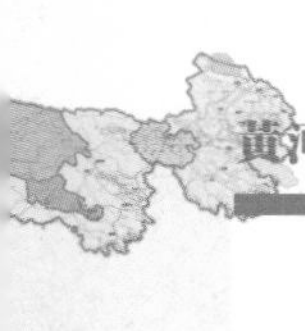

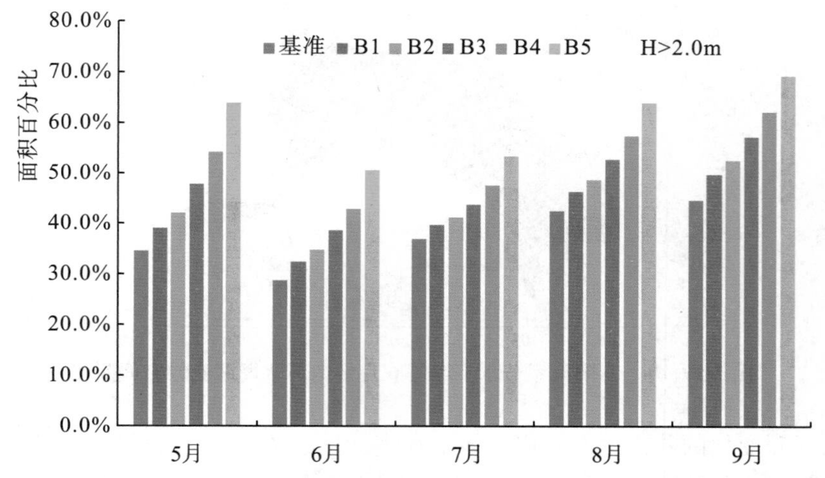

图 5-20 不同渠系节水方案下生育期(5—9 月)地下水埋深>2.0m 的区域面积占比

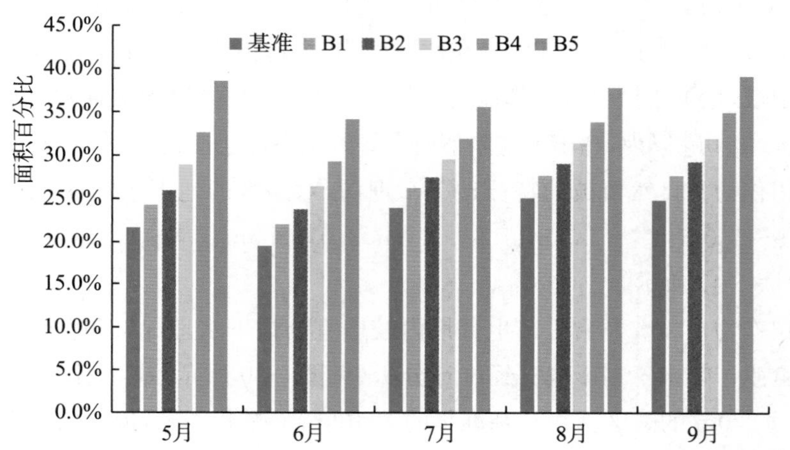

图 5-21 不同渠系节水方案下生育期(5—9 月)地下水埋深>2.5m 的区域面积占比

对于天然草地(草甸、芦苇等),地下水埋深超过 2.5m 就会开始对其生长及分布带来不利影响,过 3.0m 则会进一步加剧植被退化、土地沙化的风险。对生育期 5—9 月份各月面积最大占比、最小占比及平均占比结果进行统计分析,结果见图 5-22、图 5-23 所示。可以看出:①地下水埋深超过 2.5m 的灌区面积占比,最大占比从基准年的 25.1%扩大到 B5 方案的 39.1%,比基准年扩大了 56%;最小占比从基准年的 19.5%扩大到 B5 方案的 34.2%,比基准年扩大了 75%;平均占比从基准年的 22%扩大到 B5 方案的 35%,比基准年扩大了 59%。②地下水埋深超过 3.0m 的灌区面积占比,最大占比从基准年的 14.3%扩大到 B5 方案的 25.6%,比基准年扩大了 79%;最小占比从基准年的 12.1%扩大到 B5 方案的 24.3%,比基准年扩大了 101%;平均占比从基准年的 12.9%扩大到 B5 方案的 24.1%,比基准年扩大了 87%。

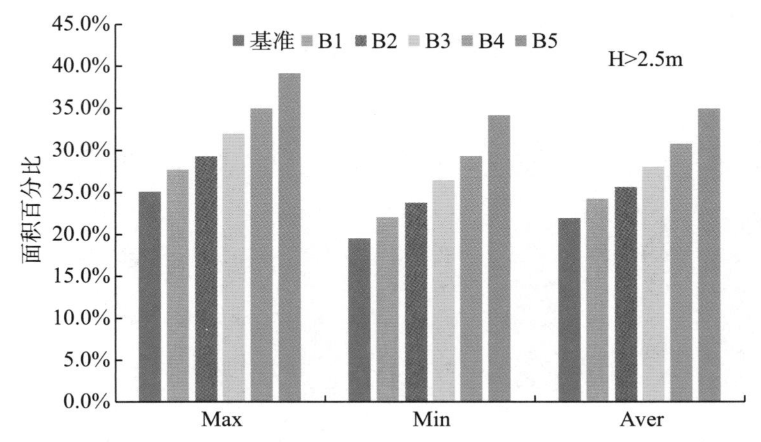

图 5-22 不同渠系节水方案下生育期(5—9 月)地下水埋深>2.5m 的区域面积占比(Max、Min、Aver 分别表示月最大占比、月最小占比和月平均占比)

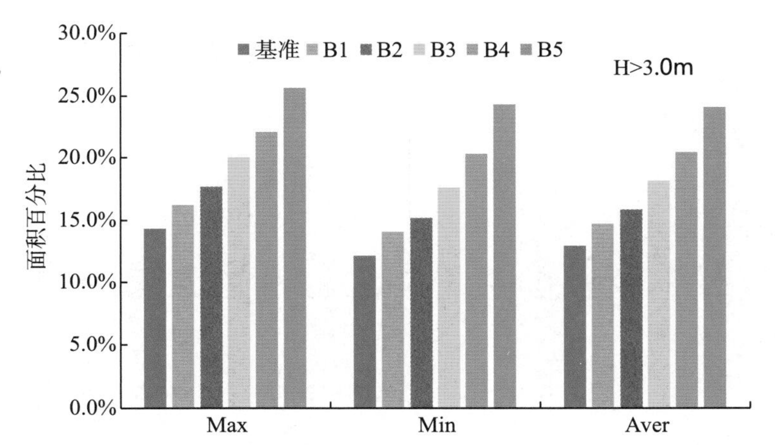

图 5-23 不同渠系节水方案下生育期(5—9 月)地下水埋深>3.0m 的区域面积占比

(6)对灌区湖泊湿地的影响

灌区内湖泊湿地补水量与面积变化。灌区内湖泊、海子等大小不一水域与湿地主要分布于灌区较为低洼的地区，完全依赖于灌区排水补给和地下水入渗补给来维持其水量消耗。渠系节水强度提升后导致地下水位的大幅下降必然会影响地下水对湖泊湿地补给情况。

表 5-47　　不同节水方案条件下埋深分区及面积　　单位：km^2

方案	埋深分区	1月	2月	3月	4月	5月	6月	7月	8月	9月	10月	11月	12月
基准	0～0.5	17	6	2	3	41	1049	351	15	14	1359	2113	160
	0.5～1.0	806	78	25	41	647	2905	1801	567	398	2178	2564	2529
	1.0～1.5	3988	2319	501	299	3722	2694	3049	2601	2268	2706	2389	3517
	1.5～2.0	3023	4388	4565	3750	3265	1621	2190	3562	3805	1825	1440	2030
	2.0～2.5	1517	2257	3539	4236	1549	1138	1562	2078	2366	1349	1079	1239
	2.5～3	967	1167	1455	1655	1000	878	1207	1270	1279	834	729	882
	>3.0	1461	1564	1692	1795	1555	1424	1615	1686	1649	1340	1321	1422
B1	0～0.5	10	3	1	2	19	553	151	7	4	828	1412	68
	0.5～1.0	475	45	23	39	372	2374	1386	347	209	1946	2419	1889
	1.0～1.5	3616	1865	350	250	2893	3066	3107	2250	1822	2838	2767	3606
	1.5～2.0	3416	4513	4392	3428	3860	1907	2421	3674	3840	2192	1683	2360
	2.0～2.5	1628	2445	3679	4375	1775	1271	1623	2239	2642	1499	1172	1365
	2.5～3	1014	1188	1478	1697	1076	942	1257	1352	1377	870	776	902
	>3.0	1620	1720	1856	1988	1784	1656	1834	1910	1885	1549	1493	1589
B2	0～0.5	12	5	1	2	16	357	96	9	5	588	1053	47
	0.5～1.0	354	36	21	38	281	1992	1141	247	146	1708	2287	1522
	1.0～1.5	3374	1623	291	231	2497	3259	3106	2070	1573	2862	2896	3561
	1.5～2.0	3602	4552	4202	3209	3987	2030	2539	3681	3819	2434	1857	2578
	2.0～2.5	1681	2515	3780	4458	1942	1337	1661	2346	2785	1574	1240	1439
	2.5～3	1059	1235	1528	1752	1142	1011	1253	1345	1407	926	838	959
	>3.0	1697	1813	1956	2089	1913	1790	1983	2081	2044	1657	1579	1673

续表

方案	埋深分区	1月	2月	3月	4月	5月	6月	7月	8月	9月	10月	11月	12月
B3	0～0.5	7	3	2	3	11	172	41	5	3	323	614	27
	0.5～1.0	203	26	16	33	174	1357	790	147	80	1295	1949	1037
	1.0～1.5	2916	1220	214	205	1857	3269	2979	1646	1159	2767	2969	3363
	1.5～2.0	3790	4508	3833	2824	4070	2398	2762	3718	3745	2786	2191	2886
	2.0～2.5	1858	2700	3936	4531	2260	1468	1723	2560	3026	1711	1347	1569
	2.5～3	1077	1287	1581	1826	1205	1043	1234	1346	1434	968	883	979
	＞3.0	1928	2035	2197	2357	2202	2072	2250	2357	2332	1921	1815	1918
B4	0～0.5	5	1	1	3	11	71	16	5	2	159	315	20
	0.5～1.0	101	18	15	31	115	828	472	82	51	820	1494	645
	1.0～1.5	2331	873	157	185	1327	3009	2635	1227	798	2619	3001	2992
	1.5～2.0	4021	4339	3403	2401	3898	2775	3013	3651	3553	3035	2471	3199
	2.0～2.5	2005	2922	4085	4564	2580	1641	1878	2824	3254	1900	1466	1704
	2.5～3	1127	1343	1673	1974	1354	1064	1255	1390	1519	1018	933	1035
	＞3.0	2189	2283	2445	2621	2494	2391	2510	2600	2602	2228	2095	2184
B5	0～0.5	0	0	0	2	5	28	9	5	2	40	94	16
	0.5～1.0	53	16	14	37	119	411	247	55	42	335	919	313
	1.0～1.5	1573	503	110	196	837	2118	1815	782	427	2011	2516	2268
	1.5～2.0	4065	3977	2923	1935	3250	3217	3362	3359	3115	3414	2998	3474
	2.0～2.5	2269	3146	4089	4444	3025	1978	2152	3123	3583	2197	1702	1978
	2.5～3	1182	1403	1730	2065	1525	1160	1299	1467	1590	1071	955	1074
	＞3.0	2637	2734	2913	3100	3018	2867	2894	2988	3020	2711	2595	2656

表 5-48 为不同渠系节水条件下河套灌区内对湖泊湿地补水量的年内变化情况。可以看出，随着渠系水利用系数的提高，全年补给湖泊湿地的水量从 3.80 亿 m^3 下降至 2.38 亿 m^3，B5 方案降幅最大，减少了 1.41 亿 m^3，降幅达 37%；从年内分布看，补给湖泊湿地水量比灌溉引水量峰值滞后一个月左右，与灌区地下水埋深呈幂指数相关关系，见图 5-24、5-25 所示。

表 5-48　　渠系节水对灌区内湖泊湿地补水量的影响

方案	湖泊湿地补水量(亿 m^3)						变化量(亿 m^3)				
	基准	B1	B2	B3	B4	B5	B1	B2	B3	B4	B5
1 月	0.13	0.11	0.11	0.09	0.08	0.07	−0.02	−0.03	−0.04	−0.05	−0.06
2 月	0.08	0.07	0.07	0.06	0.05	0.05	−0.01	−0.01	−0.02	−0.03	−0.03
3 月	0.06	0.05	0.05	0.05	0.04	0.04	−0.01	−0.01	−0.01	−0.01	−0.02
4 月	0.12	0.11	0.11	0.11	0.11	0.11	0.00	0.00	−0.01	−0.01	−0.01
5 月	0.26	0.24	0.23	0.22	0.20	0.18	−0.02	−0.03	−0.05	−0.06	−0.08
6 月	0.45	0.39	0.36	0.32	0.28	0.23	−0.06	−0.09	−0.13	−0.17	−0.22
7 月	0.44	0.38	0.36	0.32	0.28	0.23	−0.05	−0.08	−0.12	−0.16	−0.21
8 月	0.38	0.34	0.32	0.30	0.28	0.24	−0.03	−0.05	−0.08	−0.10	−0.14
9 月	0.77	0.75	0.74	0.72	0.70	0.68	−0.02	−0.04	−0.05	−0.07	−0.09
10 月	0.29	0.25	0.22	0.19	0.17	0.13	−0.04	−0.07	−0.10	−0.12	−0.16
11 月	0.63	0.55	0.51	0.45	0.40	0.33	−0.07	−0.12	−0.17	−0.22	−0.29
12 月	0.19	0.16	0.14	0.12	0.10	0.08	−0.03	−0.05	−0.07	−0.08	−0.10
全年	3.80	3.42	3.22	2.95	2.71	2.38	−0.38	−0.58	−0.85	−1.08	−1.41

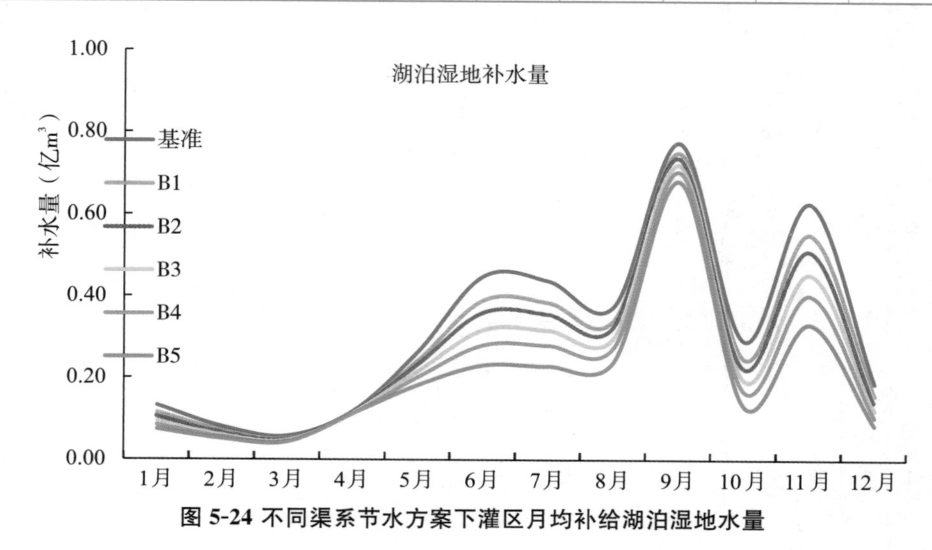

图 5-24 不同渠系节水方案下灌区月均补给湖泊湿地水量

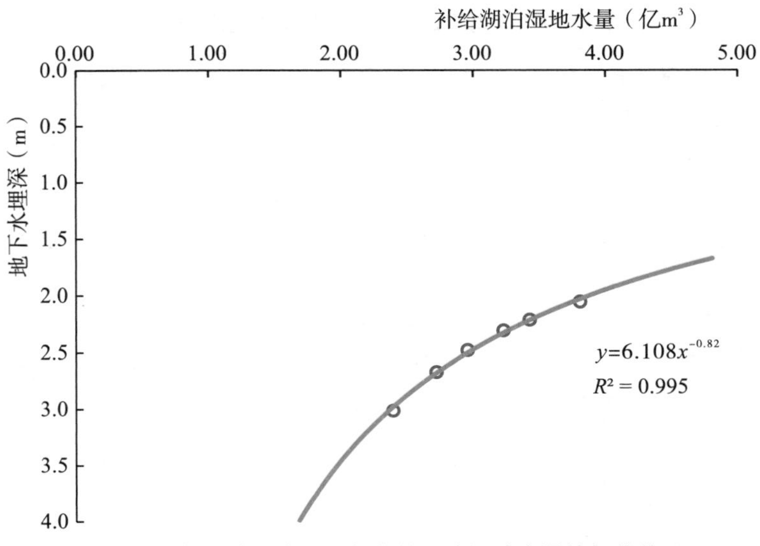

图 5-25 年度地下水埋深与补给湖泊湿地水量的相关关系

根据对各方案补水量变化情况，对湖泊湿地面积变化量进行估算分析，结果见表 5-49 所示。同基准方案相比，B1～B5 方案下灌区湖泊湿地补水量分别减少 0.38 亿 m^3、0.58 亿 m^3、0.85 亿 m^3、1.08 亿 m^3、1.41 亿 m^3，对应的湖泊湿地面积萎缩了 8%、13%、20%、27%、38%，预计将会有大量小型的湖泊、水洼地带消失，大型的湖泊、海子也会显著萎缩。

表 5-49 渠系节水对灌区湖泊湿地的影响

方案	补给湖泊湿地水量(亿 m^3)	变化量(亿 m^3)	面积变化百分比(%)
基准	3.80	0	0
B1	3.42	−0.38	−8%
B2	3.22	−0.58	−13%
B3	2.95	−0.85	−20%
B4	2.71	−1.08	−27%
B5	2.38	−1.41	−38%

乌梁素海补水量及其面积变化。乌梁素海现状水域面积约 230km^2，水深 0.5～1.5m，最大水深约 4m，蓄水量 2.5 亿～3.0 亿 m^3，主要依靠灌区灌溉尾水补充水量。近 20 年来乌梁素海水域面积略有减少，总体保持平稳。表 5-50 为不同渠系节水条件下河套灌区排水入乌梁素海水量的年内变化情况。可以看出，随着渠系水利用系数的提高，全年入乌梁素海水量从 5.08 亿 m^3 下降至 3.62 亿 m^3，B5 方案降幅最大，减少了 1.47 亿 m^3，降幅 29%；从年内分布看，入乌梁素海水量变化基本与引水灌溉同步，但受到地下水调节影响，具有一定的滞后性。

表 5-50　　渠系节水对灌区入乌梁素海水量的影响

方案	入乌梁素海水量(亿 m³)						变化量(亿 m³)				
	基准	B1	B2	B3	B4	B5	B1	B2	B3	B4	B5
1 月	0.33	0.31	0.29	0.27	0.25	0.22	−0.02	−0.04	−0.06	−0.08	−0.11
2 月	0.23	0.21	0.20	0.19	0.17	0.15	−0.02	−0.03	−0.04	−0.05	−0.08
3 月	0.18	0.17	0.16	0.15	0.14	0.12	−0.01	−0.02	−0.03	−0.04	−0.06
4 月	0.14	0.13	0.13	0.12	0.11	0.10	−0.01	−0.01	−0.02	−0.03	−0.05
5 月	0.19	0.17	0.16	0.15	0.14	0.13	−0.02	−0.02	−0.04	−0.05	−0.06
6 月	0.38	0.34	0.32	0.29	0.26	0.23	−0.04	−0.07	−0.09	−0.12	−0.16
7 月	0.43	0.38	0.36	0.33	0.30	0.26	−0.05	−0.07	−0.10	−0.13	−0.17
8 月	0.43	0.41	0.40	0.38	0.36	0.34	−0.02	−0.04	−0.05	−0.07	−0.10
9 月	0.78	0.77	0.76	0.74	0.73	0.71	−0.02	−0.03	−0.04	−0.06	−0.08
10 月	0.73	0.66	0.63	0.58	0.55	0.51	−0.07	−0.10	−0.14	−0.18	−0.22
11 月	0.90	0.83	0.80	0.76	0.72	0.66	−0.06	−0.10	−0.14	−0.18	−0.23
12 月	0.36	0.33	0.31	0.28	0.25	0.21	−0.03	−0.05	−0.08	−0.11	−0.15
全年	5.08	4.71	4.51	4.24	3.99	3.62	−0.37	−0.57	−0.84	−1.10	−1.47

根据对各方案补水量变化情况，对乌梁素海水面变化量进行估算分析，结果见表 5-51 所示。同基准方案相比，B1～B5 方案下灌区湖泊湿地补水量分别减少 0.37 亿 m³、0.57 亿 m³、0.84 亿 m³、1.10 亿 m³、1.47 亿 m³，为保障乌梁素海生态系统平衡，避免乌梁素海水面大幅萎缩，相应减少排黄水量，各方案下乌梁素海排黄水量从基准年的 1.59 亿 m³ 减少到 1.21 亿 m³、1.02 亿 m³、0.74 亿 m³、0.49 亿 m³、0.12 亿 m³，B5 方案下乌梁素海排黄水量几乎接近零排放，虽然保障了水量需求，但由此带来的水生态与环境等问题可能会进一步加剧。

表 5-51　　渠系节水对乌梁素海水量平衡的影响

方案	排入乌梁素海(亿 m³)		排黄水量(亿 m³)
	入乌梁素海水量	入乌梁素海变化量	
基准	5.08	0	1.59
B1	4.71	−0.37	1.21
B2	4.51	−0.57	1.02
B3	4.24	−0.84	0.74
B4	3.99	−1.10	0.49
B5	3.62	−1.47	0.12

(7)对灌区盐分平衡的影响

前面已经提到，灌区盐碱化问题的主要是引入的有害盐分的累积造成的，因此这里主要分析不同渠系节水调控措施下，灌区有害盐分的变化与累积情况，探讨渠系节水对灌区盐分平衡的影响。

假定各方案下引黄水矿化度为0.52g/L、有害盐分占比50%，排水矿化度与基准年一样保持不变，排水中有害盐分占比80%。各灌域多年平均引水量、排水量以及排水矿化度如表5-52所示。

表5-52 各灌域年平均引水量、排水量及排水矿化度

分区	乌兰布和	解放闸	永济	义长	乌拉特	合计
引水量(亿 m^3)	6.096	12.408	9.158	14.249	4.873	46.784
排水量(亿 m^3)	0.763	1.532	1.203	1.926	0.370	5.794
矿化度(g/L)	2.022	1.834	1.735	2.550	9.962	

注：表中矿化度按照排水比例加权平均法计算。

表5-53为不同渠系节水条件下河套灌区有害盐分的变化情况，灌区进、排、积盐量变化如图5-26所示。可以看出，随着渠系水利用系数的提高，灌区引水量、排水量也随之减少，对应的进盐量、排盐量、积盐量也随之减少。方案B5与基准年相比的进、排、积盐量降幅分别达到24.8%、32.1%、10.1%，渠系利用系数的提高对灌区积盐量的影响较小。

表5-53 渠系节水对灌区有害盐分平衡的影响

方案	进盐量	进盐变化量	排盐量	排盐变化量	积盐量	积盐变化量
基准	121.6	0	81.8	0	39.9	0
B1	113.8	−7.8	75.1	−6.7	38.7	−1.1
B2	109.7	−11.9	71.6	−10.2	38.1	−1.7
B3	104.0	−17.6	66.6	−15.2	37.5	−2.4
B4	98.9	−22.7	62.0	−19.8	36.9	−2.9
B5	91.4	−30.2	55.6	−26.2	35.9	−4.0

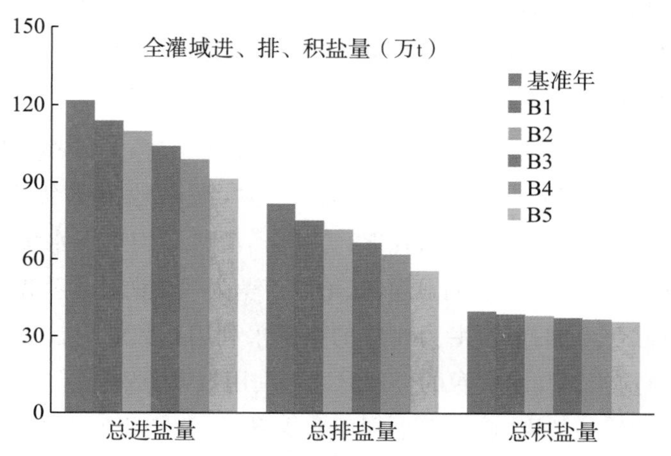

图5-26 不同渠系节水条件下灌区有害盐分变化

对有害盐分排引比的影响。图 5-27 为不同渠系节水条件下河套灌区有害盐分排引比的变化情况。可以看出，随着渠系水利用系数的提高，灌区盐分排引比也随之减少。方案 B1～B5 与基准年相比，有害盐分排引比减小幅度分别为 1.8%、2.9%、4.8%、6.8%、9.6%。虽然提高渠系利用系数灌区积盐量有所减少，但是灌区盐分排引比也逐渐减小，这说明提高渠系利用系数不利于灌区盐分平衡。

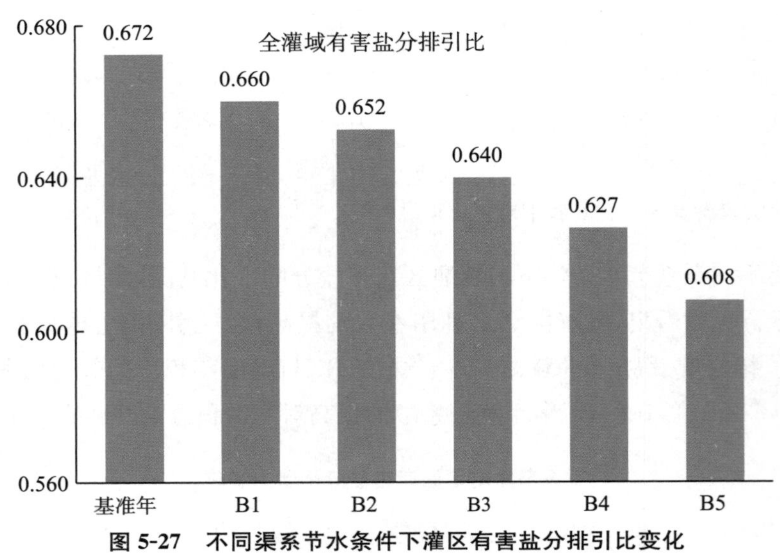

图 5-27　不同渠系节水条件下灌区有害盐分排引比变化

(8)渠系节水调控措施的综合影响

灌溉渠系输水系数是指进入灌区田间的净水量与灌区渠首引入的毛水量之比，综合反映了灌区在灌溉过程中各级渠道的输水损失程度，其主要影响因素为渠道防渗措施、土壤透水性能、输水流量和地下水水位等。

渠系系数提高减少地下水渗漏量。灌区引水通过渠系、土壤层等对地下水进行补给，年补给通量约 29.1 亿 m^3，地下水则通过排水沟、湖泊湿地等转换为地表水，年通量约为 8.0 亿 m^3，这种水分的循环转化与是维系灌区水盐及生态平衡的关键。

渠系节水对灌区地下水埋深影响十分显著：引黄水量从 47.2 亿 m^3 减少至 44.1 亿 m^3、42.5 亿 m^3、40.3 亿 m^3、38.4 亿 m^3、35.4 亿 m^3 时，灌区地下水年平均埋深分别增大 0.16m、0.25m、0.42m、0.62m、0.96m；在 B3 方案下，灌区平均地下水埋深已经接近地下水埋深红线水位 2.5m，在 B4 方案则明显超出，给以芦苇为代表的草地生态系统带来大范围不利影响，因此预判灌区合理的节水潜力对应的渠系水利用系数应当在 0.58 以内，河套灌区节水潜力有限，重点应当提高水资源的合理配置和利用效率上来。

渠系节水对湖泊湿地的影响：渠系水利用率提升后，补给地下水水量大幅度减少，直接影响了地下水对湖泊湿地的补给水量及时空分布，B5 方案灌区内补给量减少 1.41 亿 m^3，预计水面面积将萎缩38%,影响十分显著;入乌梁系水量减少了1.47亿m^3,由于乌梁素海自身的调节功能,可通过减少排黄量来维持其水面总体保持平稳。

渠系节水对灌区盐分平衡的影响:渠系水利用系数提高将不利于灌区脱盐,加重灌区有害盐分的累积,但影响程度其分布还需要开展深入研究。

因此,预判灌区节水潜力对应的渠系水利用系数应当在0.58以内,重点应当提高水资源的合理配置和利用效率上来。

5.3.2 田间节水的生态影响分析

(1)田间节水调控方案

田间节水调控措施主要包括田间工程配套节水和田间农艺节水。一方面要通过采取平地缩块、土方平整、喷灌、微灌等工程措施提高用水效率;另一方面,通过土地翻耕、开沟起垄、秸秆覆盖、覆膜免耕等农艺技术,减少农田土壤无效蒸发,降低灌溉需水量。通过调研梳理,河套灌区适合大范围实施的主要田间节水措施包括三类:土地整理措施、田间喷微灌节水措施、田间覆膜免耕农艺节水措施。

土地整理措施:土地整理措施是通过田间平地缩块、畦田改造、土地平整等措施,辅以引水口门、渠道整治等配套灌水设施,能够有效提高农作物灌水效率,均匀灌水,从而保证水分的高效利用,既达到节约用水的目的,同时还能够有效防止土壤盐碱化。农田表面不平整可导致20%以上的农田灌溉用水被浪费。在河套灌区隆胜试验区,激光平地后田面高差小于5cm较高差大于10cm的田面平均节水40m^3/亩。根据在临河的有关试验研究成果,不同尺度畦田及土地平整度对灌溉水量有显著影响,随着畦田面积的减小及土地平整精度的提升,节水效果呈递增趋势,与对照田块相比,1亩田块可节水46m^3/亩,0.5亩田块可节水50~79m^3/亩,0.33亩田块可节水56~116m^3/亩(详见表5-54所示)。在隆胜试验区进行的试验结果显示,每1亩分为3畦,较1畦以下平均节水117m^3/亩(白岗栓,2011)。另外,据内蒙古自治区高标准基本农田整治重大工程的试验统计结果,通过土地整理可降低灌溉定额60m^3/亩(内蒙古自治区巴彦淖尔国土资源局,2012)。

表5-54　　河套灌区不同尺度田块节水试验效果

试验地点	年份	灌水次数	不同尺度田块节水效果(m^3/亩)			备注
			1亩	0.5亩	0.33亩	
临河隆盛节水示范区[1]	2000	4	36.7	61.9	79.7	对比田块尺度1.65亩
	2001	5	55.6	95.5	116.5	
	平均	4.5	46.2	78.7	98.1	

续表

试验地点	年份	灌水次数	不同尺度田块节水效果(m³/亩)			备注
			1亩	0.5亩	0.33亩	
临河城关镇治丰村[2]	2007	3	27.7 *	38.4	60.4	对比田块尺度1.5亩
	2008	3	38.9	45.4	63.8	
	2009	3	22.6	28.2	43.1	
	平均	3	29.7	37.3	55.8	

注:[1]数据根据《北方渠灌区节水改造技术集成与示范成果报告》整理;[2] 数据根据《北方渠灌区节水改造技术集成与示范成果报告》整理,实际灌溉4次,但节水轮次只有3次,其中2007年节水轮次为第1、2、4轮;2008年节水轮次为第1、2、3轮;2009年节水轮次为第1、2、3轮;表中节水量为各轮次节水量之和。*田块为1亩的节水轮次为第2轮和第4轮。

喷、微灌节水:喷、微灌技术是流域田间节水的主要工程措施。喷灌几乎适用于除水稻外的所有大田作物以及蔬菜和果树等,对地形、土壤等条件适应性强。微灌是一种现代化、精细高效的节水灌溉技术,具有节水、节能、适应性强等特点,灌水可同时兼顾施肥。据大量试验研究,与地面灌溉相比,喷灌能够节水30%～50%,且灌溉均匀,质量高;微灌比地面灌省水50%～60%,比喷灌省水15%～20%。赵印英(2004)对北方地区喷微灌试验进行典型调查和资料收集,得到北方地区喷微灌节水综合值,见表5-55和5-56。在河套灌区,小麦整个生长期一般需进行5次灌水,畦灌每次耗水量为45m³/亩,喷灌耗水量为20m³/亩。武汉大学(2005)在河套灌区进行的试验表明,管道输水、喷灌、微灌等节水灌溉工程具有显著的节水效应,合理运用可实现综合节水120m³/亩。

表5-55　　微灌节水效果综合值

作物	节水灌溉方法	材料来源	同等产量节水(%)		备注
			范围	均值	
冬小麦	地面滴灌	山西	50～67	58	滴灌与地面灌相比
玉米		山西		61	
春小麦(膜下)		宁夏	50～67	60	
冬小麦	地下滴灌	山西	28～37	32	地下滴灌与地面灌相比

表5-56　　喷灌节水效果综合值

作物	节水百分比(%)		备注
	范围	均值	
玉米	35～55	51	北方7个地市实验资料统计值
冬小麦	40～60	50	北方5个地市试验资料统计值
蔬菜	38～60	46	北方4个地市12中蔬菜试验资料统计值

田间农艺节水技术：田间农艺节水技术就是为了充分利用灌到作物根系活动层内的水分而采取的各种耕作栽培技术。其核心是减少无效蒸发、防止地面渗漏、改善作物生理生态条件、提高作物产量和水分利用效率。河套灌区田间节水措施主要包括开沟起垄、地膜后茬免耕栽培、宽覆膜和深松深翻、施用保水剂等措施，实践证明上述节水措施可有效节约灌水量（李登云，2012）。

针对不同的田间节水农艺措施，收集整理目前已公开发表的大田试验研究结果及结论，见表5-57所示。秸秆覆盖、覆膜栽培和免耕栽培等农艺技术通过减少土壤水的无效蒸发，控制性分根交替灌溉即隔沟交替灌溉，分根交替灌溉一般可比传统灌溉节水25%～35%。分根交替灌溉作物的生物量累积有所减少，而经济产量和常规灌溉接近或稍高，水分利用效率大大提高（何铁光，2006）。深松则是改良了土壤的入渗条件，提高了土壤的蓄水能力。在大中型灌区集中的华北，宁夏，河套等地，这些农艺措施的节水效果得到了充分的论证。

表5-57　不同田间农艺措施的节水效应

农艺措施	作物	试验区域	节水效果	文献
秸秆覆盖	玉米	河北	生育前期，秸秆覆盖比不覆盖可减少土壤水无效蒸发60%，随着玉米叶面积指数增加，秸秆覆盖节水效应相对减弱，秸秆覆盖比不覆盖可减少40%的土壤水无效蒸发	崔永增，2014
秸秆覆盖	冬小麦	河北	有效减小21%～40%的蒸发量	崔永增，2014
覆膜栽培	玉米	宁夏引黄灌区	灌区内推广的地膜玉米，节水100m³/亩	汤英，2010
控制性分根交替灌溉	玉米	河套灌区	春季地膜种植玉米，实行控制性分根交替 灌溉，节水100m³/亩	白岗栓，2010
免耕			一般可提高土壤含水量30%左右，增产10%～15%	李明亮，2010
深松			经过深松的土地贮水深度一般可达1.0～1.5m，而未深松的土地仅为0.6m左右	李明亮，2011
地膜覆盖	小麦、玉米	黄羊灌区	地膜小麦可减少1～2次灌水，亩节水40～80m³，地膜玉米可节水10m³/亩左右	康绍忠，1996

在河套灌区，也开展了一系列针对农艺措施节水效果的试验研究。结果表明，瓜果蔬菜种植实施开沟起垄栽培技术能够节水50%左右；近年来灌区大力推行的地膜玉米后茬免耕种植向日葵技术，即在头一年覆膜玉米收获后，不进行土地耕翻作业，留板茬地秋浇，第二年

春播时，将向日葵直接种在玉米茬中间，是一项节水、节肥、节约地膜（地膜二次利用）、增产效果明显的节本增效技术。采用该技术后，玉米在生育期内只灌3次水，与常规灌溉相比，减少灌水次数2次，生育期内灌溉定额为175m^3/亩；向日葵在生育期内灌2次水，生育期内灌溉定额为136m^3/亩。免耕可使土壤水含量增加50%，农作物产量增加15%至20%，而且在生育期内减少一次灌水，每亩节约灌水100m^3左右，通过不耕翻不接膜，在整个秋冬春3个季节大约8个月的时间地面都有地膜覆盖，能够显著减少土壤水分蒸发，保水作用非常明显，仅秋浇一水即可减少灌溉30%，节水效果显著；此外，还可以利用膜上灌技术，使灌溉水在膜上流动，不能入渗土壤，只是到作物长出孔处才渗入地下，以达到灌溉节水，可节水25%～35%。

田间节水调控方案制定：据统计，2008—2012年，河套灌区共实施完成中低产田改造项目250万亩，初步完成了500万亩中低产田改造目标的50%，预计到2030年能够完成全部目标任务。

2013年，河套灌区管道输水覆盖灌溉面积57.5万亩，喷灌0.3万亩，微灌5.0万亩。灌区每年开沟起垄覆膜栽培面积在30万亩，占瓜菜种植面积的20%。宽覆膜栽培属于起步阶段，仅在玉米和青椒上应用，年示范推广面积5万亩左右。

河套灌区自2004年大力推广覆膜后茬免耕技术以来，积累了丰富经验，到2013年，推广实施面积已达100万亩，亩均用水200m^3，能减少一水，根据目前的灌溉制度，节水大概70～90m^3/亩，目前主要在玉米、葵花种植区推广，播种面积约560万亩，推广比例17.9%；预计该技术还会进一步推广应用，未来推广比例将达到甚至超过40%。

基于各种节水措施实施现状，结合巴彦淖尔水利发展规划及水资源综合规划目标，设定田间节水调控方案如下：重点实施土地平整与中低产田改造工程、田间喷微灌工程、推广覆膜后茬免耕农艺节水措施等，方案内容见表5-58所示。

表5-58　　田间灌溉节水方案

方案	田间节水措施	方案内容
C1-1	土地平整措施	持续实施田间土地平整、畦田改造等节水措施，500万亩中低产田改造任务完成60%
C1-2		持续实施田间土地平整、畦田改造等节水措施，500万亩中低产田改造任务完成80%
C1-3		持续实施田间土地平整、畦田改造等节水措施，500万亩中低产田改造任务完成100%
C2-1	喷微灌措施	在蔬果类作物产区推广管道输水、喷灌、微灌等节水措施，覆盖其比例50%
C2-2		在蔬果类作物产区推广管道输水、喷灌、微灌等节水措施，覆盖其比例70%
C2-3		在蔬果类作物产区推广管道输水、喷灌、微灌等节水措施，覆盖其比例90%

续表

方案	田间节水措施	方案内容
C3-1	农艺节水措施	采取地膜后茬免耕栽培、宽覆膜等土壤保水技术，显著减少棵间水分蒸发，推广面积达到20%
C3-2		采取地膜后茬免耕栽培、宽覆膜等土壤保水技术，显著减少棵间水分蒸发，推广面积达到30%
C3-3		采取地膜后茬免耕栽培、宽覆膜等土壤保水技术，显著减少棵间水分蒸发，推广面积达到40%

(2)田间节水对灌区水循环的影响

通过对不同田间节水调控方案下河套灌区水循环过程的模拟计算，结果见表5-59所示。与基准方案相比：

取水量变化。土地整理调控措施系列方案下，取水量46.86亿～45.65亿m^3，与基准方案相比减少0.3亿～1.51亿m^3；喷微灌调控措施系列方案下，取水量46.79亿～45.30亿m^3，与基准方案相比减少0.37亿～1.86亿m^3；农艺节水调控措施系列方案下，取水量46.26亿～44.45亿m^3，与基准方案相比减少0.9亿～2.71亿m^3。

引黄耗水量变化。土地整理调控措施系列方案下，耗黄水量45.12亿～44.07亿m^3，与基准方案相比减少0.27亿～1.32亿m^3；喷微灌调控措施系列方案下，耗黄水量45.06亿～43.75亿m^3，与基准方案相比减少0.33亿～1.64亿m^3；农艺节水调控措施系列方案下，耗黄水量44.61亿～42.99亿m^3，与基准方案相比减少0.79亿～2.40亿m^3。

资源耗水量变化。土地整理调控措施系列方案下，资源耗水量66.68亿～65.66亿m^3，与基准方案相比减少1.11亿～2.14亿m^3；喷微灌调控措施系列方案下，资源耗水量66.61亿～65.38亿m^3，与基准方案相比减少1.19亿～2.42亿m^3；农艺节水调控措施系列方案下，资源耗水量66.17亿～64.65亿m^3，与基准方案相比减少1.62亿～3.14亿m^3。

灌区地下水埋深变化。土地整理调控措施系列方案下，灌区地下水埋深变化不大，约为2.07～2.10m，与基准方案相比增幅不足0.05m；喷微灌调控措施和农艺节水调控措施系列方案下，地下水埋深变化也较小，埋深为2.07～2.15m，与基准方案相比增幅不足0.1m；说明在当前地下水条件和田间节水调控强度下，对灌区地下水埋深的影响有限。

湖泊湿地补水量变化。灌区内部湖泊湿地及补给乌梁素海水量减少明显，较基准年分别减少了0.04亿～0.34亿m^3、0.03亿～0.3亿m^3，灌区内部湖泊湿地最大萎缩8%，乌梁素海总体稳定，但水量置换周期显著延长，水环境恶化风险增大。

表 5-59　田间节水调控方案下灌区水循环变化

方案	取水量（亿 m³）	资源耗水量（亿 m³）	耗黄水量（亿 m³）	地下水埋深(m)					湖泊湿地补水量（亿 m³）	
				全年	3月	6月	9月	11月	灌区内	乌梁素海
基准	47.16	67.80	45.39	2.06	2.43	1.73	2.23	1.62	3.80	5.08
C1-1	46.86	66.68	45.12	2.07	2.44	1.75	2.24	1.63	3.76	5.05
C1-2	46.25	66.17	44.60	2.08	2.44	1.78	2.26	1.64	3.67	4.98
C1-3	45.65	65.66	44.07	2.10	2.45	1.82	2.28	1.65	3.60	4.91
C2-1	46.79	66.61	45.06	2.07	2.44	1.75	2.25	1.63	3.75	5.04
C2-2	46.04	65.98	44.41	2.09	2.45	1.80	2.27	1.64	3.65	4.95
C2-3	45.30	65.38	43.75	2.11	2.46	1.84	2.30	1.66	3.56	4.87
C3-1	46.26	66.17	44.61	2.08	2.44	1.78	2.26	1.64	3.68	4.98
C3-2	45.35	65.40	43.80	2.11	2.46	1.84	2.29	1.66	3.56	4.87
C3-3	44.45	64.65	42.99	2.15	2.48	1.90	2.33	1.69	3.45	4.78

5.3.3　调整种植结构的生态影响分析

(1)种植结构优化节水方案

种植结构及灌溉定额现状。2013 年，河套灌区灌溉面积为 847 万亩，其中小麦 62.6 万亩，玉米 199.1 万亩，葵花 399.4 万亩，分别占 7%、23%、47%。小麦种植面积快速萎缩、葵花种植面积剧增、玉米种植面积稳步增加是河套灌区近年来作物种植的显著特征。

由于不同作物耗水及灌溉需求的差异性，种植结构对灌区的用水需求具有重要的影响，见表 5-60、5-61 所示。

表 5-60　内蒙古河套灌区主要作物灌溉制度

主要作物	灌水次序	作物全生育期	灌水时间(日/月)		灌水天数(天)
			起	止	
春小麦	1	分蘖	12/5	14/5	3
	2	拔节	20/5	24/5	5
	3	抽穗	13/6	14/6	2
	4	灌浆	29/6	30/6	2
玉米	1	拔节	28/6	30/6	3
	2	抽穗	16/7	19/7	4
	3	灌浆	28/7	30/7	3

续表

主要作物	灌水次序	作物全生育期	灌水时间(日/月)		灌水天数(天)
			起	止	
油料(油葵)	1	苗期			
	2	现蕾	20/7	30/7	11
葵花(美葵)	1	苗期			
	2	现蕾	20/7	30/7	11
	3	开花			

表 5-61　　内蒙古河套灌区灌溉定额调查表　　单位:m^3/亩

主要作物		乌兰布和	解放闸	永济	义长	乌拉特
春小麦		263	290	190～220	220	265
玉米		221	240	200		193
油料(油葵)		226	120	200	200	65
葵花(美葵)		230	175			65
甜菜		240		205	185	
瓜菜类	番茄	124				105
	辣椒	120				
	籽瓜					

种植结构节水方案制定。在河套灌区的主要作物小麦、玉米和葵花中,葵花的生长期短,耗水量相对较小,且经济效益高,预计未来仍将保持增加态势。尤其是近两年来引进并大范围推广的葵花新品种能够将播种期推迟至6月份,对灌溉制度产生明显的影响。相比之下,小麦耗水量大、生长期较长,播种期较早,需要春灌保障用水需求,且经济效益一般,可能将继续萎缩,甚至弃种。因此,在不出现特殊情况下,河套灌区种植结构进一步调整的空间有限,据此设定种植结构调整的节水方案,见表5-62所示。

表 5-62　　结构优化节水方案

方案	具体内容
A1	调整种植结构:小麦5%,玉米20%,葵花60%,其他15%

(2)种植结构优化对灌区水循环的影响

通过对种植结构调整方案下河套灌区水循环过程的模拟计算,结果见表5-63所示。与基准方案相比:①资源耗水量。在取水量不变条件下,灌区资源耗水量减少0.95亿m^3。②引黄耗水量。耗黄水量减少0.41亿m^3。③地下水埋深。全年平均埋深增加0.05m,其中3月、6月、9月、11月分别增加0.06m、0.01m、0.08m、0.07m，见图5-28所示。④湖泊湿地补水量。灌区内部湖泊湿地及补给乌梁素海水量有所增加，较基准年分别增加了0.32亿m^3、0.41亿m^3，面积总体保持稳定。

表5-63　种植结构调整方案下灌区水循环变化

方案	取水量（亿m^3）	资源耗水量（亿m^3）	耗黄水量（亿m^3）	地下水埋深(m)					湖泊湿地补水量（亿m^3）	
				全年	3月	6月	9月	11月	灌区内	乌梁素海
基准	47.16	67.80	45.39	2.06	2.43	1.73	2.23	1.62	3.80	5.08
A1	47.16	66.85	44.98	2.11	2.49	1.74	2.31	1.68	4.12	5.49

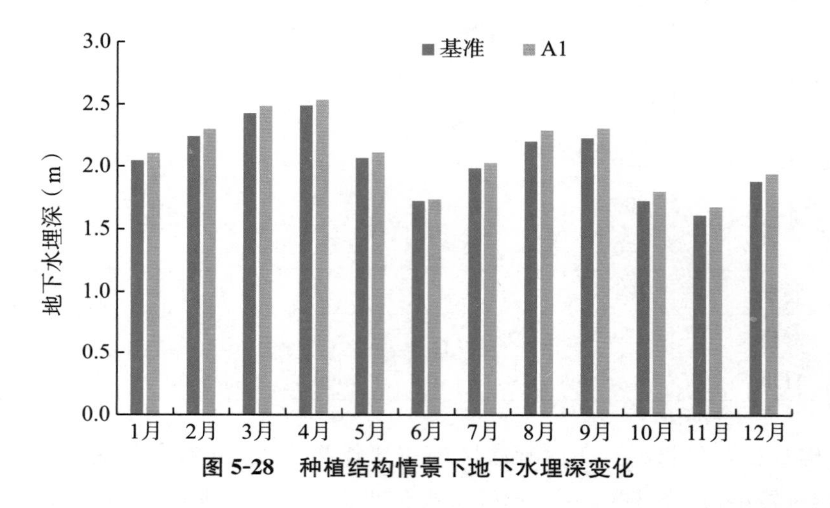

图5-28　种植结构情景下地下水埋深变化

5.3.4　灌溉制度优化的生态影响分析

(1)优化灌溉制度节水方案

作物灌溉制度与作物的需水量和产量密切相关。通过掌握作物在不同生长阶段缺水减产情况，在保障作物产量平稳或略微下降前提下，对作物实行限额灌溉，确定作物的最优的灌水次数、灌水日期、灌水定额，实现灌溉水量在其生育阶段的最优分配。通过对灌溉制度的优化调控，在满足补充根系层土壤水分以满足作物的需水要求的同时，寻求最少的灌溉用水方案，从而有效提高水分利用效率及作物产量，实现农田灌溉的节水目标。

河套灌区主要作物灌溉制度。河套地区5个灌域由于地理位置，耕地面积和种植结构等差异，灌溉制度并不完全一样。对各个灌域的灌溉制度搜集整理见表5-64。从表中可以看出，解放闸灌域春小麦和玉米的灌溉水量是最大的，说明对这一区域的传统作物的灌溉制度还有优化的空间；而油葵和葵花等相对较新引进的作物的灌溉水量与灌溉制度在各个灌域中具有一定的代表性。因而选择解放闸灌域作为河套灌区的典型灌域进行下一阶段的分析。

表 5-64　　各灌域灌溉制度调查表

<table>
<tr><th>作物种类</th><th>灌水次数</th><th colspan="2">乌兰布和灌域（m³/亩）</th><th colspan="2">解放闸灌域（m³/亩）</th><th colspan="2">永济灌域（m³/亩）</th><th colspan="2">义长灌域（m³/亩）</th><th colspan="2">乌拉特灌域（m³/亩）</th></tr>
<tr><td rowspan="4">春小麦</td><td>1</td><td>71</td><td rowspan="4">263</td><td>90</td><td rowspan="4">290</td><td>50～60</td><td rowspan="4">0</td><td>70</td><td rowspan="4">220</td><td>75</td><td rowspan="4">265</td></tr>
<tr><td>2</td><td>58</td><td>70</td><td>45～50</td><td>50</td><td>67</td></tr>
<tr><td>3</td><td>72</td><td>70</td><td>50～60</td><td>50</td><td>59</td></tr>
<tr><td>4</td><td>62</td><td>60</td><td>45～50</td><td>50</td><td>64</td></tr>
<tr><td rowspan="4">玉米</td><td>1</td><td>81</td><td rowspan="4">221</td><td>70</td><td rowspan="4">240</td><td>65</td><td rowspan="4">200</td><td></td><td rowspan="4">0</td><td>74</td><td rowspan="4">193</td></tr>
<tr><td>2</td><td>70</td><td>60</td><td>45</td><td></td><td>63</td></tr>
<tr><td>3</td><td>70</td><td>60</td><td>55</td><td></td><td>56</td></tr>
<tr><td>4</td><td></td><td>50</td><td>35</td><td></td><td></td></tr>
<tr><td rowspan="4">油料（油葵）</td><td>1</td><td>80</td><td rowspan="4">226</td><td></td><td rowspan="4">120</td><td></td><td rowspan="4">0</td><td>65</td><td rowspan="4">200</td><td></td><td rowspan="4">65</td></tr>
<tr><td>2</td><td>71</td><td>60</td><td></td><td>45</td><td></td></tr>
<tr><td>3</td><td>75</td><td>60</td><td></td><td>45</td><td>65</td></tr>
<tr><td>4</td><td></td><td></td><td></td><td>45</td><td></td></tr>
<tr><td rowspan="4">葵花</td><td>1</td><td></td><td rowspan="4">230</td><td></td><td rowspan="4">175</td><td>65</td><td rowspan="4">200</td><td></td><td rowspan="4">0</td><td></td><td rowspan="4">65</td></tr>
<tr><td>2</td><td>80</td><td>65</td><td>55</td><td></td><td>65</td></tr>
<tr><td>3</td><td>73</td><td>60</td><td>45</td><td></td><td></td></tr>
<tr><td>4</td><td>77</td><td>50</td><td>35</td><td></td><td></td></tr>
<tr><td rowspan="4">甜菜</td><td>1</td><td>80</td><td rowspan="4">240</td><td></td><td rowspan="4">0</td><td>45</td><td rowspan="4">205</td><td>50</td><td rowspan="4">185</td><td></td><td rowspan="4">0</td></tr>
<tr><td>2</td><td>75</td><td></td><td>55</td><td>45</td><td></td></tr>
<tr><td>3</td><td>85</td><td></td><td>55</td><td>45</td><td></td></tr>
<tr><td>4</td><td></td><td></td><td>50</td><td>45</td><td></td></tr>
<tr><td rowspan="2">番茄</td><td>1</td><td>65</td><td rowspan="4">244</td><td></td><td rowspan="4">0</td><td></td><td rowspan="4">0</td><td></td><td rowspan="4">0</td><td></td><td rowspan="4">60</td></tr>
<tr><td>2</td><td>59</td><td></td><td></td><td></td><td>60</td></tr>
<tr><td rowspan="2">辣椒</td><td>1</td><td>62</td><td></td><td></td><td></td><td></td></tr>
<tr><td>2</td><td>58</td><td></td><td></td><td></td><td></td></tr>
</table>

注：表中每个灌域第一子列为灌水定额（m³/亩），第二子列为灌溉定额（m³/亩）。乌兰布和灌域的资料由沙区试验站提供，解放闸灌域的资料由沙壕试验站提供，永济灌域的资料由曙光试验站提供，义长灌域的资料由义长试验站提供，乌拉特灌域的资料由长胜试验站提供。

在对河套灌区的适宜灌溉制度进行文献调研时可以发现，优化灌溉制度主要是在试验基础上通过研究不同灌水处理下作物产量形成、耗水组成及水分利用效率的特点，得出不同作物适宜的灌溉制度。有些试验针对特定的作物，如张永平（2013）依据2006—2007年在内蒙古河套平原浅层地下水灌区的试验数据提出春浇2水是实现春小麦节水与高产相统一的最佳灌溉模式，即在小麦分蘖至拔节期、抽穗至开花期灌2次水，每次灌水50～70m³/亩，较常规充分灌溉（灌4水处理）提高30%以上；有些试验针对某种作物种植模式进行研究，如朱敏（2010）对在灌区广泛实行的套种结构研究得出小麦套葵花、小麦套玉米推荐的生育期灌水量分别为167m³/亩、300m³/亩为宜。还有一部分研究提出了完整的灌溉制度（见表5-65）。

表 5-65　河套灌区灌溉制度文献调研

作物	灌水次数	阶段灌水量(mm)					灌溉定额(m^3/亩)	节水效果	
		苗期—分蘖期	分蘖期—拔节期	拔节—开花期	开花—灌浆期	灌浆—成熟期			
小麦	2	0	67.5	75	0	0	142.5	可根据每年降水的不同灵活调整引水量和灌溉次数，具有良好的节水效果。	田德龙《河套灌区井渠双灌条件下主要作物灌溉制度优化》2015
	3	0	67.5	75	0	67.5	210		
	4	0	67.5	75(井灌)	75	67.5	285		
作物	灌水次数	播前	播种—现蕾期	现蕾—开花期	开花—灌浆期	灌浆—成熟期	灌溉定额(m^3/亩)		
向日葵	2	75	0	67.5	0	0	142.5		
	3	75	0	67.5	0	52.5	195		
	4	75	0	67.5(井灌)	67.5	52.5	262.5		
耕作模式	灌水次数	阶段灌水量(m^3/亩)					灌溉定额(m^3 亩)	节水效果	内蒙古自治区水利科学研究院《北方渠灌区节水改造技术集成与示范》2010
		苗期 4.30	拔节 5.15	抽穗 6.4	成熟 6.29	8.7			
小麦套玉米	5	60	60	60	60	60	300	小麦套葵花、小麦套玉米较传统灌溉相比可节约用水分别在 80～100m^3/亩 和 100～150m^3/亩。	
耕作模式	灌水次数	苗期 5.16	拔节 5.28	抽穗 6.12					
小麦套葵花	3	60	60	60			180		

优化灌溉制度方案制定。根据以上的文献资料和实地考察，以及清华的专题研究，制定灌溉制度节水方案如下(表5-66所示)。

表5-66 灌溉制度节水调控方案

方案	田间节水措施	方案内容
D11	优化灌溉制度	优化灌水管理，小麦灌水定额减少30m^3/亩，玉米减少20m^3/亩，葵花不变。
D12		优化灌水管理，小麦灌水定额减少40m^3/亩，玉米减少40m^3/亩，葵花减少20m^3/亩。

(2)灌溉制度优化对灌区水循环的影响

通过对不同灌溉制度方案下河套灌区水循环过程的模拟计算，结果见表5-67所示。与基准方案相比：

取水量变化：取水量45.75亿～44.34亿m^3，与基准方案相比减少1.41亿～2.82亿m^3。

引黄耗水量变化：采取优化灌溉制度方案下，耗黄水量44.15亿～42.89亿m^3，与基准方案相比减少1.25亿～2.50亿m^3。

资源耗水量变化：采取优化灌溉制度方案下，资源耗水量65.75～64.59亿m^3，与基准方案相比减少2.05亿～3.21亿m^3。

灌区地下水埋深变化：采取优化灌溉制度方案下，灌区地下水埋深变化不大，为2.10～2.15m，与基准方案相比增幅不足0.1m，说明在当前地下水条件和灌溉调控强度下，对灌区地下水埋深的影响有限。

湖泊湿地补水量变化：灌区内部湖泊湿地及补给乌梁素海水量减少明显，较基准年分别减少了0.18亿～0.36亿m^3、0.16亿～0.31亿m^3，灌区内部湖泊湿地最大萎缩8%，乌梁素海总体稳定，但水量置换周期显著延长，水环境恶化风险增大。

表5-67 田间节水调控方案下灌区水循环变化

方案	取水量(亿m^3)	资源耗水量(亿m^3)	耗黄水量(亿m^3)	地下水埋深(m)					湖泊湿地补水量(亿m^3)	
				全年	3月	6月	9月	11月	灌区内	乌梁素海
基准	47.16	67.80	45.39	2.06	2.43	1.73	2.23	1.62	3.80	5.08
D11	45.75	65.75	44.15	2.10	2.45	1.81	2.28	1.65	3.61	4.92
D12	44.34	64.59	42.89	2.15	2.48	1.91	2.33	1.69	3.44	4.77

5.4 本章小结

本章通过对 AquaCrop 模型参数的率定与应用，分析河套灌区典型灌域灌溉制度优化的途径，分析了各种因素对灌溉制度的影响，确定了节水调控目标下的灌溉制度优化。进而在灌溉制度优化的基础上，进一步考虑地下水位的影响、秋浇制度优化等措施，拟定 5 个节水情景，分析评估了渠系节水、田间节水、种植结构调整、灌溉制度优化等不同节水情景下河对套灌区及其周边生态环境的影响，为科学确定上中游地区节水措施，评估节水潜力奠定了基础。

第6章　黄河上中游灌区农业节水潜力及效益分析

6.1　满足作物正常需水的现状年灌溉定额分析

6.1.1　现状年农田灌溉面积种植结构

按照《国家粮食安全中长期规划(2008—2020年)》《全国新增1000亿斤粮食生产能力规划(2009—2020年)》,我国的粮食生产分三大功能区,即粮食主产区、粮食平衡区、粮食主销区。粮食作物主要包括稻谷、小麦、玉米、豆类和薯类。粮食主产区生产的粮食不仅要满足本省区粮食需求,还要满足跨省区流通解决主销区粮食不足问题的要求;粮食平衡区生产的粮食以满足本省区粮食需求为主要目标;粮食主销区生产的粮食和通过跨省区流通调入的粮食相互配合满足本省区需求。我国粮食生产总体布局见表6-1。黄河上中游地区的青海、甘肃、宁夏、陕西、山西等5省区属于国家粮食平衡区,内蒙古属于国家粮食主产区。

表6-1　我国现状粮食生产总体布局

属性	主产区	平衡区	主销区
包括省(区)	黑龙江、辽宁、吉林、内蒙古、河北、江苏、安徽、江西、山东、河南、湖北、湖南、四川	山西、广西、重庆、贵州、云南、西藏、陕西、甘肃、青海、宁夏、新疆	北京、天津、上海、浙江、福建、广东、海南
省(区)个数	13	11	7

属于国家粮食平衡区的青海、甘肃、宁夏、山西、陕西等5省区流域内现状总人口为8257万人,累计生产粮食263亿kg,人均319kg,低于全国人均水平(447kg/人)。属于国家粮食主产区内蒙古流域内总人口为891万,累计生产粮食542亿kg,人均608kg,高于全国人均水平。现状年黄河上中游地区粮食总产量的61.7%是灌溉面积生产的,其中内蒙古、宁夏和陕西3省区灌溉面积上粮食产量占总产量比例达到85.2%、83.3%和74.2%,山西、甘肃和青海较低,灌溉面积上产量占总产量比例分别为42.8%、27.3%和25.5%。详见表6-2。

表 6-2　　现状年黄河上中游地区灌溉面积上粮食产量统计情况表

省区	粮食产量(亿 kg)		灌溉面积上产量占总产量比例(%)
	总产量	其中:灌溉面积上产量	
青海	8.55	2.18	25.5
四川	0.06	0.00	1.6
甘肃	46.62	12.71	27.3
宁夏	35.65	29.69	83.3
内蒙古	54.19	46.19	85.2
陕西	100.28	74.41	74.2
山西	72.13	30.85	42.8
上中游地区	317.48	196.03	61.7

6.1.1.1　青甘地区

(1)青海省

青海省平均海拔 3000m 以上,属典型的大陆性气候,主要气候特征是:日照时间长,辐射量大,冬季漫长寒冷,夏季短暂凉爽,全年平均气温−5.6～8.5℃。青海无霜期短,河湟地区为 30～40 天。特殊的自然环境和气候条件,决定了青海省农作物单产提高、粮食增产的空间十分有限;其次,随着工业化、城镇化快速发展,川水地宜种良田逐年减少,伴随市场需求发展变化,导致农业种植结构向经济作物倾斜,缺粮比重逐年加大,青海省近几年粮食产量大致保持在 9 亿～10 亿 kg 水平,粮食消费量 20.5 亿 kg,供需缺口 10.4 亿 kg;再次,受人口自然增长,全社会需求总量增加等因素影响,粮食产需缺口将进一步扩大。

青海省黄河流域主要种植粮食作物有春小麦、青稞、洋芋、豆类等,主要经济作物有瓜菜、油料等,粮食人均占有量 174kg,低于全国人均水平。据统计,龙羊峡以上粮食作物播种面积占农作物播种面积的 48%,经济作物播种面积占农作物播种面积的 52%;龙羊峡至兰州区间,湟水流域及干流区间粮食作物播种面积较大,播种面积比例达到 73%和 86%。全区复种指数为 100%。详见表 6-3。

表 6-3　　青海省不同三级区作物种植结构

水资源利用分区		粮食作物(%)				经济作物(%)			复种指数(%)
二级区	三级区	春小麦(青稞)	洋芋	豆类	小计	瓜菜	油料	小计	
龙羊峡以上	河源至玛曲	45.0		3.0	48.0	2.0	50.0	52.0	100
	玛曲至龙羊峡	45.0		3.0	48.0	2.0	50.0	52.0	100

续表

水资源利用分区		粮食作物				经济作物			复种指数
二级区	三级区	春小麦（青稞）	洋芋	豆类	小计	瓜菜	油料	小计	
龙羊峡至兰州	大通河享堂以上	45.0		10.0	55.0		45.0	45.0	100
	湟水	50.0	12.0	11.0	73.0	16.0	11.0	27.0	100
	大夏河、洮河	38.7	3.0	10.0	51.7	3.3	45.0	48.3	100
	干流区间	77.0		9.0	86.0	2.0	12.0	14.0	100

（2）甘肃省

现状年甘肃省黄河流域人均粮食占有量为259kg，低于全国人均水平，受自然和耕地面积、质量的限制，且随着人口数量增加，工业化、城镇化的快速推进，耕地、水资源的约束越来越明显。与此同时，保持农产品总量与结构基本平衡压力进一步加大。

甘肃省主要种植粮食作物有冬（春）小麦、春玉米、洋芋、豆类等，主要经济作物有瓜菜、油料、药材、花卉等。据统计，龙羊峡以上粮食作物播种面积占农作物播种面积的48%，经济作物播种面积占农作物播种面积的52%，复种指数为100%；龙羊峡至兰州区间，湟水流域及干流区间粮食作物播种面积较大，粮食播种面积占总播种的比例达到73%和86%，复种指数为100%；兰州至河口镇区间，粮食作物播种面积比例达到92%～98%，其中，兰州至下河沿和清水河蓄水河三级区复种指数分别为110%和100%。龙门至三门峡区间粮食作物播种面积比例79.9%～85.9%，复种指数为110%。详见表6-4。

表6-4　甘肃省不同三级区作物种植结构

水资源利用分区		粮食作物（%）								经济作物（%）				其他（%）	复种指数（%）
二级区	三级区	冬小麦	大麦	春小麦	春玉米	洋芋	豆类	晚秋	小计	瓜菜	油料	药材（花卉）	小计		
龙羊峡以上	河源至玛曲			45.0			3.0		48.0	2.0	50.0		52.0		100
	玛曲至龙羊峡			45.0			3.0		48.0	2.0	50.0		52.0		100
龙羊峡至兰州	大通河享堂以上			45.0			10.0		55.0		45.0		45.0		100
	湟水			50.0		12.0	11.0		73.0	16.0	11.0		27.0		100
	大夏河、洮河	33.9		4.8	22.4	3.0	3.0		67.1	23.9	3.0	6.0	32.9		100
	干流区间			77.0			9.0		86.0	2.0	12.0		14.0		100

续表

水资源利用分区		粮食作物(%)								经济作物(%)				其他(%)	复种指数(%)
二级区	三级区	冬小麦	大麦	春小麦	春玉米	洋芋	豆类	晚秋	小计	瓜菜	油料	药材(花卉)	小计		
兰州至河口镇	兰州至下河沿		10.0	37.0	32.0	4.0		10.0	92.0	3.6	11.8	1.6	17.0		110
	清水河、苦水河			19.0	79.0				98.0		2.0		2.0		100
龙门至三门峡	北洛河状头以上	45.8			19.3	6.0	4.8	10.0	85.9	13.3	8.4	1.2	22.9	1.2	110
	泾河张家山以上	45.8			19.3	6.0	4.8	10.0	85.9	13.3	8.4	1.2	22.9	1.2	110
	渭河宝鸡峡以上	45.8			19.3		4.8	10.0	79.9	19.3	8.4	1.2	28.9	1.2	110

6.1.1.2 宁蒙地区

(1)宁夏

宁夏农业经济结构以种植业为主,牧业次之,林业、渔业的生产水平较低。人均粮食产量563kg,高于全国人均水平。宁夏主要种植粮食作物有水稻、春(冬)小麦、春玉米、马铃薯、豆类、晚秋等,主要经济作物有瓜菜、油料、药材等。据统计,兰州至河口镇区间不同三级区粮食作物播种面积占农作物播种面积比例88%～92%,经济作物播种面积占农作物播种面积比例8%～12%,复种指数为100%;龙门至三门峡区间粮食作物播种面积比例85.9%,经济作物播种比例22.9%,复种指数为100%;内流区粮食作物播种面积比例98%,经济作物播种比例2%,复种指数为100%。详见表6-5。

表6-5　宁夏不同三级区作物种植结构

水资源利用分区		粮食作物(%)								经济作物(%)				其他(%)	复种指数(%)
二级区	三级区	冬小麦	春小麦	春玉米	马铃薯	豆类	晚秋	水稻	小计	瓜菜	油料	药材	小计		
兰州至河口镇	兰州至下河沿		38.0	36.8	4.0		9.0		87.8	3.6	7.0	1.6	12.2		100
	清水河、苦水河		19.0	79.0					98.0		2.0		2.0		100
	下河沿至石嘴山		25.8	40.5	0.5			25.1	91.9	1.8	2.1	4.2	8.1		100

续表

水资源利用分区		粮食作物(%)								经济作物(%)				其他(%)	复种指数(%)
二级区	三级区	冬小麦	春小麦	春玉米	马铃薯	豆类	晚秋	水稻	小计	瓜菜	油料	药材	小计		
龙门至三门峡	泾河张家山以上	45.8		19.3	6.0	4.8	10.0		85.9	13.3	8.4	1.2	22.9	1.2	110
	渭河宝鸡峡以上	45.8		19.3	6.0	4.8	10.0		85.9	13.3	8.4	1.2	22.9	1.2	110
内流区	内流区		19.0	79.0					98.0		2.0		2.0		100

(2)内蒙古

内蒙古是全国13个粮食主产省区和6个商品粮调出省区之一,黄河流域人均粮食产量608kg,高于全国人均水平。内蒙古主要种植粮食作物有春小麦、春玉米、马铃薯、晚秋等,主要经济作物有瓜菜、油料(葵花)、药材等。据统计,兰州至河口镇区间不同三级区粮食作物播种面积占农作物播种面积比例57%~92%,经济作物播种面积占农作物播种面积比例8%~40%,其他作物播种比例9%~14%,复种指数为100%;河口镇至龙门区间粮食作物播种面积比例73%,经济作物播种比例13.3%,其他作物播种比例13.7%,复种指数为100%;内流区粮食作物播种面积比例92%,经济作物播种比例8%,复种指数为100%。详见表6-6。

表6-6　内蒙古不同三级区作物种植结构

水资源利用分区		粮食作物(%)							经济作物(%)				其他(%)	复种指数(%)
二级区	三级区	春小麦	套种	夏杂	春玉米	马铃薯	晚秋	小计	瓜菜	油料(葵花)	药材	小计		
兰州至河口镇	下河沿至石嘴山	25.8		25.1	40.5	0.5		91.9	1.8	2.1	4.2	8.1		100
	石嘴山至河口镇北岸	19.9	6.4	1.5	26.8		2.5	57.1	8.7	31.1		39.8	9.4	100
	石嘴山至河口镇南岸	26.5		20.7	25.8			73.0		13.3		13.3	13.7	100
河口镇至龙门	河口镇至龙门左岸	26.5		20.7	25.8			73.0		13.3		13.3	13.7	100
	吴堡以上右岸	26.5		20.7	25.8			73.0		13.3		13.3	13.7	100
	吴堡以下右岸	26.5		20.7	25.8			73.0		13.3		13.3	13.7	100
内流区	内流区	25.8		25.1	40.5	0.5		91.9	1.8	2.1	4.2	8.1		100

6.1.1.3 汾渭地区

(1)陕西省

陕西省是我国重要的粮棉油产区之一,有较好的农业发展条件。“八百里秦川”是全国著名的小麦、棉花产区之一,并盛产花生、苹果、烟叶等;陕北是农牧结合区,主产谷子、高粱、土豆、红枣等,饲养羊的数量占全省的64%以上。主要种植作物为:粮食作物以小麦、玉米为主;经济作物以油菜、棉花为主。据统计,河口镇至龙门区间粮食作物播种比例53%,经济作物播种比例34%,其他作物13.7%,复种指数101%;龙门至三门峡区间粮食作物播种比例84%~145%,经济作物播种比例10%~67%,其他作物1.2%~10%,复种指数110%~161%;三门峡至花园口区间粮食作物播种比例135%,经济作物播种比例30%,复种指数165%;内流区粮食作物播种比例53.3%,经济作物播种比例34%,其他作物13.7%,复种指数101%。现状年陕西省黄河流域人均粮食产量340kg,低于全国人均水平。改革开放以来,全省农业经济增长较快,种植业在结构调整中稳步发展,粮食生产效益明显提高。详见表6-7。

表6-7 陕西省不同三级区作物种植结构

水资源利用分区		粮食作物(%)							经济作物(%)						其他(%)	复种指数(%)
二级区	三级区	冬小麦	春小麦	春玉米	马铃薯	豆类	晚秋	小计	棉花	瓜菜	油料	葵花	药材	小计		
河口镇至龙门	吴堡以上右岸		27.5	25.8				53.3	20.7			13.3		34.0	13.7	101
	吴堡以下右岸		27.5	25.8				53.3	20.7			13.3		34.0	13.7	101
龙门至三门峡	北洛河状头以上	45.8		19.3	6.0	4.8	10.0	85.9		13.3	8.4		1.2	22.9	1.2	110
	泾河张家山以上	45.8		19.3	6.0	4.8	10.0	85.9		13.3	8.4		1.2	22.9	1.2	110
	渭河宝鸡峡以上	45.8		19.3	6.0	4.8	10.0	85.9		13.3	8.4		1.2	22.9	1.2	110
	渭河宝鸡峡至咸阳	75.0		65.0			5.0	145.0	5.0		5.0			10.0	6.0	161
	渭河咸阳至潼关	22.0		17.0			45.0	84.0	44.0		23.0			67.0	10.0	161
	龙门至三门峡干流区间	66.0		50.0			11.0	127.0	28.0					28.0		155

续表

水资源利用分区		粮食作物(%)							经济作物(%)						其他(%)	复种指数(%)
二级区	三级区	冬小麦	春小麦	春玉米	马铃薯	豆类	晚秋	小计	棉花	瓜菜	油料	葵花	药材	小计		
三门峡至花园口	伊洛河	60.0		45.0			30.0	135.0	30.0					30.0		165
内流区	内流区		27.5	25.8				53.3	20.7			13.3		34.0	13.7	101

(2)山西省

山西是我国农耕文化的发祥地和黄河中游古老的农业区之一。国土面积中,80%是丘陵和山地;耕地面积中,76%是旱地;旱地面积中,70%是中低产田。现状年山西省黄河流域人均粮食产量304kg,低于全国人均水平。种植的粮食作物主要有小麦、玉米、马铃薯、豆类、晚秋等,经济作物中棉花是重要的作物。油料作物的种类很多,主要有胡麻、向日葵、油菜、花生、芝麻等,种植制度以一年二熟或二年三熟为主。河口镇至龙门区间粮食作物播种比例97%,经济作物播种比例23%,复种指数120%;龙门至三门峡区间粮食作物播种比例124.5%~130%,经济作物播种比例25.4%~30%,复种指数150%~160%;三门峡至花园口区间粮食作物播种比例135%,经济作物播种比例30%,复种指数165%。详见表6-8。

表6-8 山西省不同三级区作物种植结构

水资源利用分区		粮食作物(%)						经济作物(%)				复种指数(%)
二级区	三级区	冬小麦	春玉米	马铃薯	豆类	晚秋	小计	大秋(棉花)	瓜菜	油料	小计	
河口镇至龙门	河口镇至龙门左岸	7.0	46.0	11.0	13.0	20.0	97.0	10.0	5.0	8.0	23.0	120
龙门至三门峡	汾河	25.0	45.0	7.0	6.0	41.6	124.6	8.0	15.0	2.4	25.4	150
	龙门至三门峡干流区间	60.0	45.0			25.0	130.0	30.0			30.0	160
三门峡至花园口	三门峡至小浪底区间	60.0	45.0			30.0	135.0	30.0			30.0	165
	沁丹河	60.0	45.0			30.0	135.0	30.0			30.0	165

6.1.2 分区主要作物净定额

作物的净灌溉定额是在作物需水量计算的基础上,考虑降水进行土壤水分平衡递推计算,再与各省区颁布的农业用水定额及大型灌区续建配套采用作物净灌溉定额相互对比,选定适宜的作物净灌溉定额。

6.1.2.1 青甘地区

(1)青海省

根据青海省水利厅颁布的《青海省用水定额》以及湟水流域灌区续建配套节水改造成果，拟定50%降雨条件下青海省主要作物净定额见表6-9。龙羊峡以上区间春小麦灌溉净定额150m³/亩，洋芋150m³/亩，瓜菜400m³/亩，豆类150m³/亩，油料60～150m³/亩，根据该区作物种植结构，综合农田灌溉净定额155m³/亩，林牧灌溉净定额120～160m³/亩；龙羊峡至兰州区间春小麦灌溉净定额200～250m³/亩，春玉米150～200m³/亩，洋芋100～150m³/亩，瓜菜360～400m³/亩，豆类100～150m³/亩，油料100～150m³/亩，根据不同三级区作物种植结构，农田综合灌溉净定额173～232m³/亩，林牧灌溉净定额160m³/亩。

表6-9　青海省不同三级区现状年主要作物净定额　单位：m³/亩

水资源利用分区		农田灌溉							林牧
二级区	三级区	春小麦	春玉米	洋芋	瓜菜	豆类	油料	综合	
龙羊峡以上	河源至玛曲	150		150	400	150	150	155	120
	玛曲至龙羊峡	150		150	400	150	150	155	160
龙羊峡至兰州	大通河享堂以上	200		150	400	150	150	173	160
	湟水	200		150	400	150	150	215	160
	大夏河、洮河	200	200	100	360	100	100	232	160
	干流区间	250	150	150	400	150	150	232	160
黄河流域								210	160

(2)甘肃省

根据《甘肃省行业用水定额》成果以及景电灌区等续建配套节水改造成果，拟定50%降雨甘肃省主要作物净定额见表6-10。龙羊峡以上区间春小麦灌溉净定额150m³/亩，洋芋150m³/亩，瓜菜400m³/亩，豆类150m³/亩，油料150m³/亩，根据该区作物种植结构，综合农田灌溉净定额155m³/亩，林牧灌溉净定额120～160m³/亩。

表6-10　甘肃省不同三级区现状年主要作物净定额　单位：m³/亩

水资源利用分区		农田灌溉												林牧
二级区	三级区	冬小麦	大麦	春小麦	春玉米	洋芋	瓜菜	豆类	油料	晚秋	花卉	药材	综合	
龙羊峡以上	河源至玛曲			150		150	400	150	150				155	120
	玛曲至龙羊峡			150		150	400	150	150				155	160

续表

水资源利用分区		农田灌溉												林牧
二级区	三级区	冬小麦	大麦	春小麦	春玉米	洋芋	瓜菜	豆类	油料	晚秋	花卉	药材	综合	
龙羊峡至兰州	大通河享堂以上			200		150	400	150	150				173	160
	湟水			200		150	400	150	150				215	160
	大夏河、洮河	200		200	200	100	360	100	100		280	200	232	160
	龙羊峡至兰州干流区间	250		250	150	150	360	150	150				231	160
兰州至河口镇	兰州至下河沿		250	250	150	230	360			150		240	236	200
	清水河、苦水河			290	280		260		220				281	195
龙门至三门峡	北洛河状头以上	200			120	100	340	100	100	100		210	193	130
	泾河张家山以上	220			100	120	340	130	130	100		120	202	200
	渭河宝鸡峡以上	180			180	120	320	120	120	100		150	208	180
全区													224	179

龙羊峡至兰州区间冬小麦灌溉净定额 200～250m^3/亩，春小麦灌溉净定额 200～250m^3/亩，春玉米 150～200m^3/亩，洋芋 100～150m^3/亩，瓜菜 360～400m^3/亩，豆类 100～150m^3/亩，油料 100～150m^3/亩，花卉 280m^3/亩，药材 200m^3/亩，根据不同三级区作物种植结构，综合农田灌溉净定额 173～232m^3/亩，林牧灌溉净定额 160m^3/亩。

兰州至河口镇区间大麦灌溉净定额 250m^3/亩，春小麦灌溉净定额 250～290m^3/亩，春玉米 150～280m^3/亩，洋芋 230m^3/亩，瓜菜 260～360m^3/亩，油料 220m^3/亩，晚秋 150m^3/亩，药材 240m^3/亩，根据不同三级区作物种植结构，综合农田灌溉净定额 236～281m^3/亩，林牧灌溉净定额 195～200m^3/亩。

龙门至三门峡区间冬小麦灌溉净定额 180～220m^3/亩，春玉米 100～180m^3/亩，洋芋 100～120m^3/亩，瓜菜 320～340m^3/亩，油料 100～130m^3/亩，晚秋 100m^3/亩，药材 120～210m^3/亩，根据不同三级区作物种植结构，综合农田灌溉净定额 193～208m^3/亩，林牧灌溉净定额 130～200m^3/亩。

6.1.2.2 宁蒙地区

(1)宁夏

根据自治区人民政府颁布的《宁夏农业灌溉用水定额》以及青铜峡等灌区续建配套及节

水改造成果，拟定 50%降雨频率下宁夏主要作物净定额见表 6-11。计算采用的是水源充沛条件下的节水灌溉制度，水稻采用“浅湿晒灌”田间节水型灌溉技术。兰州至河口镇区间春小麦灌溉净定额 250～290m³/亩，春玉米 150～280m³/亩，胡麻 290m³/亩，马铃薯 180～230m³/亩，瓜菜 260～360m³/亩，油料 220～240m³/亩，晚秋 150m³/亩，水稻 830m³/亩，药材 200～240m³/亩，根据不同三级区作物种植结构，综合农田灌溉净定额 211～395m³/亩，林牧灌溉净定额 195～200m³/亩。

表 6-11　宁夏不同三级区现状年主要作物净定额　单位：m³/亩

水资源利用分区		农田灌溉													林牧
二级区	三级区	冬小麦	春小麦	春玉米	胡麻	马铃薯	瓜菜	豆类	油料	晚秋	水稻	药材	其他	综合	
兰州至河口镇	兰州至下河沿		250	150	290	230	360			150		240		211	200
	清水河、苦水河		290	280			260		220					281	195
	下河沿至石嘴山		250	250		180	360		240		830	200		395	200
龙门至三门峡	泾河张家山以上	220		100		120	340	130	130	100		120	100	202	200
	渭河宝鸡峡以上	200		180		120	340	120	120	100		150	210	209	200
内流区	内流区		290	280			260		220					281	195
全区														382	200

龙门至三门峡区间冬小麦灌溉净定额 200～220m³/亩，春玉米 100～180m³/亩，马铃薯 120m³/亩，瓜菜 340m³/亩，豆类 120～130m³/亩，油料 120～130m³/亩，晚秋 100m³/亩，药材 120～150m³/亩，其他 100～210m³/亩，根据不同三级区作物种植结构，农田综合灌溉净定额 202～209m³/亩，林牧灌溉净定额 200m³/亩。

内流区春小麦灌溉净定额 290m³/亩，春玉米 280m³/亩，瓜菜 260m³/亩，豆类 130m³/亩，油料 220m³/亩，综合农田灌溉净定额 281m³/亩，林牧灌溉净定额 195m³/亩。

(2)内蒙古

根据内蒙古自治区地方标准《内蒙古农业灌溉用水定额》以及河套、鄂尔多斯南岸等灌区续建配套及节水改造成果，参照灌区多年的灌溉实践经验，复核灌区不同作物的灌溉方式、时间、定额，按照干旱地区土壤水分、盐分良性循环的原则，考虑引黄河水资源紧缺，采用节水型灌溉方式和技术，提出现状水平年合理的灌溉制度，50%降雨内蒙古主要作物净定额见表6-12。

表6-12　　内蒙古不同三级区现状年主要作物净定额　　单位：m³/亩

水资源利用分区		农田灌溉											林牧
二级区	三级区	春小麦	夏杂	春玉米	马铃薯	瓜菜	油料	晚秋	水稻	药材	其他	综合	
兰州至河口镇	下河沿至石嘴山	250		250	180	360	240		830	200		395	200
	石嘴山至河口镇北岸	250	175	250		360	230	220			230	250	195
	石嘴山至河口镇南岸	251	223	214			191				214	223	200
河口镇至龙门	河口镇至龙门左岸	235	200	150			150				214	192	190
	吴堡以上右岸	251	223	214			191				214	223	220
	吴堡以下右岸	251	223	214			191				214	223	220
内流区	内流区	300	175	300		360	230	220			230	210	195
全区												244	198

兰州至河口镇区间春小麦灌溉净定额250～251m³/亩，夏杂175～223m³/亩，春玉米，214～250m³/亩，马铃薯180m³/亩，瓜菜360m³/亩，油料191～240m³/亩，晚秋220m³/亩，药材200m³/亩，其他214～230m³/亩根据不同三级区作物种植结构，综合农田灌溉净定额223～395m³/亩，林牧灌溉净定额195～200m³/亩。

河口镇至龙门区间春小麦灌溉净定额235～251m³/亩，夏杂200～223m³/亩，春玉米150～214m³/亩，油料150～191m³/亩，其他214m³/亩，根据不同三级区作物种植结构，农田综合灌溉净定额192～223m³/亩，林牧灌溉净定额190～220m³/亩。

内流区春小麦灌溉净定额300m³/亩，夏杂175m³/亩，春玉米300m³/亩，瓜菜360m³/亩，油料230m³/亩，晚秋220m³/亩，其他230m³/亩，综合农田灌溉净定额210m³/亩，林牧灌溉净定额195m³/亩。

6.1.2.3　汾渭地区

(1)陕西省

根据《陕西省行业用水定额》及大型灌区续建配套及节水改造成果，参照灌区多年的灌溉实践经验，50%降雨陕西省主要作物净定额见表 6-13。

表 6-13　　陕西不同三级区现状年主要作物净定额　　单位：m³/亩

水资源利用分区		农田灌溉														林牧
二级区	三级区	冬小麦	春小麦	套种	棉花	玉米	马铃薯	瓜菜	豆类	油料	葵花	晚秋	药材	其他	综合	
河口镇至龙门	吴堡以上右岸		280		150	175					150			150	194	200
	吴堡以下右岸		280		150	175					150			130	191	200
龙门至三门峡	北洛河状头以上	200			200	100	100	280	100	120		100	100	100	181	130
	泾河张家山以上	200			120	100	120	280	120	120		100	120	100	184	180
	渭河宝鸡峡以上	200			120	120	120	280	120	120		100	120	100	188	180
	渭河宝鸡峡至咸阳	100			120	85				90		65		100	158	120
	渭河咸阳至潼关	100			120	85		320		90		90		110	155	120
	干流区间	140			150	100		340		130		80		130	193	120
三门峡至花园口	伊洛河	100			100	50						50			128	100
内流区	内流区		280		150	175					150			150	194	200
全区															163	125

河口镇至龙门区间春小麦灌溉净定额 280m³/亩，棉花 150m³/亩，春玉米 175m³/亩，葵花 150m³/亩，其他 130～150m³/亩，根据不同三级区作物种植结构，农田综合灌溉净定额 191～194m³/亩，林牧灌溉净定额 200m³/亩。

龙门至三门峡区间冬小麦灌溉净定额 100～200m³/亩，棉花 120～200m³/亩，玉米 85～120m³/亩，马铃薯 100～120m³/亩，瓜菜 280～340m³/亩，豆类 100～120m³/亩，油料 90～130m³/亩，晚秋 65～100m³/亩，药材 100～120m³/亩，其他 100～130m³/亩，根据不同三级区作物种植结构，农田综合灌溉净定额 155～193m³/亩，林牧灌溉净定额 120～180m³/亩。

三门峡至花园口区间冬小麦灌溉净定额 100m³/亩，棉花 100m³/亩，玉米 50m³/亩，晚秋 50m³/亩，根据不同三级区作物种植结构，农田综合灌溉净定额 128m³/亩，林牧灌溉净定额 100m³/亩。

内流区春小麦灌溉净定额 280m³/亩，棉花 150m³/亩，春玉米 175m³/亩，葵花 150m³/亩，其他 150/亩，根据不同三级区作物种植结构，农田综合灌溉净定额 194m³/亩，林牧灌溉净定额 200m³/亩。

(2)山西省

山西省有汾河灌区、潇河灌区、文峪河灌区和汾西灌区等大型灌区。根据大型灌区续建配套及节水改造成果，参照灌区多年的灌溉实践经验，50%降雨山西主要作物净定额见表 6-14。

表 6-14　山西省不同三级区现状年主要作物净定额　单位：m³/亩

水资源利用分区		农田灌溉									林牧
二级区	三级区	冬小麦	大秋	春玉米	马铃薯	瓜菜	豆类	油料	晚秋	综合	
河口镇至龙门	河口镇至龙门左岸	235	200	140	140	140	140	140	80	169	150
龙门至三门峡	汾河	235	100	100	100	100	100	100	55	165	150
	龙门至三门峡干流区间	200	100	100	100	100	100	100	55	209	120
三门峡至花园口	三门峡至小浪底区间	150	100	70	100	100	100	100	55	168	120
	沁丹河	150	100	55	100	100	100	100	55	161	120
全区										179	146

河口镇至龙门区间冬小麦灌溉净定额 235m³/亩，大秋 200m³/亩，春玉米 140m³/亩，马铃薯 140m³/亩，瓜菜 140m³/亩，豆类 140m³/亩，油料 140m³/亩，晚秋 80m³/亩，根据作物种植结构，农田综合灌溉净定额 169m³/亩，林牧灌溉净定额 150m³/亩。

龙门至三门峡区间冬小麦灌溉净定额 200～235m³/亩，大秋 100m³/亩，春玉米 100m³/亩，马铃薯 100m³/亩，瓜菜 100m³/亩，豆类 100m³/亩，油料 100m³/亩，晚秋 55m³/亩，根据不同三级区作物种植结构，农田综合灌溉净定额 165～209m³/亩，林牧灌溉净定额 120～150m³/亩。

三门峡至花园口区间冬小麦灌溉净定额 150m³/亩，大秋 100m³/亩，春玉米 70m³/亩，马铃薯 100m³/亩，瓜菜 100m³/亩，豆类 100m³/亩，油料 100m³/亩，晚秋 55m³/亩，根据作物种植结构，农田综合灌溉净定额 161～168m³/亩，林牧灌溉净定额 120m³/亩。

6.1.3 不同类型灌区综合净灌溉定额

结合现状年种植结构与分区主要作物净定额，计算现状年不同类型灌区满足作物正常生长条件下农林牧综合净定额，见表 6-15。

表 6-15　　现状年满足作物正常需水条件下农林牧综合净定额　　单位:m³/亩

省区	大型		中型		小型		综合
	自流	提灌	自流	提灌	渠灌	井灌	
青海			199	204	212	165	200
四川					155		155
甘肃	221	233	218	227	218	200	220
宁夏	358	367	261	305	281	564	357
内蒙古	243	239	241	256	229	218	234
陕西	151	154	162	156	169	166	158
山西	165	202	168	178	179	178	178
上中游地区	242	218	192	210	194	201	217

根据现状年统计的不同类型灌区农林牧实灌面积、用水量,计算出现状统计不同类型灌区农林牧综合毛定额。再结合现状灌溉水利用系数测算成果,推算出现状统计不同类型灌区农林牧综合净定额,见表 6-16。

表 6-16　　不同类型灌区现状统计农林牧综合毛定额与净定额　　单位:m³/亩

省区	现状年统计农林牧综合毛定额							现状年统计农林牧综合净定额						
	大型		中型		小型		综合	大型		中型		小型		综合
	自流	提灌	自流	提灌	渠灌	井灌		自流	提灌	自流	提灌	渠灌	井灌	
青海			443	439	604	65	457			222	239	333	40	240
四川					1027		167					72		72
甘肃	686	475	413	353	323	238	397	357	285	228	206	201	169	234
宁夏	892	669	591	591	1204	348	819	368	407	307	332	799	250	372
内蒙古	562	458	335	429	190	263	432	238	246	192	253	130	197	215
陕西	203	281	254	193	398	186	230	104	147	144	112	257	137	134
山西	244	166	235	227	146	293	212	117	95	127	129	94	206	122
上中游地区	532	373	332	337	304	241	386	232	209	181	193	191	177	202

现状年统计分析的综合净定额与现状年满足作物正常需水综合净定额对比见表 6-17。黄河上中游地区农林牧实灌净定额比满足作物正常生长条件下的净定额低 15m³/亩,其中,青海、宁夏两省区农林牧实灌净定额大于满足作物正常生长条件下的净定额,内蒙古、陕西及山西四省区农林牧实灌净定额均小于满足作物正常生长条件下的净定额。说明现状年青海、宁夏两省区灌溉用水量大于需求量,从减少净灌溉定额方面节水潜力较大;内蒙古、陕西

及山西四省区现状为亏缺灌溉，灌溉用水量小于灌溉需求量，未来节水量需要补足满足作物正常生长条件亏缺水量。

表 6-17 现状年统计与满足作物正常需水综合净定额对比 单位：m^3/亩

省区	现状统计综合净定额	现状满足作物正常需水条件下综合净定额	差值
青海	240	200	40
甘肃	234	220	14
宁夏	372	357	15
内蒙古	215	234	−19
陕西	134	158	−24
山西	122	178	−56
上中游地区	202	217	−15

6.2 灌溉水利用系数分析

6.2.1 农业节水对策措施

根据黄河上中游地区灌区的自然条件、灌区用水性质和目前的用水节水情况等，节水措施包括工程措施和非工程措施。工程措施主要包括：渠系工程配套与渠系防渗、低压管道输水、喷灌和微灌节水措施。考虑到黄河灌区现状以地面灌为主和经济发展水平较低，以及黄河水源含沙量大的特点，大部分灌区主要采取容易实施和管理的渠系防渗与配套工程措施，以及技术相对简单的低压管道输水措施，以提高渠系水利用系数；在部分灌区和经济作物种植区采取喷灌、微灌等节水措施。

非工程节水主要包括农业措施和管理措施等。农业措施主要有：土地平整、大畦改小畦，膜上灌、蓄水保温保墒等；采用优良抗旱品种，调整作物种植结构，大力推广旱作农业。平整土地，合理调整沟畦规格，可提高田间灌溉水利用率；合理安排耕作和栽培制度，选育和推广优质耐旱高产品种，可提高天然降水利用率；大力推广深松整地、中耕除草、镇压耙耱、覆盖保墒、增施有机肥以及合理施用生物抗旱剂、土壤保水剂等技术，可提高土壤吸纳和保持水分的能力。管理措施主要有：加强宣传和引导，提高全民节水意识；制定和完善节水政策、法规；抓好用水管理，实行计划用水、限额供水、按方收费、超额加价等措施，大力推广经济、节水灌溉制度，优化配水；建立健全县、乡、村三级节水管理组织和节水技术推广服务体系，加强节水工程的维护管理，确保节水灌溉工程安全、高效运行，提高使用效率，延长使用寿命。

结合《黄河流域水资源综合规划》《黄河流域节水型社会建设规划》《全国现代灌溉发展

规划》《全国节水灌溉规划》《西北地区高效节水灌溉项目实施方案》等以及第四章农业节水措施分析，鉴于研究的为节水潜力，提出将上中游地区现状农林牧有效灌溉面积全部实施节水改造，上中游地区新增工程节水灌溉面积3632.1万亩，工程节水灌溉面积由3700.0万亩增加到7332.1万亩，工程节水灌溉面积占有效灌溉面积的比例（节灌率）由50.5%提高到100%，其中渠道防渗节水达到4487.2万亩，占总节水面积61.2%，低压管道输水面积1659.7万亩，占总节水面积22.6%，喷灌节水面积602.7万亩，占总节水面积8.2%，微灌节水面积582.1万亩，占总节水面积7.9%。大中型自流灌区、大中型提灌灌区、小型灌区及总节水灌溉措施发展规模详见表6-18至表6-21。

表6-18　　大中型自流灌区节水灌溉面积发展规模　　单位：万亩

省区	现状年						规划年					
	渠道防渗	管灌	喷灌	微灌	小计	节灌率（%）	渠道防渗	管灌	喷灌	微灌	小计	节灌率（%）
青海	38.6	0.0	0.0	0.0	38.6	35.2	88.2	13.6	2.9	4.7	109.4	100
四川	0.0	0.0	0.0	0.0	0.0	0.0	0.0	0.0	0.0	0.0	0.0	100
甘肃	134.0	9.4	7.5	3.9	154.8	56.1	177.0	48.1	13.6	36.9	275.6	100
宁夏	128.1	4.7	7.9	28.8	169.5	27.4	461.3	9.7	21.4	126.2	618.6	100
内蒙古	531.3	94.2	4.8	3.2	633.5	58.4	930.6	105.2	7.8	41.8	1085.4	100
陕西	249.2	23.8	2.2	0.4	275.6	34.4	632.8	106.2	32.1	30.4	801.5	100
山西	42.5	203.1	25.5	3.5	274.6	61.3	142.6	247.7	39.7	17.7	447.7	100
合计	1123.7	335.2	47.9	39.8	1546.6	46.3	2432.5	530.5	117.5	257.7	3338.2	100

表6-19　　大中型提灌灌区节水灌溉面积发展规模　　单位：万亩

省区	现状年						规划年					
	渠道防渗	管灌	喷灌	微灌	小计	节灌率（%）	渠道防渗	管灌	喷灌	微灌	小计	节灌率（%）
青海	1.5	0.0	0.0	0.0	1.5	26.3	4.5	0.8	0.2	0.3	5.8	100
四川	0.0	0.0	0.0	0.0	0.0	0.0	0.0	0.0	0.0	0.0	0.0	100
甘肃	145.4	6.2	3.7	3.6	158.9	66.5	152.6	49.2	13.9	23.4	239.1	100
宁夏	48.3	7.0	2.2	2.3	59.8	29.2	138.5	18.3	6.8	41.1	204.7	100
内蒙古	117.2	13.4	4.7	0.0	135.3	41.1	296.9	19.6	5.0	7.6	329.1	100
陕西	201.0	6.6	0.0	0.0	207.6	38.3	508.9	17.8	9.7	6.3	542.7	100
山西	34.8	98.0	2.1	0.1	135.0	42.0	138.1	145.1	19.6	18.8	321.6	100
合计	548.2	131.2	12.7	6.0	698.1	42.5	1239.5	250.8	55.2	97.5	1643.0	100

表6-20 小型灌区节水灌溉面积发展规模 单位:万亩

省区	现状年						规划年					
	渠道防渗	管灌	喷灌	微灌	小计	节灌率(%)	渠道防渗	管灌	喷灌	微灌	小计	节灌率(%)
青海	47.62	0.00	2.91	0.00	50.53	26.30	78.30	1.00	15.10	0.00	94.4	100
四川	0.00	0.33	0.05	0.00	0.38	0.00	0.10	0.30	0.20	0.00	0.6	100
甘肃	87.62	20.69	24.68	7.11	140.10	66.50	156.90	73.10	42.90	60.30	333.2	100
宁夏	7.62	3.74	0.56	5.10	17.02	29.20	12.50	11.70	1.60	12.90	38.7	100
内蒙古	180.27	251.50	117.92	8.57	558.26	41.10	211.60	273.70	206.50	60.90	752.7	100
陕西	103.22	172.74	12.60	6.12	294.68	38.30	238.40	269.30	42.50	48.70	598.9	100
山西	52.01	202.95	108.32	31.32	394.60	42.00	117.80	249.50	121.10	44.10	532.5	100
合计	478.36	651.95	267.04	58.22	1455.57	42.50	815.60	878.60	429.90	226.90	2351.0	100

表6-21 黄河上中游地区节水灌溉面积发展规模 单位:万亩

省区	现状年							规划年						
	渠道防渗	管灌	喷灌	微灌	小计	节灌率(%)	高效节灌率(%)	渠道防渗	管灌	喷灌	微灌	小计	节灌率(%)	高效节灌率(%)
青海	87.7	0	2.9	0	90.6	43.2	1.4	171	15.4	18.2	5	209.6	100	18.4
四川	0	0.3	0	0	0.3	54.9	42.9	0.1	0.3	0.2	0	0.6	100	71.4
甘肃	366.9	36.3	35.8	14.6	453.6	53.5	10.2	486.5	170.4	70.4	120.6	847.9	100	42.6
宁夏	184	15.4	10.6	36.2	246.2	28.6	7.2	612.3	39.7	29.8	180.2	862	100	29
内蒙古	828.8	359.1	127.3	11.8	1327	61.2	23	1439.1	398.5	219.3	110.3	2167.2	100	33.6
陕西	553.5	203.2	14.8	6.5	778	40	11.6	1380.1	393.3	84.3	85.4	1943.1	100	29
山西	129.3	504	135.9	34.8	804	61.8	51.8	398.5	642.3	180.4	80.6	1301.8	100	69.4
合计	2150.2	1118.3	327.3	103.9	3699.7	50.5	21.1	4487.6	1659.9	602.6	582.1	7332.2	100	38.8

由表6-21可见,各省区高效节水发展规模不同,规划年高效节水灌溉率最高的是山西省(69.4%),其次是内蒙古(33.6%),最低的是青海省(18.4%)。不同高效节水措施中,管灌将达到1659.9万亩,喷灌将达到602.6万亩,微灌将达到582.1万亩。管灌面积发展较快的是山西(642.3万亩)、内蒙古(398.5万亩)、陕西(393.3万亩),喷灌面积发展较快的是内蒙古(219.3万亩)和山西(180.4万亩),微灌面积发展较快的是宁夏(180.2万亩)、甘肃(120.6万亩)和内蒙古(110.3万亩)。

6.2.2 灌溉水利用系数分析

根据《节水灌溉工程技术规范》(GB/T 50363—2006)要求，达到节水灌溉面积标准的灌溉水利用系数，大型渠道防渗灌区不应低于0.50，中型渠道防渗灌区不应低于0.6；井灌区不应低于0.8；喷灌区不应低于0.8，微喷灌区不应低于0.85，滴灌区不应低于0.9。其中，田间水利用系数考虑整平土地、小畦灌溉、耕作技术等措施。结合上述节水措施安排和分析的规划年综合灌溉净定额，按照《节水灌溉工程技术规范》要求的不同节灌措施的灌溉水利用系数，分别计算各水资源三级区采取节水措施后的灌溉净需水量与毛需水量，推算规划年灌溉水利用系数，详见表6-22。

表6-22　黄河上中游各省区现状及规划灌溉水利用系数

省区	2012年							节水后						
	大型		中型		小型		平均	大型		中型		小型		平均
	自流	提灌	自流	提灌	渠灌	井灌		自流	提灌	自流	提灌	渠灌	井灌	
青海	—	—	0.50	0.55	0.55	0.61	0.52	—	—	0.59	0.61	0.70	0.70	0.64
四川	—	—	—	—	0.43	—	0.43	—	—	—	—	0.70	—	0.70
甘肃	0.52	0.60	0.55	0.58	0.62	0.71	0.59	0.53	0.65	0.62	0.63	0.73	0.73	0.64
宁夏	0.41	0.61	0.52	0.56	0.66	0.72	0.45	0.51	0.64	0.60	0.65	0.77	0.79	0.55
内蒙古	0.42	0.54	0.57	0.59	0.68	0.75	0.50	0.51	0.56	0.61	0.66	0.80	0.81	0.60
陕西	0.51	0.52	0.57	0.58	0.65	0.74	0.58	0.53	0.54	0.62	0.64	0.76	0.80	0.62
山西	0.48	0.57	0.54	0.57	0.64	0.71	0.58	0.64	0.66	0.68	0.68	0.74	0.80	0.71
上中游地区	0.44	0.56	0.55	0.57	0.63	0.73	0.52	0.52	0.59	0.62	0.65	0.74	0.80	0.61

6.3 农业节水潜力分析

6.3.1 规划年农林牧综合灌溉净定额

考虑到灌溉农业节水潜力是通过各类节水技术措施的实施，可以使现有农田用水总量减少的数量，所以规划年农田灌溉面积种植结构采用现状农田灌溉面积种植结构。在现状年满足作物正常生长条件净定额基础上，考虑不同类型灌区新增节水灌溉工程面积的实施，根据主要作物不同灌溉方式净定额的变化(喷灌、微灌净定额小于渠道防渗、管灌净定额)，计算出不同节水灌溉工程措施灌溉净需水量，综合计算出不同类型灌区满足正常生长条件下农林牧综合灌溉净定额，详见表6-23。

表 6-23　　满足正常生长条件下规划农林牧综合净定额

省区	大型(m^3/亩)		中型(m^3/亩)		小型(m^3/亩)		综合
	自流	提灌	自流	提灌	渠灌	井灌	(m^3/亩)
青海			191	196	204	165	193
四川					152		152
甘肃	220	219	185	200	184	181	195
宁夏	348	300	215	272	236	260	327
内蒙古	241	234	234	239	216	211	230
陕西	147	153	158	154	162	161	154
山西	159	188	161	174	161	165	166
合计	237	203	179	196	174	192	207

6.3.2 规划年农林牧需水量

对应现状实灌面积的规划年农林牧需水量，采用满足作物正常生长条件净定额与采用现状统计净定额推算成果对比详见表 6-24。由表可见，采用满足作物正常生长条件净定额推算需水量比采用现状统计综合净定额推算作物需水量相差不大，合计增加了 1.97 亿 m^3，其中青海、甘肃、宁夏需减少 11.36 亿 m^3，内蒙古、陕西、山西需增加 13.29 亿 m^3。

表 6-24　　各省区采用不同净定额规划农林牧需水量对比表　　单位：亿 m^3

省区	采用统计净定额							采用满足作物正常生长条件净定额							差值
	大型		中型		小型		合计	大型		中型		小型		合计	
	自流	提灌	自流	提灌	渠灌	井灌		自流	提灌	自流	提灌	渠灌	井灌		
青海			3.49	0.20	2.92	0.07	6.68			2.99	0.16	1.77	0.45	5.37	1.31
四川					0.01						0.01		0.01	0.01	0.00
甘肃	4.20	5.01	5.61	2.71	4.74	1.02	23.29	2.60	3.47	4.49	2.43	4.39	1.96	19.34	3.95
宁夏	39.10	7.96	0.86	3.11	1.53	0.61	53.17	36.96	5.87	0.59	2.57	0.44	0.63	47.06	6.11
内蒙古	38.84	8.29	1.82	2.13	0.33	15.12	66.53	39.43	7.92	2.22	1.98	0.59	16.11	68.25	−1.72
陕西	9.99	9.25	3.55	1.35	4.30	6.48	34.92	14.12	9.59	3.91	1.89	2.78	7.59	39.88	−4.96
山西	3.51	2.29	2.80	2.05	3.63	4.55	18.83	4.75	4.53	3.58	2.77	6.18	3.63	25.44	−6.61
合计	95.64	32.8	18.13	11.55	17.46	27.85	203.43	97.86	31.38	17.78	11.80	16.15	30.38	205.35	−1.92

6.3.3 农业节水潜力分析

6.3.3.1 节水潜力分析

根据现状年统计农林牧实灌定额及不同类型灌区的现状灌溉水利用系数，推算出现状实灌净定额。规划年按照净定额不变，灌溉水利用系数由现状年的 0.52 提高到规划年的 0.61，对应现状年实灌面积，可以使现状年灌溉用水量直接减少的数量。

规划年采用现状统计农林牧综合净定额、现状实灌面积及规划年灌溉水利用系数，计算出对应现状灌溉用水量的节水潜力为 34.47 亿 m^3，其中大型灌区可节水量 23.75 亿 m^3，中型灌区可节水量 4.34 亿 m^3，小型灌区可节水量 6.38 亿 m^3。详见表 6-25。

表 6-25　黄河上中游地区农业节水潜力　单位:亿 m^3

省区	大型			中型			小型			合计
	自流	提灌	小计	自流	提灌	小计	渠灌	井灌	小计	
青海	0	0	0	0.62	0.02	0.64	0.76	0.05	0.81	1.45
四川	0	0	0	0	0	0	0.01	0	0.01	0.01
甘肃	0.08	0.38	0.46	0.71	0.23	0.94	0.89	0.87	1.76	3.16
宁夏	10.08	0.43	10.51	0.12	0.51	0.63	0.22	0.06	0.28	11.42
内蒙古	9.32	0.32	9.64	0.16	0.24	0.4	0.08	1.13	1.21	11.25
陕西	0.38	0.39	0.77	0.35	0.11	0.46	1.02	0.49	1.51	2.74
山西	2.01	0.36	2.37	0.87	0.4	1.27	0.55	0.25	0.8	4.44
上中游地区	21.87	1.88	23.75	2.83	1.51	4.34	3.53	2.85	6.38	34.47

6.3.3.2　2030 年节水量分析

目前黄河上中游地区节水灌溉面积为 3700 万亩，占总灌溉面积的 50.5%。为缓解黄河水资源供需矛盾，需进一步提高灌区水资源利用效率和效益。考虑到灌区节水改造的实际情况，参考《黄河流域水资源综合规划》节水发展速度与 2030 年灌溉水利用系数目标，规划到 2030 年，黄河上中游地区新增工程节水灌溉面积 2630.3 万亩，工程节水灌溉面积达到 6330.3 万亩，占有效灌溉面积的 86.3%，农田灌溉水利用系数提高到 0.59。与现状年相比，2030 年黄河上中游地区累计可节约灌溉用水量 26.0 亿 m^3。

6.4　节水投资分析

根据《全国现代灌溉发展规划》中各省区相关成果，拟定省区不同节水措施的亩均投资，结合规划年各省区新增节水面积，匡算各省区节水投资情况。黄河流域上中游地区农业节水总投资 878.6 亿元，其中内蒙古最高达到 235.2 亿元，其次宁夏为 232.1 亿元。详见表 6-26。

表 6-26 黄河上中游地区农业节水投资

省区	新增节水面积(万亩)					节水投资(亿元)
	渠道防渗	管灌	喷灌	微灌	合计	
青海	83.3	15.5	15.3	5.0	119.1	38.9
四川	0.1	0.0	0.2	0.0	0.3	0.1
甘肃	119.3	134.0	34.6	106.0	393.9	92.1
宁夏	428.3	24.3	19.2	144.0	615.8	232.1
内蒙古	610.3	39.3	91.9	98.6	840.1	235.2
陕西	826.6	190.1	69.4	78.8	1164.9	172.9
山西	269.2	138.3	44.5	45.8	497.8	107.4
合计	2337.1	541.4	275.1	478.2	3631.9	878.7

6.5 农业节水效益分析

6.5.1 提高水资源利用效率

目前黄河流域河川径流开发利用率与国内外大江大河相比，水资源利用程度属较高水平。节约用水有效地控制需求过度增长，遏制了水资源的过度开发，黄河上中游地区灌溉水利用系数由现状的 0.52 提高到 0.61，节水型社会建设将显著提高水资源利用效率，并为当地重点工业项目用水创造了条件，促进了区域水资源配置向合理、高效方向发展。

6.5.2 节水对增加径流的作用

定性上分析，节水可以减少用水系统输水、用水等环节形成的蒸发、蒸腾等无效损失，在系统内无新增用水的条件下，能够减少系统取用水量，增加系统内径流资源量。数量上分析，节水增加的径流资源量一般不等于毛节水量。在系统内无新增用水的条件下，节水增加的径流资源量等于系统采取节水措施后所能减少的无效蒸发蒸腾量，即系统净节水量。鉴于直接从节水前后系统减少的无效蒸发蒸腾量角度分析净节水量十分困难，采用综合耗水系数将毛节水量换算成净节水量。在系统内无新增用水以及系统内地下水储量不变的条件下，该净节水量基本代表节水增加的径流资源量。

假定流域内无新增用水需求，并且流域内地下水储量保持不变，分析节水对径流的作用。根据前面分析，黄河上中游地区农业毛节水潜力为 34.5 亿 m^3，则理论上节水增加的径流资源量为 34.5 亿 m^3。但实际上，流域内国民经济正处于持续较快发展的时期，每年都有新增用水需求，节约出来的水量往往被用来满足新增加的用水需求，甚至仍然不足，结果导致流域内径流量并未因节水而增加。

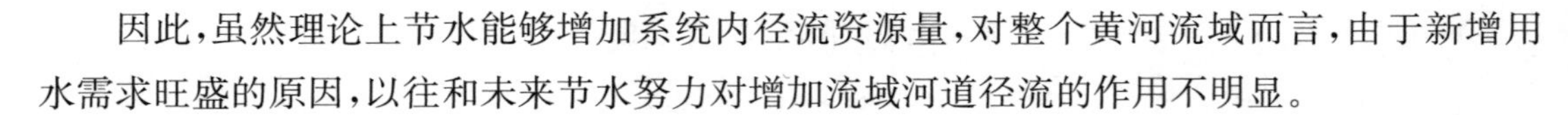

因此，虽然理论上节水能够增加系统内径流资源量，对整个黄河流域而言，由于新增用水需求旺盛的原因，以往和未来节水努力对增加流域河道径流的作用不明显。

6.5.3　缓解水资源紧缺状况

节水在一定程度上能够起到缓解黄河流域水资源供需矛盾的作用。黄河流域水资源供需矛盾日益尖锐，全面建设节水型社会，进一步提高水资源利用效率，可以在一定程度上抑制用水需求的快速增长，缓解黄河流域经济社会发展、生态环境保护带来的水资源供需压力。根据黄河流域水资源综合规划分析，与现状用水模式比较，流域内强化节水模式可累计多压减用水需求 34.5 亿 m^3，有力地缓解了黄河流域水资源供需矛盾。

但节水不能有效解决黄河流域资源型缺水形势。黄河流域属于资源型严重缺水地区，节水虽然可以通过抑制水资源需求过快增长，在一定程度上和一定时期内缓解流域水资源供需矛盾，但由于黄河自身资源条件差、流域经济社会发展和生态环境改善对水资源需求旺盛，仅靠节水不能有效解决黄河流域缺水问题。

6.5.4　改善生态环境

黄河上中游地区的主要生态问题是土地退化，包括土地沙化、水土流失和土壤盐碱化。水资源短缺是黄河上中游地区生态环境保护和改善的主要制约因素，区域生态建设和环境保护最重要的任务是解决水的问题。依存于稀缺水资源的生态系统十分脆弱，水资源一经开发，必然打破自然条件下的生态平衡。要维持荒漠绿洲的有限生存环境，保持生态平衡，必须向生态补还必需的水量。降雨稀少、蒸发强烈的气候特征决定了黄河上中游地区土壤受到的天然淋洗作用十分微弱，土壤盐碱化的威胁普遍存在。

发展节水灌溉可减少用水过程中的无效消耗，有效节约水资源，改善灌溉和排水条件，对遏制井灌区地下水的进一步超采、促进渠灌区地表水与地下水合理联用，合理控制地下水位，遏制灌区土壤次生盐渍化、维护和改善区域生态系统等具有重要作用。

6.6　本章小结

本章结合上中游地区不同灌区作物种植特点、供用水特性及可能采取的节水措施，在分区分作物分析作物用水需求分析的基础上，提出了不同类型灌区综合净灌溉定额，进而考虑可行的节水措施方案，分析提出了 2030 年水平上中游灌区的节水潜力，为黄河上中游地区乃至全流域的水资源配置和管理提供了依据。并从提高水资源利用效率、增加径流配置能力、缓解水资源紧缺状况、改善生态环境条件等多个方面对节水带来的效益进行了分析。

第7章 主要结论及展望

7.1 主要结论

(1)黄河流域属于资源性缺水地区，为维持供水需求持续增长，近些年来，黄河流域节水力度不断增强，用水水平和效率有了较大幅度提高，但黄河流域尤其是上中游地区农业用水效率仍偏低。

1980—2012年，黄河流域人均用水量由420m³减少为352m³，万元工业增加值用水量由877m³减少为46m³，农田实灌定额由542m³减少为385m³。与《黄河流域水资源综合规划》规划水平年用水水平对比，2012年黄河流域人均用水量、万元工业增加值用水量低于2020年规划预测的水平。黄河上中游地区是流域土地、能源集中区，也是缺水最为集中的区域，面对水资源严重短缺的困扰，加之最严格的水资源管理制度约束，上中游省区通过工程、技术、经济、管理等多种措施与手段，节水水平大大提高。2012年黄河上中游地区人均用水量为372m³，万元工业增加值用水为46m³，分别为2012年全国平均水平的82%与42%，但由于部分灌区渠系老化失修、工程配套较差、灌水技术落后、节水技术推广缓慢等原因，农田实灌定额为424m³，高于全国平均水平20m³。

(2)黄河上中游干旱气候、灌溉水量具有生态用水功能、独特的秋浇制度，以及超大型灌区复杂灌排渠系网络和黄河水高含沙等特点均不同侧面对农业节水潜力挖潜造成制约。内蒙古河套灌区多年平均年地下水总补给量30.7亿m³，其中渠系与土壤入渗补给占95%，得以维持灌区年平均地下水埋深为1.5～2.0m。在仅考虑渠系节水措施下，当渠系水利用系数提高到0.58，地下水埋深已接近红线水位2.5m。考虑灌区中低产土地及盐碱地改造，秋浇灌水定额采用中、轻度盐碱地现状定额，为100m³/亩。

黄河上中游干旱的自然条件决定了灌区与周边自然生态有十分紧密的联系。灌区引水通过渠系、土壤层等对地下水进行补给，根据灌溉引水过程与地下水埋深变化过程分析，地下水位的年内起伏与灌溉引水量大小变化基本同步，引水灌溉不仅可保证农作物生长需要，还可补充地下水以满足周边自然植被与湖泊湿地用水需要，因此，引水灌溉是维持灌区绿洲生态稳定的主要因素之一。据中科院植物所研究，内蒙古河套灌区绿洲范围内天然植被生长初期(5—6月)地下水埋深不宜低于1.5m，植被生长旺期(7—8月)和末期(9月)地下水位不宜低于 2.0～2.5m。在降水量不足 200mm 的宁蒙灌区，要维持 1.5～2.5m 的地下水位，必须保持较大的灌溉水量。据模型计算，内蒙古河套灌区 1990—2013 年多年平均年地下水总补给量 30.7 亿 m^3，其中渠系入渗量为 21.2 亿 m^3，占总补给量的 69%，土壤入渗补给 8.1 亿 m^3，占 26%，山前与黄河侧渗补给 1.4 亿 m^3，占总补给量的 5%，同期年平均地下水埋深为 1.5～2.0m。

考虑内蒙古河套灌区为超大型灌区，控制面积大、灌排渠系复杂，灌溉水利用系数测算与拟定十分困难。研究考虑重点对干渠、分干渠、支渠在内的骨干渠系进行防渗衬砌，同时兼顾对斗、农、毛渠等末级渠系的整治，设置对应的渠系水利用系数分别为 0.53、0.55、0.58、0.61、0.66，灌区地下水年平均埋深分别增大 0.16m、0.25m、0.42m、0.62m、0.96m，对应的湖泊湿地面积萎缩了 8%、13%、20%、27%、38%；在渠系水利用系数达到 0.58 方案下，灌区平均地下水埋深已经接近地下水埋深红线水位 2.5m，在渠系水利用系数达到 0.66 方案则明显超出，给以芦苇为代表的草地生态系统带来大范围不利影响，因此预判合理的节水潜力对应的渠系水利用系数应在 0.58 以内。与现状 1990—2013 年长系列相比较，对应河套灌区的取水节水潜力约为 6.8 亿 m^3，耗黄节水潜力约为 6.0 亿 m^3。

秋浇是河套灌区传统的秋后淋盐的一种特殊的灌水制度，秋浇一般从 9 月份中下旬开始，持续到 11 月上旬。秋浇在灌区整个发展过程中发挥了巨大的作用，但是随着灌区节水水平不断提高，葵花种植面积增加等，秋浇是否必要及其定额是否合理存在较大争议。据多年平均统计，内蒙古河套灌区秋浇引水量约占全年引水量的 29.0%，排水量约占全年排水量的 37.5%，而秋浇排盐量约占全年排盐量的 45.7%，且秋浇排引盐比为 0.67，远高于作物生育期排引盐比 0.32，说明现状秋浇淋盐作用显著。通过实地调查，了解到葵花在实际种植过程中，会影响土壤质地和肥力，同一块地种植葵花 2～3 年需要更换其他作物种植，目前葵花种植面积约 300 万亩，占秋浇面积的 50%，未来再增加葵花种植面积的空间有限。研究中探讨分析了对种植葵花的耕地取消秋浇灌水量 50%、全部葵花种植地块不秋浇、取消葵花的秋浇改为增加 50%的春灌三套方案。综合各方案对地下水、湖泊湿地补水等影响，完全取消秋浇并不可行，但压秋浇代以增春灌具备可能性。同时，现状向日葵的灌溉制度利用秋浇进行洗盐压盐，保证作物根层的盐分不影响作物生长，若取消秋浇，靠播前增春灌水量进行洗盐淋盐，其效果劣于现状。因此，研究推荐维持现状秋浇制度，同时考虑灌区中低产土地及盐碱地改造，秋浇灌水定额采用中、轻度盐碱地现状定额为 100m^3/亩。

(3)考虑现状有效灌溉面积全部实施节水改造，且有地形条件的地表水自流灌区实施“管代渠”，在提水灌区、井灌区以及特色类、经济林果类等作物区全部实施喷灌或微灌，则黄河上中游六省区节水灌溉面积由现状 3700.0 万亩增加到 7332.1 万亩，其中渠道防渗节水达到 4487.2 万亩，占总节水面积 61.2%，低压管道输水、喷灌、微灌等高效节水面积达到 2844.9 万亩，占总节水面积 38.8%。则黄河上中游六省区农业灌溉工程毛节水潜力为 34.5 亿 m^3。

鉴于本次研究的是节水潜力，考虑现状有效灌溉面积全部实施节水改造，且有地形条件的地表水自流灌区实施“管代渠”，在提水灌区、井灌区以及特色类、经济林果类等作物区全部实施喷灌或微灌，则黄河上中游六省区节水灌溉面积由现状3700.0万亩增加到7332.1万亩，其中渠道防渗节水达到4487.2万亩，占总节水面积61.2%，低压管道输水面积1659.7万亩，占总节水面积22.6%，喷灌节水面积602.7万亩，占总节水面积8.2%，微灌节水面积582.1万亩，占总节水面积7.9%。对应现状年实灌面积，同时按照大型自流与扬水、中型自流与扬水、小型渠灌与井灌6个类型灌区分别计算，则黄河上中游六省区农业灌溉工程毛节水潜力为34.5亿m^3，其中大型灌区节水潜力23.8亿m^3，中型灌区节水潜力4.3亿m^3，小型灌区节水潜力6.4亿m^3。

(4)黄河上中游地区节水尤其是高效节水面临技术、经济、社会、管理等问题，且实施效果受节水意识和自觉性等影响。未来黄河上中游六省区节水灌溉面积由现状3700.0万亩增加到7332.1万亩，其中高效节水面积达到2844.9万亩，占总节水面积38.8%。据估算，节水工程总投资将达到878.6亿元，按照毛节水潜力计算，单方水投资为25.5元。

节水涉及社会、经济、生态、技术、政策、管理等多个方面，并且是一个随经济社会发展而变化的动态过程，节水潜力受经济社会发展阶段的制约。研究提出现状有效灌溉面积全部实施节水改造，其中高效节水面积达到2844.9万亩，占总节水面积38.8%。据估算，节水工程总投资将达到878.6亿元，按照毛节水量计算，单方水投资为25.5元。对于灌区或者农户，在实施节水尤其是高效节水过程中面临诸多问题，主要为准入门槛和节水运行的长效激励两方面。准入门槛问题是指节水工程改造的规模、技术、资金等投入问题，并且种植的产品很容易受到市场价格波动影响。高效节水的直接受益者是社会的弱势群体——农民，寄希望于分散经营、农民个体投资建设高效节水灌溉方式还需要一个相当长的过程。同时，节水运行的长效激励问题指灌区在节水工程实施后如何保障节水工程的长期运行问题，即高效节水工程的运行需要较多的维护费用，需要确保农民采用节水灌溉后实现收入的稳中有增，才能为建立节水实施和运行过程中的长效激励机制创造条件。

7.2 展望

西北地区生态环境脆弱，农业灌溉与生态环境有着十分密切的联系，农业灌溉在保证粮食稳产增产的同时，还是区域生态环境的主要途径之一。因此，研究提出科学的灌溉方式，既是合理高效利用水资源的需要，也是落实“节水优先”新时期治方针的需要，更是维系区域生态环境的需要。但不同的节水措施与灌溉水量、生态环境维系等之间的关系极其复杂，特别是除工程措施节水外，还有管理节水、农艺节水等一系列节水手段，未来亟需应利用宏观、中观、微观尺度相结合的方式，进一步加强先进的农业节水措施与生态系统之间的机理研究,合理统筹经济、社会资源、环境之间的关系。

(1)针对地下水位变化对灌区农田生态及自然生态的影响机制和控制性阈值问题加大系统性试验、调查、研究工作。在本书初步分析不同作物及自然植被对地下水埋深的响应变化的基础上,进一步深化灌区代表性作物、植被对地下水变化的响应机理与反馈机制的认知,尤其是对不同尺度、不同空间分布、不同水盐条件下的响应过程进行量化研究,进一步丰富地下水位变化对生态环境的影响。

(2)深化针对秋浇灌溉制度优化的研究。秋浇灌溉制度涉及水量变化、盐分变化、生态影响、粮食安全、地区经济社会发展等一系列复杂问题,局部的秋浇试验研究又很难反映大尺度的影响及效果,尤其是秋浇产生的生态和盐分影响机制尚不明确,而目前又很难开展全灌区尺度的秋浇灌溉试验工作,秋浇制度的优化调迫切需要加大在局部试验研究的基础上进行全灌区尺度不同秋浇方案下的水循环与盐分变化的耦合模拟研究,通过构建一套具备完整物理机制过程的灌区大尺度水盐耦合综合模型,采用数学模型方法研究不同条件下的秋浇过程及其影响,从而提出一套切实可行的秋浇制度优化方案。对土壤及地下水中的有害盐分运移和累积分布过程还缺乏系统性认识,亟待开展深入的研究工作。

(3)加强对灌区盐分的监测与运移规律研究。目前对灌区盐分的变化主要基于地表引排水渠系及大型湖泊的盐分监测信息,对灌区不同植被覆盖条件下的土壤、地下水中盐分的运移变化特征及累积效应还缺乏系统性的认识,无法确切掌握灌区盐分的时空分布特征,不清楚现状土壤及地下水盐分累积的程度和变化速率,因而难以明确节水可能造成的盐分变化及生态效应的具体影响,无法对大尺度长系列的影响进行科学的判断,因此亟待开展土壤层及地下水中的盐分变化研究工作。

(4)加强水资源—生态—粮食—经济—社会等多重目标的耦合研究。黄河上中游灌区是我国重要的粮食生产基地,同时也是一个本地水资源极度匮乏、生态系统脆弱、经济社会发展相对落后的地区,如何在实施节水措施的同时,兼顾水资源、生态环境、粮食生产、经济社会发展等多重目标,还需要开展系统性的工作,耦合多重目标进行综合研究,确定合理的用水与生产发展方案。

参考文献

[1] Yan L I, Chen X H. Game Analysis in Agricultural Water-saving Irrigation[J]. Journal of Irrigation & Drainage, 2005, 24(3): 19-22.

[2] Shen S H, Qi N I. Water-saving Landscape——The Inevitable Necessity of Urban Sustainable Development[J]. Journal of Chinese Landscape Architecture, 2003.

[3] Qiao Y. Water-saving and Drainage-reduction-Brook No Delay[J]. Petrochemical Industry Trends, 2001.

[4] Chaves M M, Oliveira M M. Mechanisms underlying plant resilience to water deficits: prospects for water-saving agriculture[J]. Journal of Experimental Botany, 2004, 55(407): 2365-2384.

[5] Lun S, Xu M. Water-saving agriculture and its physio-ecological bases[J]. Chinese Journal of Applied Ecology, 1991.

[6] Belder P, Bouman B A M, Cabangon R, et al. Effect of water-saving irrigation on rice yield and water use in typical lowland conditions in Asia[J]. Agricultural Water Management, 2007, 65(3): 193-210.

[7] Chapagain AK, Hoekstra AY, Savenije HHG. Water saving through international trade of agricultural products[J]. Hydrology and Earth System Sciences, 10, 3(2006-06-30), 2006, 10(3): 455-468.

[8] Wang H, Liu C, Lu Z. Water-saving agriculture in China: An overview[J]. Advances in Agronomy, 2002, 75(75): 135-171.

[9] 李厚峰. 宝鸡峡灌区续建配套节水改造项目效益浅析[J]. 节水灌溉, 2008, (1): 65-67.

[10] 黄琳琳, 王会肖. 节水灌溉效益研究进展[J]. 节水灌溉, 2007, (5): 45-48.

[11] 郭宗楼, 雷声隆, 刘肇炜. 排灌工程项目环境影响评价[J]. 中国农村水利水电, 1999, (5): 7-10.

[12] 周卫平. 国外灌溉节水技术的进展及启示[J]. 节水灌溉, 1997, (4): 18-20+26.

[13] 文小琴, 舒英格. 农业节水抗旱技术研究进展[J]. 天津农业科学, 2017, 23(1): 28-32.

[14] Zhang Z. B. ,Zhang J. Water-saving Agriculture: An Urgent Issue[J]. Journal of Integrative Plant Biology,2007,49(10):1409-1409.

[15] 赵姜,龚晶,孟鹤. 发达国家农业节水生态补偿的实践与经验启示[J]. 中国农业水利水电,2016,(10):56-58.

[16] Peterson J M,Ding Y. Economic Adjustments to Groundwater Depletion in the High Plains: Do Water-Saving Irrigation Systems Save Water? [J]. American Journal of Agricultural Economics,2005,87(1):147-159.

[17] Thompson T L. The Potential Contribution of Subsurface Drip Irrigation to Water-Saving Agriculture in the Western USA[J]. Agricultural Sciences in China,2009,8(7):850-854.

[18] Xu X. Issues on Water Saving Society[J]. China Water Kesources,2005.

[19] Yuan S,Hong L,Wang X. Status,problems,trends and suggestions for water-saving irrigation equipment in China[J]. Journal of Drainage & Irrigation Machinery Engineering,2015,33(1):78-92.

[20] 梁青青,朱厚岩. 我国节水农业发展现状研究[J]. 中国环境管理,2011,(4):16-19.

[21] 巴音克西克. 微润灌溉技术在新疆的推广价值分析[J]. 中国农业信息,2014,(5):1919-192.

[22] Mitoiu C,Popsscu M,Pricop G,et al. Some water saving measures in sprinkler irrigation[C]//Water for Human Needs; Proceedings of the World Congress On Water Resources. 1975.

[23] Kavia Z D,James B K. Studies on sprinkler irrigation in arid zone--saving of water and energy inputs[J]. Bhagirath the Irrigation & Power Quarterly,1985.

[24] Chen Z,Huang B. Research and application of the new water-saving sprinkler irrigation system for sports complex[J]. Water & Wastewater Engineering,2009,35(11):199-203.

[25] Guo Y,Wang F,Liu H,et al. Effects of Different Water-saving Measures to the Corn under Sprinkler Irrigation Condition[J]. Acta Agriculturae Boreali-Occidentalis Sinica,2009.

[26] Zhou H. A Study on Efficient Water Saving Technique for Sprinkler Irrigation of Sugar Beet[J]. Water Saving Irrigation,1997.

[27] Song S,Wei Z,Da J. Mechanism of Water saving and Yield raising Under Low pressure Multi hole Sprinkler Irrigation[J]. Irrigation & Drainage,2000.

[28] Bao Z Q, Zhu B W, Yu-Zhu X U, et al. Current Situation of Evaluation Indicator and Evaluation Methodology for Small-scale Sprinkler Irrigation Machine[J]. Water Saving Irrigation, 2016.

[29] Huang G H, Wang X P, Liu H J, et al. Effect of sprinkler irrigation water on yield, water use efficiency of winter wheat in Beijing area, China. [C]//Central Theme, Technology for All: Sharing the Knowledge for Development. Proceedings of the International Conference of Agricultural Engineering, XXXⅧ Brazilian Congress of Agricultural Engineering, International Livestock Environment Symposium - iles Viii, Iguassu Falls City, Brazil, August To, September. 2008.

[30] Han W T. Research on Distribution Uniformity Coefficient for Sprinkler Irrigation Systems[J]. Water Saving Irrigation, 2008.

[31] Tu Q, Li H, Wang X, et al. Multi-Criteria Evaluation of Small-Scale Sprinkler Irrigation Systems Using Grey Relational Analysis[J]. Water Resources Management, 2014, 28(13): 4665-4684.

[32] Li, Zongli, Zhao, Wenju, Sun, Wei, et al. Application prospect of sprinkler irrigation technology in water-short areas of northern China[J]. Transactions of the Chinese Society of Agricultural Engineering, 2012, 28(6): 1-6.

[33] Lang J B, Ying L I, Tie-Nan L I. Development Process and Status of Domestic and Foreign Large-scale Sprinkler Irrigation System Production[J]. Water Saving Irrigation, 2011.

[34] Zhi-Fang XU, Dong W C. Discussion on Development Landscape and Actualization of Sprinkler Irrigation and Micro Irrigation in China[J]. Water Saving Irrigation, 2004.

[35] Jiusheng LI, Yanfeng LI, Wang J, et al. Microirrigation in China: history, current situation and prospects[J]. Journal of Hydraulic Engineering, 2016, 47(3): 372.

[36] Lin Z. A Study on the Simulation Model of HydraulicCharacteristics in Pipe-net System for Sprinkler irrigation[J]. Water Saving Irrigation, 1995.

[37] Luo J, Cheng G, Chen D. An Appraise Method Indices and Comprehensive Evaluation Index Set in Sprinkler and Micro-Irrigation of Water Saving Irrigation[J]. Water Saving Irrigation, 1997.

[38] Yanqing H U, Sun H, Tian S. Research on Mechanized Micro-irrigation Water-saving Technique[J]. Agricultural Science & Technology & Equipment, 2012.

[39] Barragan J, Wu I P. Efficient water use and water saving by micro-irrigation.

[C]//2000:1-10.

[40] Barragan J. Water distribution uniformity and scheduling in micro-irrigation systems for water saving and environmental protection. [J]. Biosystems Engineering, 2010, 107(3):202-211.

[41] Kirkham M. B. Water use in crop production [M]. Binghamton, NY: Food Products Press, 1999.

[42] Barragán Fernández J, Wu I P. Efficient water use and water saving by microirrigation[J]. 2001.

[43] Guo P, Xue X, Song S Y, et al. Summary on Research and Development of Micro Irrigation Technology[J]. Hubei Agricultural Sciences, 2016.

[44] Yuanjun XU. Study on Micro-irrigation Technology[J]. Agricultural Science & Technology & Equipment, 2014.

[45] Yi LU, Ming LI, Jin Z, et al. Overview of Research on Micro-irrigation Standard System[J]. Water Saving Irrigation, 2012.

[46] Zhi-Fang X U, Dong W C. Discussion on Development Landscape and Actualization of Sprinkler Irrigation and Micro Irrigation in China [J]. Water Saving Irrigation, 2004.

[47] Barragan J. Water distribution uniformity and scheduling in micro-irrigation systems for water saving and environmental protection. [J]. Biosystems Engineering, 2010, 107(3):202-211.

[48] Zhao Y. Analysis on Water -saving And Increase Production Effect of Sprinkler And Micro Irrigation[J]. Shanxi Hydrotechnics, 2004.

[49] Kumar M, Reddy K S, Adake R V, et al. Solar powered micro-irrigation system for small holders of dryland agriculture in India[J]. Agricultural Water Management, 2015, 158:112-119.

[50] 张增志,王晓健,薛梅. 渗灌材料制备及导水性能分析[J]. 农业工程学报,2014,30(24):74-81.

[51] Guo Hui L I, Guan Q, Dai C. Research on water saving irrigation benefit from channel seepage control measure [J]. Journal of Heilongjiang Hydraulic Engineering College, 2002.

[52] Li A. Anti-seepage Engineering Techniques for Irrigation Canals [J]. Water Saving Irrigation, 1998.

[53] Shrivastava P. K. , Parikh M. M. , Sawani N. G. , et al. Effect of drip irrigation

and muching on tomato yield[J]. Agricultural Water Management,1994,25(2):179-184.

[54] Yang L. Estimating Water-saving Potential And Amount of Canal Seepage Control Works of Various Types of Irrigation District in Shanxi Province[J]. Shanxi Hydrotechnics,2005.

[55] 岳兵. 渗灌技术存在问题与建议[J]. 灌溉排水,1997,16(2):40-41

[56] 王增发. 我国节水灌溉技术的研究与推广[J]. 节水灌溉,1998,(1):38-40.

[57] Gao Y,Ren Z B,Duan R P,et al. Planting technique for spring wheat with saving water,high yield and high efficiency under drip irrigation system. [J]. Xinjiang Agricultural Sciences,2010,47(2):281-284.

[58] Fipps G. Melons demonstrate drip under plastic effciency[J]. Irrigation,1993,43(6):8-12.

[59] Thompson T L. The Potential Contribution of Subsurface Drip Irrigation to Water-Saving Agriculture in the Western USA[J]. Agricultural Sciences in China,2009,8(7):850-854.

[60] Xia X H, Hou S M, Yuan W. Study on Drip Irrigation of Water-saving Agricultural Technology[J]. Journal of Agricultural Mechanization Research,2008.

[61] Kirkham M. B. Water use in crop production[M]. Binghamton, NY: Food Products Press,1999.

[62] Shrivastava P. K. ,Parikh M. M. ,Sawani N. G. ,et al. Effect of drip irrigation and muching on tomato yield[J]. Agricultural Water Management,1994,25(2):179-184.

[63] Fipps G. Melons demonstrate drip under plastic effciency[J]. Irrigation,1993,43(6):8-12.

[64] Vander W. J. E. ,Wilcox L. D. Influence of plastic mulch and type and frequency of irrigation on growth and yield of brll pepper[J]. Hortscience,1988,23(6):985-988.

[65] Blatt C. R. Irrigation,mulch,and double row planting related to fruit size and yield of ‘Bounty’ strawberry[J]. hortscience a publication of the American society for hortia Itural Science,1984,19(6):862-827.

[66] Leib B. G. ,Jarrett A. R. ,Orzolek M. D. ,et al. Drip chemigation of imidacloprid under plastic mulch increased yield and decreased leaching caused by rainfall[J]. ASAE,2000,43(3):615-622.

[67] 杨丽丰,何宏谋,梁志勇. 西北内陆河灌区节水灌溉模式及节水效果分析[J]. 人民黄河,2007,29(11):66-67+70.

[68] 赵淑银,郭元贞,等. 膜下滴灌对保护地黄瓜产量及病害的影响[J]. 内蒙古农牧学

院学报,1994,15(3):95-98.

[69] 徐飞鹏,李云开,任树梅. 新疆棉花膜下滴灌技术的应用与发展的思考[J]. 农业工程学报,2003,19(1):25-27.

[70] Bao Z W, Du H L, Jin X J. Water-saving Potential in aeolian sand soil under straight tube and surface drip irrigation in Taklimakan Desert in Northwest China[J]. 寒旱区科学:英文版,2011,03(3):243-251.

[71] Wang R L, Zhang Z C, Jia X H, et al. Water Movement Rule of Typical Soil Under Subsurface Drip Irrigation in Inner Mongolia[J]. Water Saving Irrigation,2017.

[72] Zhang Z X. Study on Development Situation of Water-saving Irrigation in Xinjiang and Ecological Efficiency of Drip Irrigation—Discussion on "A Brief Talk on the new Concept of Sustainable Water-saving in Modern Agriculture"(1)[J]. Water Saving Irrigation,2008.

[73] 程冬玲,吴恩忍. 棉花膜下滴灌两种布设方式的试验研究[J]. 干旱区农业研究,2001,19(4):87-91.

[74] 蔡焕杰,邵光成,张振华. 棉花膜下滴灌毛管布置方式的试验研究[J]. 农业工程学报,2002,18(1):45-49.

[75] Emmanuel K. Y., Alfons W. Review and evaluation of agroecosystem health analysis:the role of economics[J]. Agricultural System,1997,55(4):601-626.

[76] 陈多方,许鸿,等. 北疆棉区棉花膜下滴灌蒸散规律研究[J]. 新疆气象,2001,2(24):16-17.

[77] 马爱冬. 果园涌泉灌技术在闻喜县的应用与推广[J]. 山西水利,2009,25(4):48-49.

[78] 周耀武,连海友,李秀娣. 荒漠黑叶杏林涌泉灌栽培技术[J]. 绿色科技,2013,(2):60-63.

[79] 张寄阳,孙景生,陈玉民,等. 垄膜沟种涌泉灌溉技术要素的试验研究[J]. 节水灌溉,2006,(6):13-15+19.

[80] 赵新宇,吴荣清,梁欣欣,等. 红壤涌泉灌水分入渗试验及数值模拟[J]. 节水灌溉,2018,(2):51-55.

[81] 谭明. 涌泉灌技术应用[J]. 节水灌溉,2003,(6):24-26.

[82] ASAE Standards,S526. 1. Soil and water terminology[S]. 43rd Ed. ,St. Joseph, Mich:ASAE,1996

[83] He H. The economic and environmental effect of subsurface drip irrigation[J]. Journal of Northwest Agricultural University,2000.

[84] Sakellarioumakrantonaki M, Kalfountzos D, Vyrlas P. "Irrigation water saving and yield increase with subsurface drip irrigation", [J]. 2001.

[85] PalaciosDíaz, M. P, MendozaGrimón, V, FernándezVera, J. R, et al. Subsurface drip irrigation and reclaimed water quality effects on phosphorus and salinity distribution and forage production. [J]. Agricultural Water Management, 2009, 96(11): 1659-1666.

[86] Nakayama F. S. Water treatment[C]//Bucks, D. A. , Nakayama, F. S. Trickle irrigation for crop production: Design, operation and management. Amsterdam: Elsevier, 1986: 6-12.

[87] Adamsen F. J. Irrigation method and water quality effect on peanut yield and grade[J]. Agron J. , 1989, 81(4): 589-593.

[88] Adamsen F. J. Irrigation method and water quality effect on corn yield in the Mid-Atlantic Coastal Plain[J]. Agron J, 1992, 41(5): 837-843.

[89] Phene C. J. , Beale O. W. High-frequency irrigation for water nutrient management in humid regions[J]. Soil Science Society of America Journal, 1976, 40(3): 430-436.

[90] Huang Z D, Qi X B, Fan X Y, et al. [Effects of alternate partial root-zone subsurface drip irrigation on potato yield and water use efficiency][J]. Chinese Journal of Applied Ecology, 2010, 21(1): 79.

[91] Xian Kun S U, Zhou Y B, Liu X, et al. Subsurface Drip Irrigation and Its Application in Tobacco Production[J]. Guizhou Agricultural Sciences, 2009.

[92] 黄兴法，李光永. 地下滴灌技术的研究现状与发展[J]. 农业工程学报，2002，(2)：176-181.

[93] Mitchell W. H. , Tilmon H. D. Underground trickle irrigation: The best system for small farms? [J]. Crop Soils, 1982, 34: 9-13.

[94] Rubeiz I. G. , Oebker N. F. , Stroehlein J. L. Subsurface drip irrigation and urea phosphate fertigation for vegetables on calcareous soils[J]. Journal Plant Nutrition, 1989, 12(12): 1457-1465.

[95] Rubeiz I. G. , Stroehlein J. L. , Oebker N. F. Effect of irrigation methods on ureaphosphate reactions in calcareous soils[J]. Commun Soil Sci Plant Anal, 1991, 22(5, 6): 431-435.

[96] Bosch D. J. , Powell N. L. , Wright F. S. An economic comparison of subsurface microirrigation with center pivot sprinkler irrigation[J]. Journal of Production Agriculture, 1992, 5(4): 431-437.

[97] Henggeler J. C. A history of drip irrigated cotton in Texas[C]. Proc. 5th Int 'l Micro-irrigation Congress,1995,669-674.

[98] DeTar W. R. ,Brown G. T. ,Phene C. J. ,et al. Realtime irrigation seheduling of potatoes with sprinkler and subfurface drip systems[C]. Proc Int Conf on Evapotranspiration and Irrigation Scheduling. 1996,812-824.

[99] Caldwell D. S. , Spurgeon W. E. , Manges H. L. Frequency of irrigation for subsurface dripirrig atedcorn[J]. Trans of the ASAE,1994,37(6):1099-1103.

[100] Bucks D. A. , Erie L. J. , French O. F. , et al. Subsurface trickle irrigation management with multiple cropping[J]. Trans of ASAE,1981,24(6):1482-1489.

[101] El-Gindy A. M. , El-Araby A. M. Vegetable cropprespones to surface and subsurface drip under calcareous soil[C]. Proc Int Conf on Evapotranspiration and Irrigation Scheduling. 1996,1021-1028.

[102] Schwankel L. J. ,Grattan S. R. ,Miyao E. M. Drip irrigation burial depth and seed planting depth effects on tomato germination[C]. Proc 3rd Nat Irrigation Symp. 1990,682-687.

[103] 李光永. 世界微灌发展势态[R]. 北京:第八次微灌会议,2001.

[104] 王远,吴玉柏. 几种主要节水灌溉技术的经济效益分析[J]. 水利经济,2002,20(6):35-40.

[105] 诸钧. 可按需供水的灌溉技术—痕量灌溉[A]. 2013 中国(国际)精准农业与高效利用高峰论坛(PAS2013)论文集[C],2013.

[106] 张锐,刘洁,诸钧,等. 实现作物需水触动式自适应灌溉的痕量灌溉技术分析[J]. 节水灌溉,2013,(1):48-51.

[107] 王志平,周继华,诸钧,等. 痕量灌溉在温室大桃上的应用[J]. 中国园艺文摘,2011,27(4):10-11.

[108] 杨明宇,安顺伟,周继华,等. 痕量灌溉管不同埋深对温室茄子生长、产量及水分利用效率的影响[J]. 中国蔬菜,2012,(20):78-82.

[109] 诸钧,金基石,杨春祥. 痕量灌溉对温室种植球茎茴香产量、干物质分配和水分利用率的影响[J]. 排灌机械工程学报,2014,(4):338-342.

[110] Wang Z H,Lü D S,Wen X M,et al. Research on Influence of Subsurface Drip Irrigation on Cotton Physiology Character and Yield in Xinjiang[J]. Water Saving Irrigation,2006.

[111] Zhu Y J, Zheng D M, Jiang Y J. Study on Change Rule of Soil Moisture Movement under Subsurface Drip Irrigation in Cotton Field of Xinjiang Autonomous Region[J]. Water Saving Irrigation,2007.

[112] Wang Z H, Wen X M, De-Sheng L U. Preliminary Study on Influence of Salt Transportation on the Application of Subsurface Drip Irrigation in the Field of Xinjiang[J]. Water Saving Irrigation, 2005.

[113] Kou D, Su D, Wu D, et al. Effects of regulated deficit irrigation on water consumption, hay yield and quality of alfalfa under subsurface drip irrigation [J]. Transactions of the Chinese Society of Agricultural Engineering, 2014, 30(2): 116-123.

[114] Ganotisi N D, Batuac R A. Regulated deficit irrigation(RDI): a water saving rice-based crop production technique[J]. Philippine Journal of Crop Science, 2009.

[115] Xiangping G, Shaozhong K. Regulated Deficit Irrigtion-A New Thought of Water-Saving Irrigation[J]. Water Resources & Water Engineering, 1998.

[116] 张宪法,张凌云,于贤昌,等. 节水灌溉的发展现状与展望[J]. 山东农业科学, 2000,(5):52-54.

[117] Wang X, Sun L, Yan A, et al. Effects of regulated deficit irrigation(RDI) and alternate partial root zone drying(APRI) on grapevine growth and development[J]. Journal of Fruit Science, 2016.

[118] Xiao-Qian WU, Xia G M, Yong-Fa LI, et al. Effect of Regulated Deficited Irrigation on Growth, Photosynthetic Characteristics and Water Use Efficiency of Black Peanut[J]. Journal of Shenyang Agricultural University, 2018.

[119] Chang L F. Effects of Regulated Deficit Irrigation(RDI) on the Growth, Yield and Quality of Greenhouse Cucumber[J]. Journal of Anhui Agricultural Sciences, 2007.

[120] LIU An. Effects of Regulated Deficit Irrigation and Optimized Agronomic Measures of Corn[J]. Transactions of the Chinese Society of Agricultural Engineering, 1999.

[121] Walker W. R. Surface Irrigation: Theory and Practice[M]. Prentice-Hall Inc., New Jersey, USA, 1987

[122] 王文焰. 波涌灌溉试验研究与应用[M]. 西安:西北工业大学出版社, 1994.

[123] 许迪,李益农,程先军,等. 田间节水灌溉新技术研究与应用[M]. 北京:中国农业出版社, 2002.

[124] 康绍忠,蔡焕杰,冯绍元. 现代农业与生态节水的技术创新与未来研究重点[J]. 农业工程学报, 2004, 20(1): 1-6.

[125] Cai S H. Water-saving irrigation management status in quo and modes[J]. Journal of Economics of Water Resources, 2007.

[126] 蔡晓莉,韦顺凡. 农业节水灌溉现状及其发展趋势[J]. 中国农村水利水电, 2009, (8): 20-21.

[127] USDA,Irrigation Guide,National Engineering Handbook,210-Ⅵ,Washington,1999.

[128] 许迪,李益农,程先军,等. 田间节水灌溉新技术研究与应用[M]. 北京:中国农业出版社,2002.

[129] 王文焰. 波涌灌溉试验研究与应用[M]. 西安:西北工业大学出版社,1994.

[130] 员学锋,吴普特,汪有科. 地膜覆盖保墒灌溉的土壤水、热以及作物效应研究[J]. 灌溉排水学报,2006,25(1):25-29.

[131] 马爱平,亢秀丽,靖华,等. 旱地冬小麦茬口、种植模式对土壤贮水、耗水及水分利用效率的影响[J]. 水土保持学报,2015,29(2):168-171.

[132] 王俊,李凤民,贾宇,等. 半干旱地区播前灌溉和地膜覆盖对春小麦产量形成的影响[J]. 中国沙漠,2004,24(1):77-82.

[133] 王小军,邓岚,成自勇,等. 膜上灌春小麦调亏效应研究[J]. 灌溉排水学报,2006,25(6):82-86.

[134] 徐首先. 膜上灌水技术及其效果简介[J]. 新疆水利科技,1987,(3).

[135] 樊晏清. 膜上灌水技术节水、增产的原因和效益分析[J]. 农田水利与小水电,1992,(1):15-18.

[136] 夏爱林,樊晏清,施少华,等. 新疆绿洲农业的膜上灌水技术[J]. 干旱地区农业研究,1995,13(1):84-89+126.

[137] 米孟恩. 膜上灌节水技术[J]. 节水灌溉,1998,(1):20-24.

[138] 李应海,田军仓,马波宁. 膜上灌入渗规律及水流运动特性试验研究[J]. 宁夏工程技术,2005,4(4):351-353.

[139] 张振华,蔡焕杰,柴红敏,等. 膜上灌作物需水量和地膜覆盖效应试验研究[J]. 灌溉排水,2002,21(1):11-14.

[140] 韩丙芳,田军仓,杨金忠. 玉米膜上灌溉条件下土壤水,热运动规律的研究[J]. 农业工程学报,2007,23(12):85-89.

[141] 韩丙芳,田军仓,杨金忠. 膜上灌水对玉米田土壤水盐变化特征的影响[J]. 水土保持学报,2015,29(6):252-257.

[142] 张永玲,肖让,成自勇. 河西内陆灌区膜上灌节水增产技术[J]. 农机化研究,2008,(4):218-220.

[143] 杨少俊,张绢. 膜上灌的几种形式[J]. 北京农业:实用技术,2009,(2):45-45.

[144] 田军仓,王昕华,白树敏. 宁夏干旱地区管灌与膜上灌相结合的灌溉系统试验研究[A]. 第三次全国低压管道输水灌溉技术研讨会论文选编[C]. 北京:中国农业科技出版社,1993:104-108.

[145] 田军仓,王昕华,白树敏. 宁夏干旱地区管灌与膜上灌相结合的灌水技术试验研

究[J].农田水利与小水电,1994,(4):46-50.

[146] 田军仓,郭元裕.干旱地区渠沟田全防渗节水技术研究及展望[J].节水灌溉,1998,(2):16-17.

[147] 李素玲,李静,张奉营.浅谈低压管道输水与膜上灌相结合的节水灌溉技术[J].排灌机械,2005,23(4):44-45.

[148] 秦永果.涌泉灌与膜上灌技术相结合在大田宽行作物中应用的可行性研究[J].山西水利科技,2007,4:030.

[149] 王增发.我国节水灌溉技术的研究与推广[J].节水灌溉,1998,(1):38-40.

[150] 王远,吴玉柏.几种主要节水灌溉技术的经济效益分析[J].水利经济,2002,20(6):35-40.

[151] 诸钧.可按需供水的灌溉技术-痕量灌溉[A].2013中国(国际)精准农业与高效利用高峰论坛(PAS2013)论文集[C],2013.

[152] 张锐,刘洁,诸钧,等.实现作物需水触动式自适应灌溉的痕量灌溉技术分析[J].节水灌溉,2013,(1):48-51.

[153] 王志平,周继华,诸钧,等.痕量灌溉在温室大桃上的应用[J].中国园艺文摘,2011,27(4):10-11.

[154] 杨明宇,安顺伟,周继华,等.痕量灌溉管不同埋深对温室茄子生长、产量及水分利用效率的影响[J].中国蔬菜,2012,(20):78-82.

[155] 诸钧,金基石,杨春祥.痕量灌溉对温室种植球茎茴香产量、干物质分配和水分利用率的影响[J].排灌机械工程学报,2014,(4):338-342.

[156] 杨庆理.半透膜灌溉原理与应用:水缆与水缆灌溉[C].天水:第八届全国微灌大会论文集,2009,245-255.

[157] 魏镇华,陈庚,徐淑君,等.交替控水条件下微润灌溉对番茄耗水和产量的影响[J].灌溉排水学报,2014,33(4):139-143.

[158] Brandt A., Bresler E., Diner D., et al. Infiltration from a trickle source. I. Mathematical models[J]. Soil Sci Soc Am Proc,1971,35,675-682.

[159] Kohl R. A., Wright J. L. Air temperature and vapor pressure changes caused by sprinkler irrigation[J]. Agronomy Journal,1974,66(1):85-87.

[160] Taghavi S. A., Mariño M. A., Rolston D. E. Infiltration from trickle irrigation source[J]. Journal of Irrigation and Drainage Engineering,1984,110(4):331-341.

[161] Washington L. C., et al. Modeling evaporation and micro climate changes in sprinkler irrigation: I. Model formulation and calibration[J]. Trans of the ASAE,1988,31(5):35-48.

[162] 杨诗秀,雷志栋. 均质土壤降雨喷洒入渗模型的数值计算[J]. 水利学报,1993,(5):1-9.

[163] Thompson L. ,Gilley J. R. ,Norman J. M. A sprinkler water droplet evaporation and plant canopy model:I Model development[J]. Transactions of the ASAE,1993,36(3):735-741.

[164] 李宝庆,等. 节水型灌溉对水体转换影响的试验研究. 节水农业研究[M]. 北京:科学出版社,1992.

[165] 林峰. 水资源开发与生态环境问题[J]. 农田水利与小水电,1994,(10):8-9.

[166] 张瑜芳,沈荣开,任理. 田间覆盖保墒技术措施的应用与研究[J]. 水科学进展,1995,6(4):341-347.

[167] 李光永,郑耀泉,曾德超,等. 地埋点源非饱和土壤水运动的数值模拟[J]. 水利学报,1996,(11):47-51+56.

[168] 沈荣开,任理,张喻芳. 夏玉米麦秸全覆盖下土壤水热动态的田间试验和数值模拟[J]. 水利学报,1997,(2):15-22.

[169] 齐学斌,庞鸿宾. 节水灌溉的环境效应研究现状及研究重点[J]. 农业工程学报,2000,(4):37-40.

[170] 彭致功,刘钰,许迪,等. 农业节水措施对地下水涵养的作用及其敏感性分析[J]. 农业机械学报,2012,43(7):36-41.

[171] 王贵玲,蔺文静,陈浩. 农业节水环节地下水位下降效应的模拟[J]. 水利学报,2005,36(3):286-290.

[172] 康绍忠,胡笑涛,蔡焕杰,等. 现代农业与生态节水的理论创新及研究重点[J]. 水利学报,2004,(12):1-7.

[173] Xu X,Huang G,Qu Z,et al. Assessing the groundwater dynamics and impacts of water saving in the Hetao Irrigation District,Yellow River basin[J]. Agricultural Water Management,2010,98(2):301-313.

[174] 学斌. 西北内陆区发展节水灌溉与生态环境有关问题的思考[A]. 中国水利学会. 中国水利学会 2000 学术年会论文集[C]. 中国水利学会,2000,4.

[175] Feddes RA, Rijtema PE. Water withdrawal by plant roots[J]. Journal of Hydrology,1972,17(1-2):0～59.

[176] 陈亚宁,崔旺诚,李卫红. 塔里木河的水资源利用与生态保护[J]. 地理学报,2003,58(2):215-222.

[177] 郑丹,李卫红,陈亚鹏,等. 干旱区地下水与天然植被关系研究综述[J]. 资源科学,2005,(4):160-167.

[178] Ri R. Soil salinity modeling over shallow water tables. II: Application of LEACHC[J]. Joumal of Irrigation and Drmnage Engineering,2000,126(4):234-242.

[179] 张丽,董增川,黄晓玲. 干旱区典型植物生长与地下水位关系的模型研究[J]. 中国沙漠,2004,24(1):110-113.

[180] Jonathan L. H. Physiological response to groundwater depth varies among species and with river flow regulation[J]. Ecological Applications,2001,11(4):1046-1059.

[181] 杨建峰,李宝庆,李运生. 浅地下水埋深区潜水对SPAC系统作用初步研究[J]. 水利学报,1999,(7):27-32.

[182] 樊自立,马英杰,张宏,等. 塔里木河流域生态地下水位及其合理深度确定[J]. 干旱区地理,2004,27(1):8-13.

[183] 高正夏,李景波,刘震,等. 宁夏青铜峡河西灌区地下水调控标准研究(一)[J]. 水资源保护,2002,4:15-17.

[184] 阮本清,韩宇平,蒋任飞,等. 生态脆弱地区适宜节水强度研究[J]. 水利学报,2008,39(7):809-814.

[185] 雷廷武,肖娟,王建平,等. 地下咸水滴灌对内蒙古河套地区蜜瓜用水效率和产量品质影响的试验研究[J]. 农业工程学报,2003,19(2):80-84.

[186] Xu X,Huang G,Qu Z,et al. Using MODFLOW and GIS to Assess Changes in Groundwater Dynamics in Response to Water Saving Measures in Irrigation Districts of the Upper Yellow River Basin[J]. Water Resources Management,2011,25(8):2035-2059.

[187] Shan L. Water Saving Agriculture and Its Biological Basis[J]. Research of Soil & Water Conservation,1999.

[188] Di X, Kang S. Research Progress and Development Trend on Modernized Agriculture Water-saving Technology [J]. High Technology Letters, 2002, 12 (12): 103-108.

[189] Kang S. Reflection on High-tech Development Strategies for Water-Saving of Modern Agriculture in China[J]. China Rural Nater & Hydropower,2001.

[190] 中共中央,国务院. 中共中央国务院关于加快水利改革发展的决定(中发〔2011〕1号)[R]. 北京:2011.

[191] 杨益. 加强农业节水的意义及发展方向[J]. 水利发展研究,2011,11(10):35-37.

[192] Dixon A,Butler D,Fewkes A. Water saving potential of domestic water reuse systems using greywater and rainwater in combination[J]. Water Science & Technology,1999,39(5):25-32.

[193] Yuan S,Hong L,Wang X. Status,problems,trends and suggestions for water-

saving irrigation equipment in China[J]. Journal of Drainage & Irrigation Machinery Engineering,2015,33(1):78-92.

[194] Xie J Z. Water Resources Problems and Water-saving Strategies in Hexi Corridor[J]. Journal of Desert Research,2004,24(6):802-803.

[195] 王洪亮,李玉起,王祖强.浅议南方地区农业节水减排面临的问题及对策[J].人民珠江,2015,36(2):103-106.

[196] 康绍忠.农业节水与水资源可持续利用领域发展态势及重大科技问题[A].中国农业工程学会.中国农业工程学会第七次全国会员代表大会及学术年会论文集[C].中国农业工程学会,2004:6.

[197] Chu J Y, Wang H, Qin D Y, et al. The Main Experience, Problems and Development Direction of Water-saving Society Construction in China[J]. China Rural Water & Hydropower,2007.

[198] Wang D A. Preliminary Discussion on Connotation and Technical System of Water-saving Agriculture[J]. Journal of Irrigation & Drainage,2003.

[199] Shan L. Is Possible to Save Large Irrigation Water? ——The Situation and Prospect of Water-saving Agriculture in China[J]. Chinese Journal of Nature,2006.

[200] Wu P, Feng H, Niu W, et al. Technical Trend and R&D Focus of Modern Water-saving Agriculture[J]. Engineering Science,2007.

[201] Pang H C. Analysis on the status of water-saving irrigation techniques and its development trends in China[J]. Soil & Fertilizer Sciences in China,2006.

[202] 李泽鸣.基于HJ-1A/1B数据的内蒙古河套灌区真实节水潜力分析[D];内蒙古农业大学,2014.

[203] 郑久瑜,赵西宁,操信春,孙世坤,张丽丽.河套灌区农业水土资源时空匹配格局研究[J].水土保持研究,2015,22(03):132-136.

[204] 张银辉,罗毅,刘纪远,庄大方.灌区土地利用变化驱动因素分析——以内蒙古河套灌区为例[J].资源科学,2006(01):81-86.

[205] 王延红.黄河古贤水利枢纽的作用与效益分析[J].人民黄河,2010,32(10):119-121.

[206] 孙文.内蒙古河套灌区不同尺度灌溉水效率分异规律与节水潜力分析[D];内蒙古农业大学,2014.

[207] 童文杰.河套灌区作物耐盐性评价及种植制度优化研究[D];中国农业大学,2014.

[208] 屈忠义,杨晓,黄永江,等.基于Horton分形的河套灌区渠系水利用效率分析

[J]. 农业工程学报,2015,13):120-7.

[209] 黄宝荣,欧阳志云,等. 生态系统完整性内涵及评价方法研究综述[J]. 应用生态学报,2006,17(11):2196—2202.

[210] 燕乃玲,虞孝感,等. 生态系统完整性研究进展[J]. 地理科学进展,2007,26(1):17~25.

[211] 喻庆国. 生物多样性调查与评价[D],昆明:云南科技出版社 2007

[212] 陈化鹏,高中信. 野生动物生态学[D],哈尔滨:东北林业大学出版社,1992

[213] 刘鑫. 基于 GIS 的河套灌区土壤水分运移分布式模拟与灌水效率评价[D];内蒙古农业大学,2011.

[214] 于泳. 非充分灌溉对小麦套种与作物的影响与作物水模型研究[D];内蒙古农业大学,2010.

[215] 张永平,谢岷,井涛,等. 内蒙古河套灌区春小麦高产节水灌溉制度研究[J]. 麦类作物学报,2013,01):96-102.

[216] 霍星,夏玉红,张义强,等. 干旱区玉米的作物水分响应模型[J]. 节水灌溉,2012,38-41.

[217] 云文丽,李建军,侯琼. 土壤水分对向日葵生长状况的影响[J]. 干旱地区农业研究,2014,186-90.

[218] 范雅君. 河套灌区玉米和向日葵膜下滴灌优化灌溉制度分析研究[D];内蒙古农业大学,2014.

[219] 朱丽. 基于 ISAREG 模型河套灌区间作模式下节水型灌溉制度研究[D];内蒙古农业大学,2012.

[220] 张可欣. 从水量平衡谈郑州供水产销差率控制[J],中国给水排水,2008,34(8):27~30.

[221] 牛亚豪. 水量平衡分析计算在水文资料整编中的应用[J],农田水利,2015,3月:203.

[222] 张义强. 河套灌区适宜地下水控制深度与秋浇覆膜节水灌溉技术研究[D];内蒙古农业大学,2013.

[223] 田德龙,郭克贞,鹿海员,等. 河套灌区井渠双灌条件下主要作物灌溉制度优化[J]. 灌溉排水学报,2015,01):48-52.

[224] 石贵余,张金宏,姜谋余. 河套灌区灌溉制度研究[J]. 灌溉排水学报,2003,05):72-6.

[225] 田德龙,郭克贞,鹿海员,等. 基于井渠双灌条件下的玉米灌溉制度优化[J]. 节水灌溉,2013,60-2.

[226] 马月霞,张葆兰. 非充分灌溉对河套灌区向日葵生长和产量的影响[J]. 内蒙古农

业科技,2009,43-4.

[227] 张义强,高云,魏占民.河套灌区地下水埋深变化对葵花生长影响试验研究[J].灌溉排水学报,2013,32(3):000090-92.

[228] 郝爱枝,张晓红,李正中.河套灌区沙壕渠典型区现有灌溉制度灌溉用水效率评价[J].内蒙古水利,2014(4):55-57.

[229] 陈玉民,肖俊夫,王宪杰,等.非充分灌溉研究进展及展望[J].灌溉排水学报,2001,20(73-5.

[230] 胡淑玲.立体种植条件下作物需水量与非充分灌溉制度研究[D];内蒙古农业大学,2010.

[231] 步丰湖.隆胜节水示范区各级渠道水利用系统的测验与分析[J].内蒙古水利,2001,2:24-25.

[232] 张微.内蒙古麻地壕灌区渠系水利用效率及节水潜力研究与评估[D].内蒙古:内蒙古农业大学,2014.

[233] 程满金.聚苯乙烯保温板在衬砌渠道防冻胀中的应用研究[J].灌溉排水学报,2011,5:22-27.

[234] 韩信来.农田灌溉与节水措施探讨[J].科技展望,2014,13:29.

[235] 彭芳.浅谈内蒙古河套灌区节水灌溉潜力[J].内蒙古农业大学学报,2005,2:73-75.

[236] 程满金.北方渠灌区节水改造技术集成模式研究[A].首届寒区水利新技术推广研讨会论文集,2011:175-182.

[237] 孟春红.内蒙古河套灌区节水灌溉的探讨[J].地下水,2002,1:31-33.

[238] 齐雪峰.微灌技术在设计中应注意的问题[J].中国科技信息,2005,15:73.

[239] 李登云.巴彦淖尔市日光温室小果型西瓜品种引种试验[J].内蒙古农业科技,2012,2:33-34.

[240] 程满金.北方渠灌区节水改造技术集成模式研究[A].首届寒区水利新技术推广研讨会论文集,2011:175-182.

[241] 张俊兰.河套灌区节水改造工程环境浅析[J].内蒙古水利,2005,2:40-56.

[242] 张天曾.中国旱区水资源利用与生态环境[J].中国科学院自然资源综合考察委员会,1981,62-70.

[243] 于瑞宏.乌梁素海湿地环境的演变[J],地理学报,2004,6:948-955.

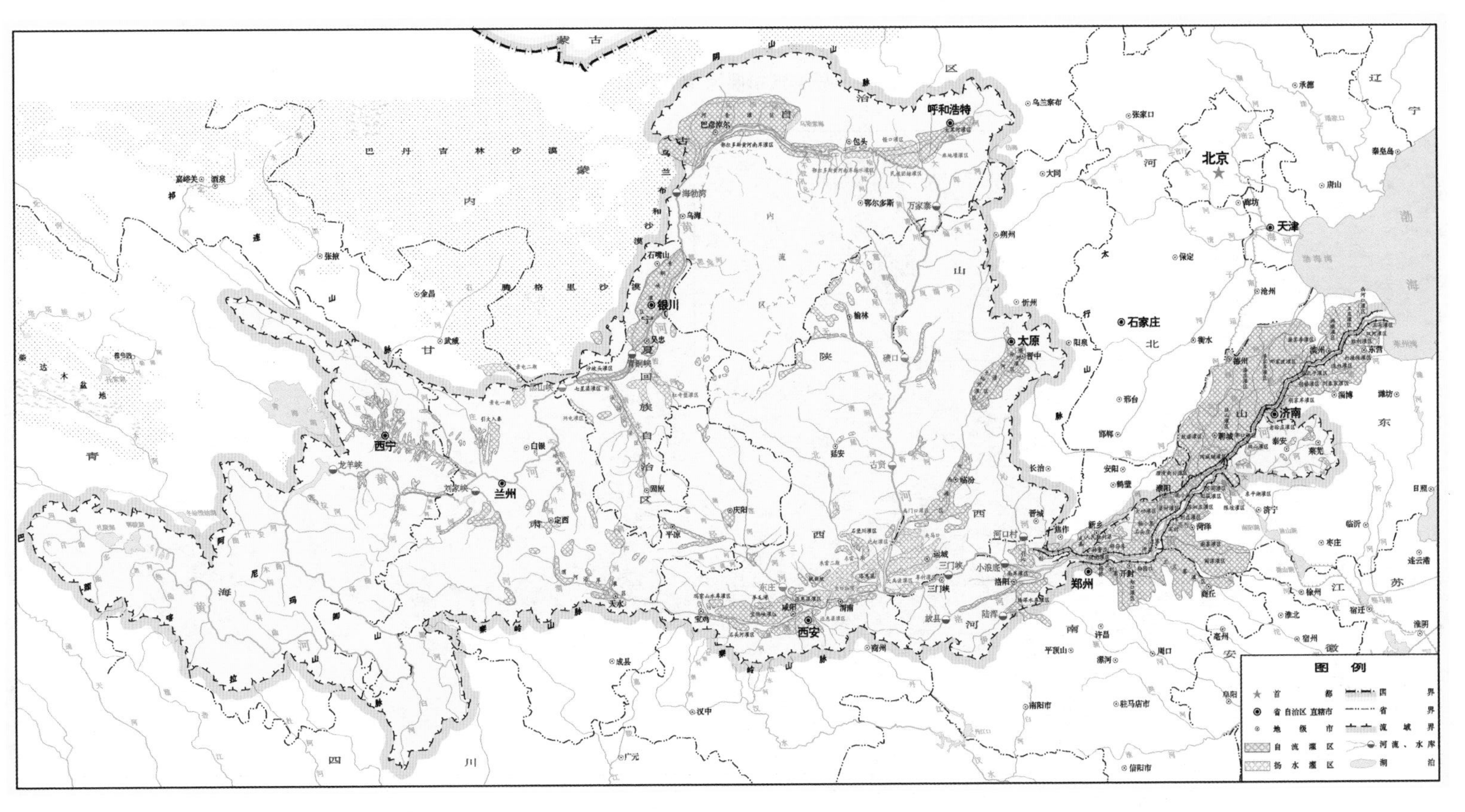

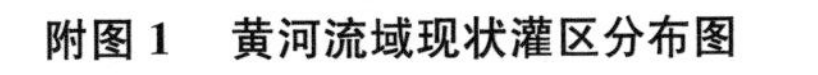
附图 1　黄河流域现状灌区分布图

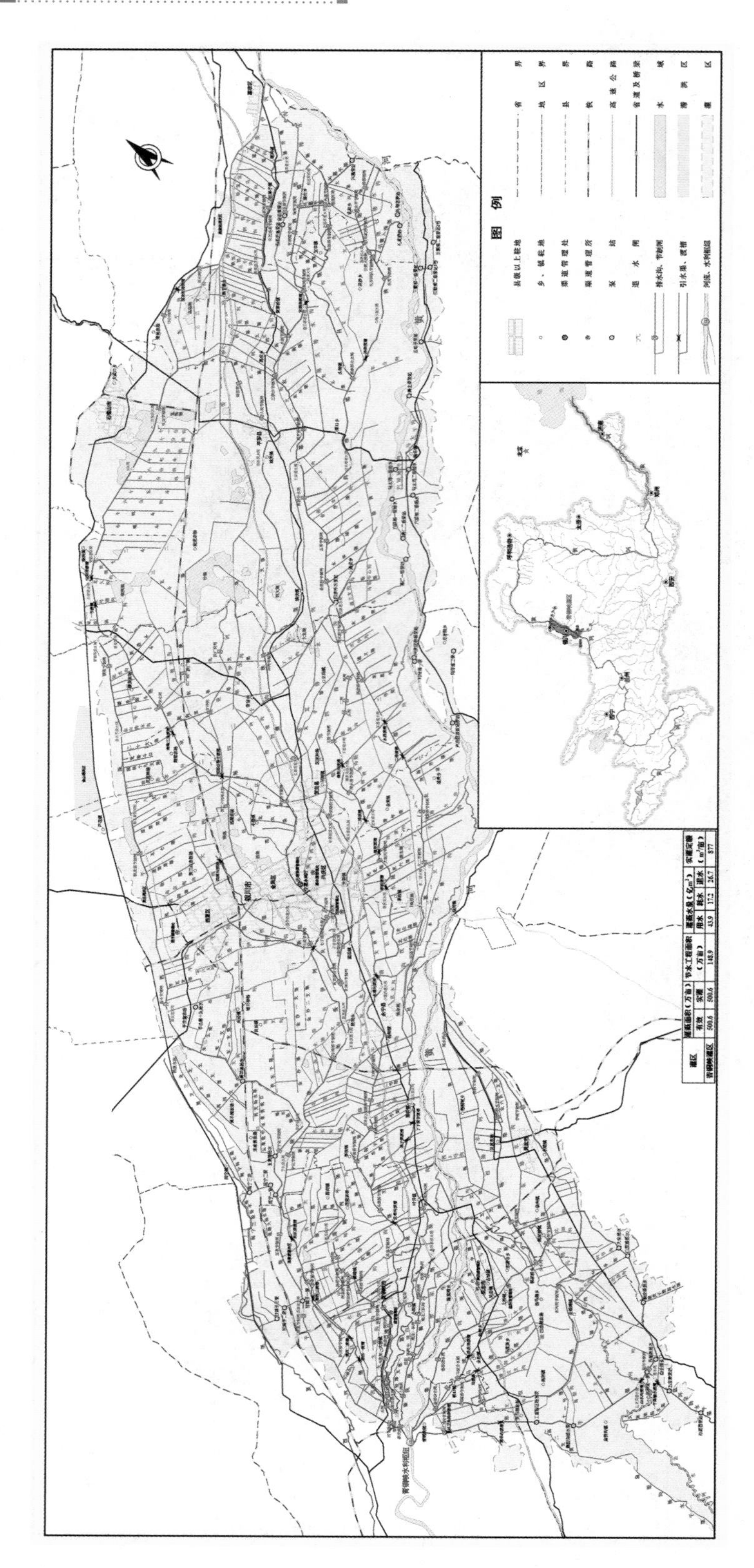

灌区	灌溉面积（万亩）		节水工程面积（万亩）	灌溉水量（亿m^3）			实灌定额（m^3/亩）
	有效	实灌		用水	耗水	退水	
青铜峡灌区	500.6	500.6	148.9	43.9	17.2	26.7	877

附图2 青铜峡灌区灌排系统分布示意图

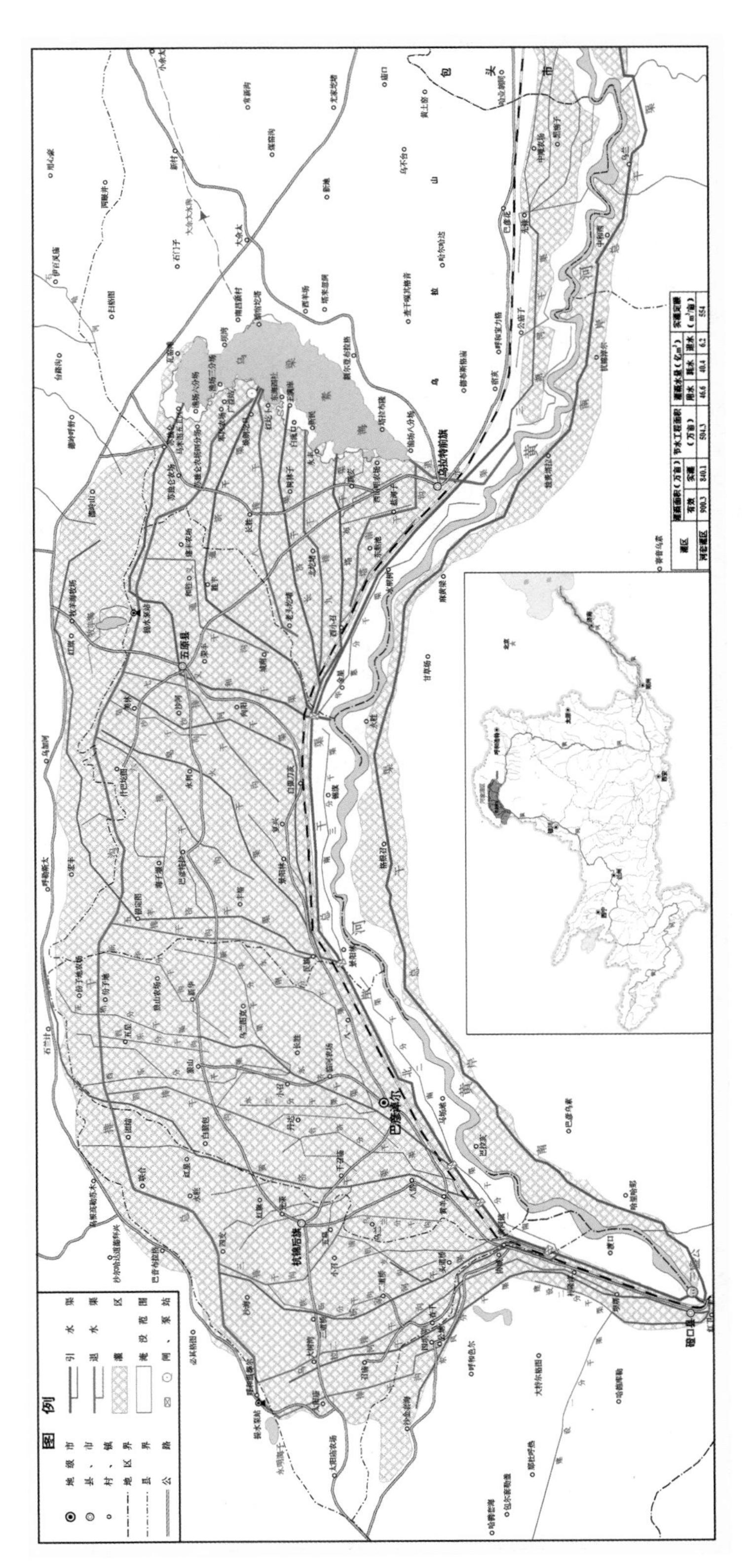

附图 3 内蒙古河套灌区灌排系统分布示意图

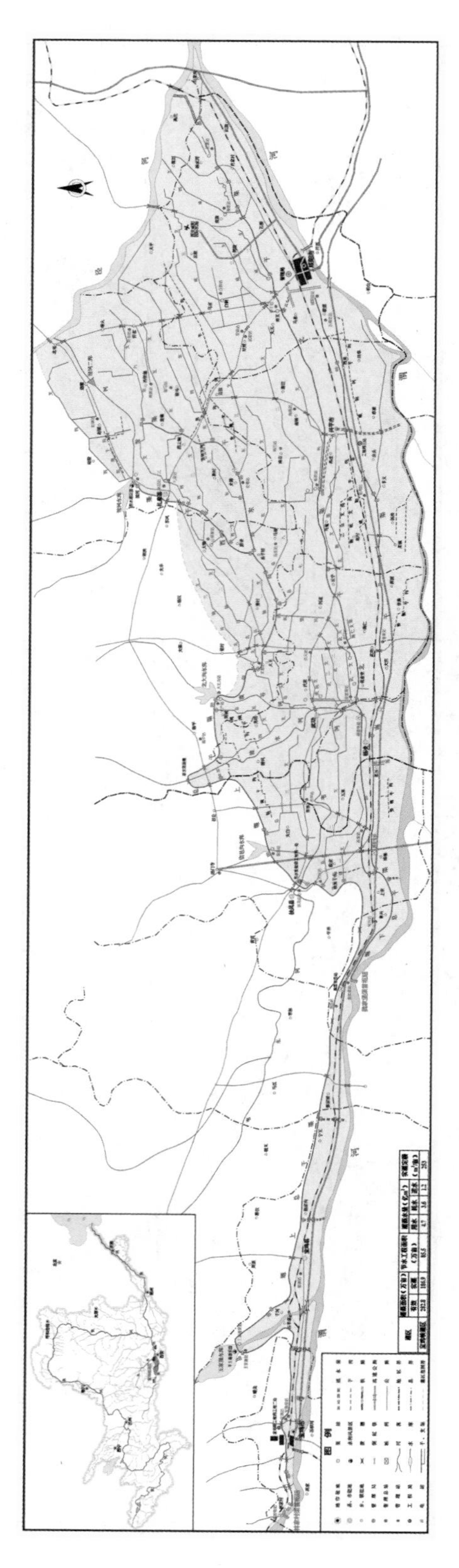

附图 4　宝鸡峡灌区灌排系统分布示意图

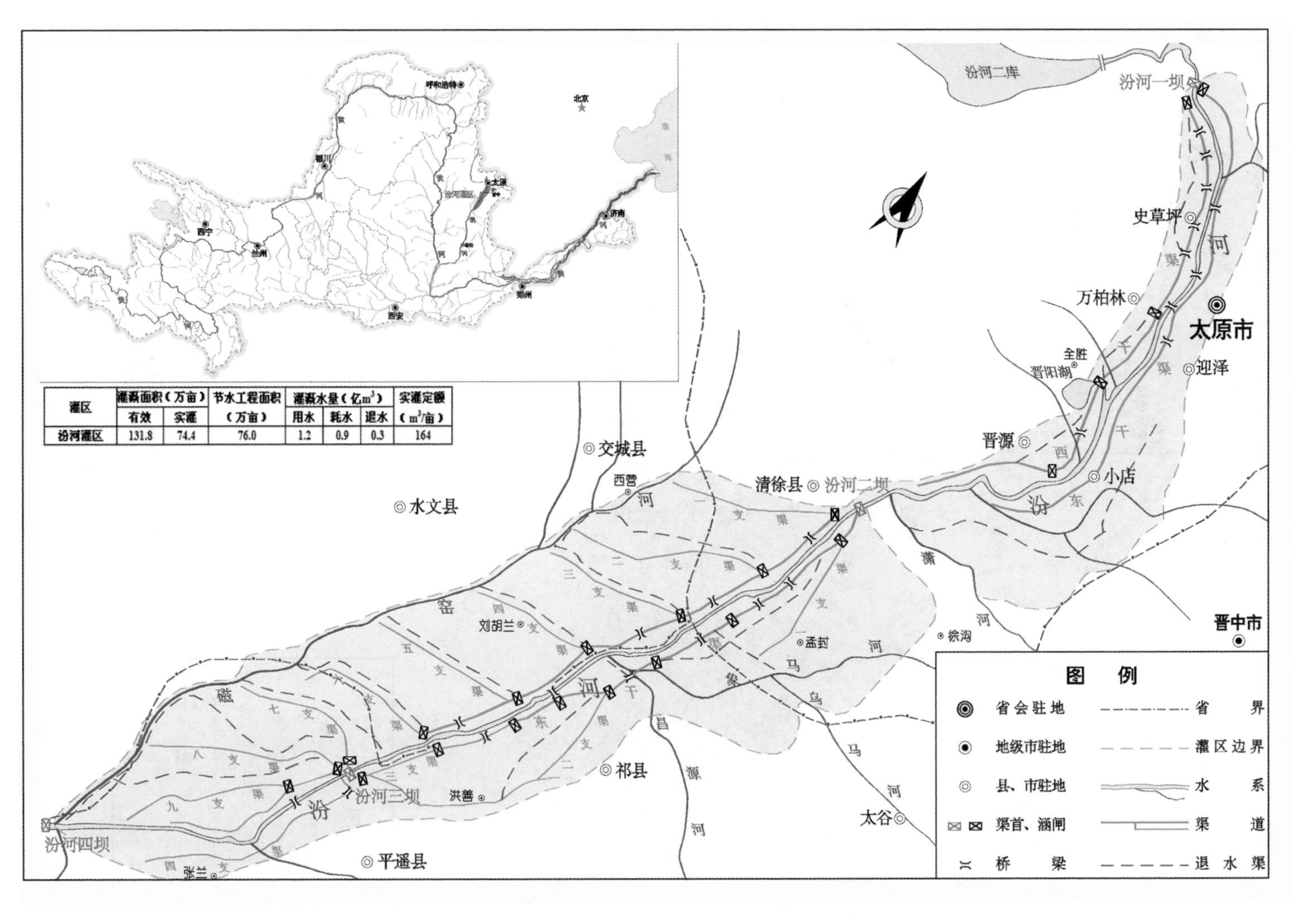

灌区	灌溉面积（万亩）		节水工程面积（万亩）	灌溉水量（亿m³）			实灌定额（m³/亩）
	有效	实灌		用水	耗水	退水	
汾河灌区	131.8	74.4	76.0	1.2	0.9	0.3	164

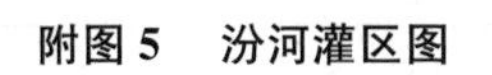
附图5　汾河灌区图

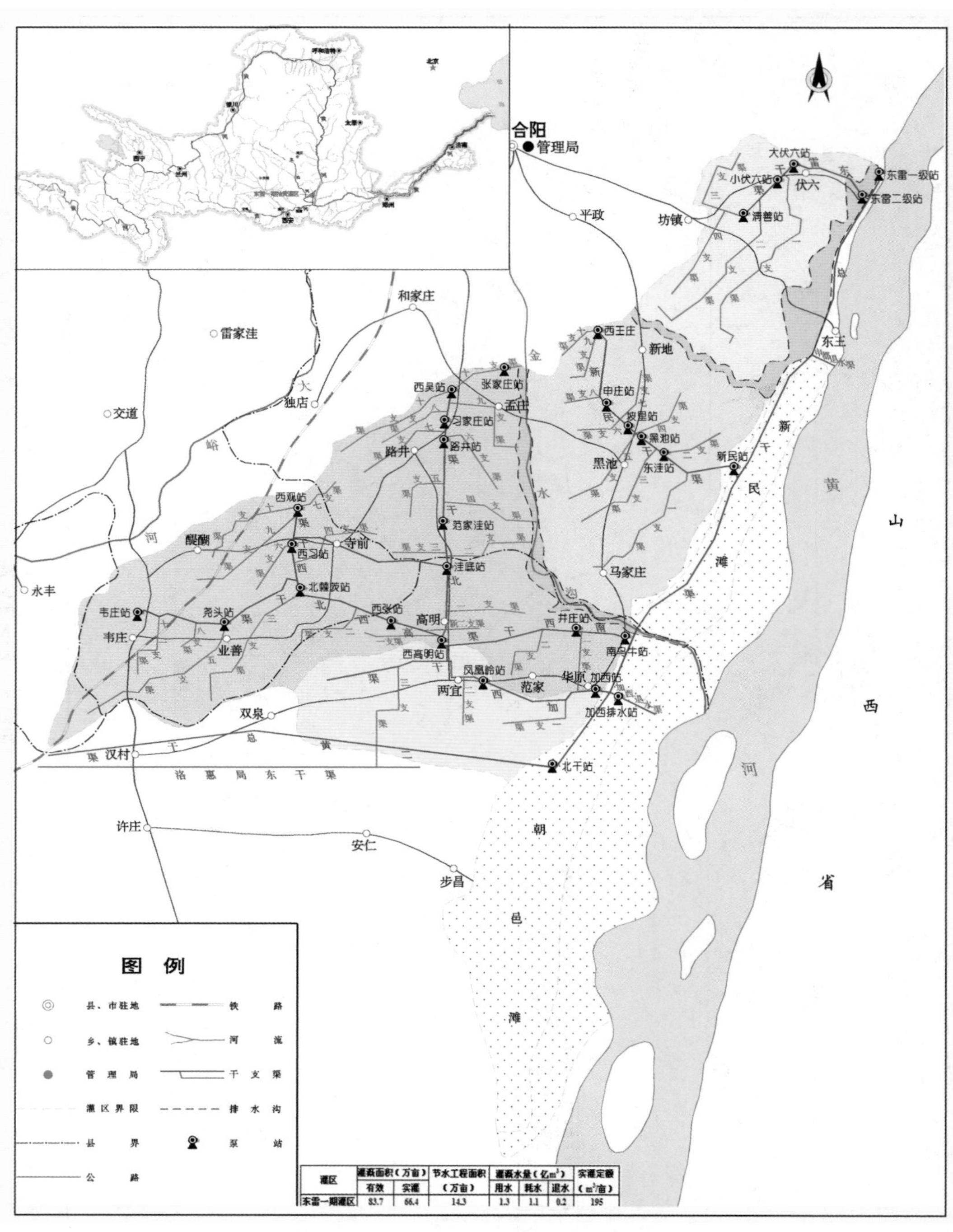

灌区	灌溉面积（万亩）		节水工程面积（万亩）	灌溉水量（亿m³）			实灌定额（m³/亩）
	有效	实灌		用水	耗水	退水	
东雷一期灌区	83.7	66.4	14.3	1.3	1.1	0.2	195

附图 6　东雷一期抽黄灌区灌排系统分布示意图

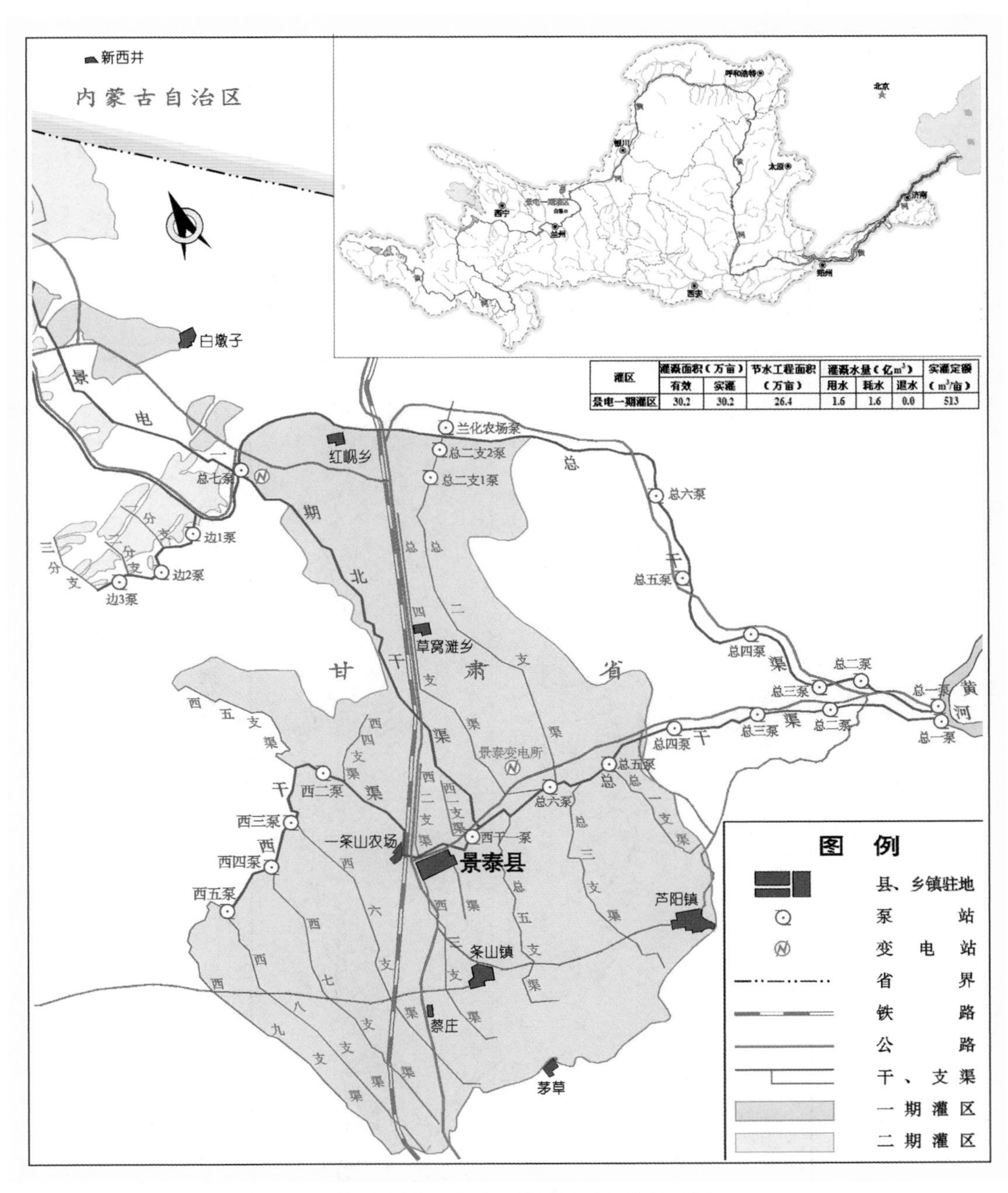

灌区	灌溉面积（万亩）		节水工程面积（万亩）	灌溉水量（亿m³）			实灌定额（m³/亩）
	有效	实灌		用水	耗水	退水	
景电一期灌区	30.2	30.2	26.4	1.6	1.6	0.0	513

附图 7 景电一期灌区排灌系统分布示意图

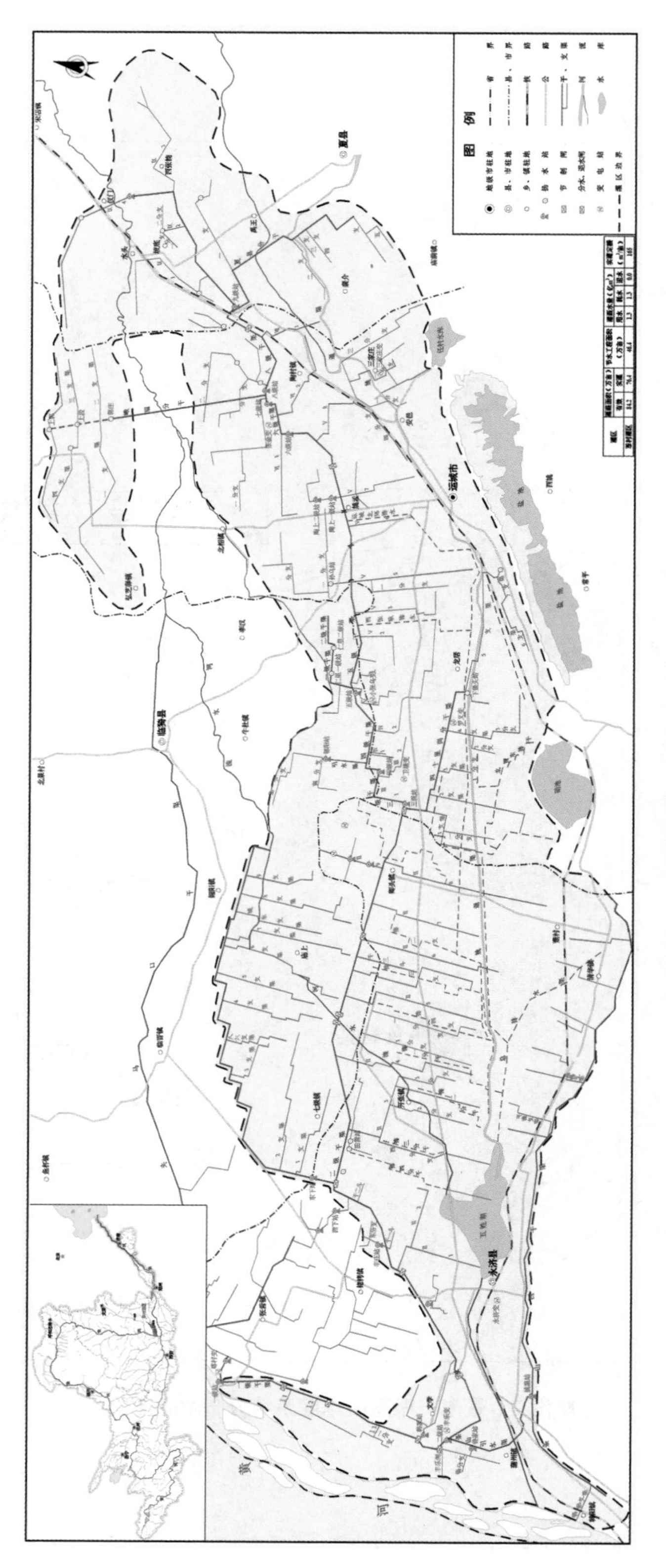

附图8 尊村灌区灌排系统分布示意图

图书在版编目(CIP)数据

黄河上中游灌区生态节水理念、模式与潜力评估/张金良等著.—武汉:长江出版社,2018.12
(三江源科学研究丛书)
ISBN 978-7-5492-6216-8

Ⅰ.①黄… Ⅱ.①张… ②王… Ⅲ.①黄河中、上游—灌区—节水农业—研究 Ⅳ.①S275

中国版本图书馆CIP数据核字(2018)第293292号

黄河上中游灌区生态节水理念、模式与潜力评估　　张金良 等著

责任编辑:梁琰
装帧设计:刘斯佳
出版发行:长江出版社
地　　址:武汉市解放大道1863号　　邮　　编:430010
网　　址:http://www.cjpress.com.cn
电　　话:(027)82926557(总编室)
(027)82926806(市场营销部)
经　　销:各地新华书店
印　　刷:武汉精一佳印刷有限公司
规　　格:787mm×1092mm　1/16　18.25印张 8页彩页　400千字
版　　次:2018年12月第1版　2019年7月第1次印刷
ISBN 978-7-5492-6216-8
定　　价:89.00元